人工智能前沿技术丛书

Natural Language Processing
A Pre-trained Model Approach

自然语言处理

基于预训练模型的方法

车万翔　郭　江　崔一鸣◎著
刘　挺◎主审

U0281423

电子工业出版社·
Publishing House of Electronics Industry
北京·BEIJING

内 容 简 介

自然语言处理被誉为"人工智能皇冠上的明珠"。深度学习等技术的引入为自然语言处理技术带来了一场革命，尤其是近年来出现的基于预训练模型的方法，已成为研究自然语言处理的新范式。本书在介绍自然语言处理、深度学习等基本概念的基础上，重点介绍新的基于预训练模型的自然语言处理技术。本书包括基础知识、预训练词向量和预训练模型三部分：基础知识部分介绍自然语言处理和深度学习的基础知识和基本工具；预训练词向量部分介绍静态词向量和动态词向量的预训练方法及应用；预训练模型部分介绍几种典型的预训练语言模型及应用，以及预训练模型的最新进展。除了理论知识，本书还有针对性地结合具体案例提供相应的PyTorch 代码实现，不仅能让读者对理论有更深刻的理解，还能快速地实现自然语言处理模型，达到理论和实践的统一。

本书既适合具有一定机器学习基础的高等院校学生、研究机构的研究者，以及希望深入研究自然语言处理算法的计算机工程师阅读，也适合对人工智能、深度学习和自然语言处理感兴趣的学生和希望进入人工智能应用领域的研究者参考。

图书在版编目（CIP）数据

自然语言处理：基于预训练模型的方法 / 车万翔，郭江，崔一鸣著.—北京：电子工业出版社，
2021.7

（人工智能前沿技术丛书）

ISBN 978-7-121-41512-8

Ⅰ. ①自… Ⅱ. ①车… ②郭… ③崔… Ⅲ. ①自然语言处理 Ⅳ. ①TP391

中国版本图书馆 CIP 数据核字（2021）第 128826 号

责任编辑：宋亚东
印　　刷：北京盛通数码印刷有限公司
装　　订：北京盛通数码印刷有限公司
出版发行：电子工业出版社
　　　　　北京市海淀区万寿路 173 信箱　　　邮编：100036
开　　本：720×1000　1/16　　印张：20　　　字数：422 千字
版　　次：2021 年 7 月第 1 版
印　　次：2025 年 2 月第 12 次印刷
定　　价：118.00 元

凡所购买电子工业出版社图书有缺损问题，请向购买书店调换。若书店售缺，请与本社发行部联系，联系及邮购电话：（010）88254888，88258888。

质量投诉请发邮件至 zlts@phei.com.cn，盗版侵权举报请发邮件至 dbqq@phei.com.cn。

本书咨询联系方式：（010）51260888-819，syd@phei.com.cn。

推荐序

自然语言处理的目标是使得机器具有和人类一样的语言理解与运用能力。在过去的十年里，自然语言处理经历了两次里程碑式的重要发展。第一次是深度学习的勃兴，使得传统的特征工程方法被摒弃，而基于深度神经网络的表示学习迅速成为自然语言处理的主流。第二次则是 2018 年以来大规模预训练语言模型的应用，开启了基于"预训练 + 精调"的新一代自然语言处理范式。每一次的发展都为自然语言处理系统的能力带来了巨大的进步。与此同时，这些令人欣喜的发展也带给我们很多关于语言智能的更本质的思考。由车万翔等人所著的《自然语言处理：基于预训练模型的方法》一书从预训练模型的角度对这两次重要的发展进行了系统性的论述，能够帮助读者深入理解这些技术背后的原理、相互之间的联系以及潜在的局限性，对于当前学术界和工业界的相关研究与应用都具有重要的价值。

本书包括三部分，共 9 章。书中从自然语言处理与神经网络的基础知识出发，沿着预训练模型的发展轨迹系统讨论了静态词向量、动态词向量，以及语言模型的预训练方法，还深入讨论了模型优化、蒸馏与压缩、生成模型、多模态融合等前沿进展，内容上兼具广度与深度。本书作者车万翔等人研发的语言技术平台 LTP，是国内自然语言处理领域较早、影响力大且仍在不断发展完善的开源平台之一。LTP 的"进化"历程也对应着作者对于自然语言处理不同时期范式变迁的思考与实践——从最初发布时使用的传统机器学习方法，到基于深度学习的多任务学习框架，再到近年来发布的基于预训练模型的统一框架。可以说，本书的问世是作者多年深耕于自然语言处理领域的自然结果。

本书的一大特色是含有丰富的实践内容。作者均为活跃在科研一线的青年学者，极具实战经验。书中为代表性的模型提供了规范的示例代码以及实践指导，这对于刚刚进入自然语言处理领域并热爱实践与应用的读者而言是一份难得的学习资源。

本书可以作为计算机科学、人工智能和机器学习专业的学生、研究者，以及人工智能应用开发者的参考书，也适合高校教师和研究机构的研究人员阅读。

孙茂松

欧洲科学院外籍院士

清华大学人工智能研究院常务副院长、计算机系教授

推荐语 FOREWORD

自然语言处理被誉为"人工智能皇冠上的明珠"。近年来，以 BERT、GPT 为代表的大规模预训练语言模型异军突起，使问答、检索、摘要、阅读理解等自然语言处理任务的性能都得到了显著提升。《自然语言处理：基于预训练模型的方法》一书深入浅出地阐述了预训练语言模型技术，全面深入地分析了它的发展方向，非常适合人工智能和自然语言处理领域的学习者和从事研发的人士阅读。读者可在较短的时间内了解和掌握其关键技术并快速上手。特此推荐！

周明

创新工场首席科学家

微软亚洲研究院原副院长

中国计算机学会副理事长

国际计算语言学会（ACL）主席（2019 年）

预训练语言模型是当今自然语言处理的核心技术。车万翔教授等人所著的本书从基础知识、预训练词向量、预训练模型等几个方面全面系统地介绍了该项技术。选题合理，立论明确，讲述清晰，出版及时。相信每一位读者都会从中获得很大的收获。向大家推荐！

李航

ACL/IEEE Fellow

字节跳动人工智能实验室总监

在运动智能和感知智能突飞猛进的发展态势下，以自然语言处理为核心的认知智能已成为人工智能极大的挑战。随着业界对认知智能重视程度的持续提升，基于预训练模型的自然语言处理方法一经提出，便快速席卷了诸多 NLP 任务。本书系统地介绍了该类方法，并配有丰富的实践案例和代码，对于从事 AI 技术研究和相关行业的爱好者而言，是一本不可多得的参考学习佳作！

胡郁

科大讯飞执行总裁

自然语言是人类思维的载体和交流的基本工具,也是人类区别于动物的根本标志,更是人类智能发展的重要外在体现形式。自然语言处理(Natural Language Processing,NLP)主要研究用计算机理解和生成自然语言的各种理论与方法,属于人工智能领域的一个重要的甚至核心的分支。随着互联网的快速发展,网络文本规模呈爆炸性增长,为自然语言处理提出了巨大的应用需求。同时,自然语言处理研究也为人们更深刻地理解语言的机理和社会的机制提供了一条重要的途径,因此具有重要的科学意义。

自然语言处理技术经历了从早期的理性主义到后来的经验主义的转变。近十年来,深度学习技术快速发展,引发了自然语言处理领域一系列的变革。但是基于深度学习的算法有一个严重的缺点,就是过度依赖于大规模的有标注数据。2018年以来,以 BERT、GPT 为代表的超大规模预训练语言模型恰好弥补了自然语言处理标注数据不足的这一缺点,帮助自然语言处理取得了一系列的突破,使得包括阅读理解在内的众多自然语言处理任务的性能都得到了大幅提高,在有些数据集上甚至达到或超过了人类水平。那么,预训练模型是如何获得如此强大的威力甚至"魔力"的呢?希望本书能够为各位读者揭开预训练模型的神秘面纱。

本书主要内容

本书内容分为三部分:基础知识、预训练词向量和预训练模型。各部分内容安排如下。

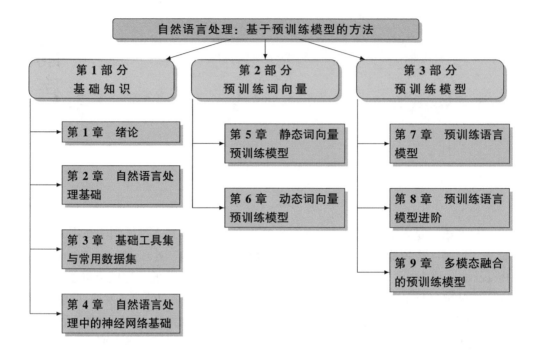

第 1 部分：基础知识。包括第 2~4 章，主要介绍自然语言处理和深度学习的基础知识、基本工具集和常用数据集。

第 2 章首先介绍文本的向量表示方法，重点介绍词嵌入表示。其次介绍自然语言处理的三大任务，包括语言模型、基础任务和应用任务。虽然这些任务看似纷繁复杂，但是基本可以归纳为三类问题，即文本分类问题、结构预测问题和序列到序列问题。最后介绍自然语言处理任务的评价方法。

第 3 章首先介绍两种常用的自然语言处理基础工具集——NLTK 和 LTP。其次介绍本书使用的深度学习框架 PyTorch。最后介绍自然语言处理中常用的大规模预训练数据。

第 4 章首先介绍自然语言处理中常用的四种神经网络模型：多层感知器模型、卷积神经网络、循环神经网络，以及以 Transformer 为代表的自注意力模型。其次介绍模型的参数优化方法。最后通过两个综合性的实战项目，介绍如何使用深度学习模型解决一个实际的自然语言处理问题。

第 2 部分：预训练词向量。包括第 5、6 章，主要介绍静态词向量和动态词向量两种词向量的预训练方法及应用。

第 5 章介绍基于语言模型以及基于词共现两大类方法的静态词向量的预训练技术，它们能够通过自监督学习方法，从未标注文本中获得词汇级别的语义表示。最后提供对应的代码实现。

第 6 章介绍基于双向 LSTM 语言模型的动态词向量的预训练技术，它们能够根据词语所在的不同上下文赋予不同的词向量表示，并作为特征进一步提升下游任务的性能。最后同样提供对应的代码实现。

第 3 部分：预训练模型。包括第 7 ~ 9 章，首先介绍几种典型的预训练语言模型及应用，其次介绍目前预训练语言模型的最新进展及融入更多模态的预训练模型。

第 7 章首先介绍两种典型的预训练语言模型，即以 GPT 为代表的基于自回归的预训练语言模型和以 BERT 为代表的基于非自回归的预训练语言模型，其次介绍如何将预训练语言模型应用于典型的自然语言处理任务。

第 8 章主要从四个方面介绍预训练语言模型最新的进展，包括用于提高模型准确率的模型优化方法，用于提高模型表示能力的长文本处理方法，用于提高模型可用性的模型蒸馏与压缩方法，以及用于提高模型应用范围的生成模型。

第 9 章在介绍语言之外，还融合更多模态的预训练模型，包括多种语言的融合、多种媒体的融合以及多种异构知识的融合等。

致谢

本书第 1 ~ 4 章及第 9 章部分内容由哈尔滨工业大学车万翔教授编写；第 5、6 章及第 8、9 章部分内容由美国麻省理工学院（MIT）郭江博士后编写；第 7 章及第 8 章主要内容由科大讯飞主管研究员崔一鸣编写。全书由哈尔滨工业大学刘挺教授主审。

本书的编写参阅了大量的著作和相关文献，在此一并表示衷心的感谢！

感谢宋亚东先生和电子工业出版社博文视点对本书的重视，以及为本书出版所做的一切。

由于作者水平有限，书中不足及错误之处在所难免，敬请专家和读者给予批评指正。

车万翔

2021 年 3 月

读者服务

微信扫码回复：41512

- 获取本书配套代码和习题答案。
- 加入本书读者交流群，与更多读者互动。
- 获取【百场业界大咖直播合集】（持续更新），仅需 1 元。

数学符号

数与数组

a	标量（整数或实数）
$\boldsymbol{a}$	向量
$\boldsymbol{A}$	矩阵
$\mathbf{A}$	张量
$\boldsymbol{I}_n$	n 行 n 列的单位阵
$\boldsymbol{I}$	单位阵，维度根据上下文确定
$\boldsymbol{v}_w$	词 w 的分布式向量表示
$\boldsymbol{e}_w$	词 w 的独热向量表示：$[0,\cdots,1,0,\cdots,0]$，w 下标处元素为 1
$\mathrm{diag}(\boldsymbol{a})$	对角阵，对角线上元素为 $\boldsymbol{a}$

索引

a_i	向量 $\boldsymbol{a}$ 中索引 i 处的元素
a_{-i}	向量 $\boldsymbol{a}$ 中除索引 i 之外的元素
$w_{i:j}$	序列 w 中第 i 个元素到第 j 个元素组成的片段或子序列
$A_{i,j}$	矩阵 $\boldsymbol{A}$ 中第 i 行、第 j 列处的元素
$\boldsymbol{A}_{i,:}$	矩阵 $\boldsymbol{A}$ 第 i 行
$\boldsymbol{A}_{:,j}$	矩阵 $\boldsymbol{A}$ 第 j 列
$\mathbf{A}_{i,j,k}$	三维张量 $\mathbf{A}$ 中索引为 (i,j,k) 处的元素
$\mathbf{A}_{:,:,i}$	三维张量 $\mathbf{A}$ 的一个二维切片

集合

$\mathbb{A}$	集合
$\mathbb{R}$	实数集合
$\{0,1\}$	含 0 和 1 的二值集合
$\{0,1,\cdots,n\}$	含 0 到 n 所有整数的集合
$[a,b]$	a 到 b 的实数闭区间
$(a,b]$	a 到 b 的实数左开右闭区间

线性代数

$\boldsymbol{A}^\top$	矩阵 $\boldsymbol{A}$ 的转置
$\boldsymbol{A} \odot \boldsymbol{B}$	矩阵 $\boldsymbol{A}$ 与矩阵 $\boldsymbol{B}$ 的 Hardamard 乘积
$\det(\boldsymbol{A})$	矩阵 $\boldsymbol{A}$ 的行列式
$[\boldsymbol{x};\boldsymbol{y}]$	向量 $\boldsymbol{x}$ 与 $\boldsymbol{y}$ 的拼接
$[\boldsymbol{U};\boldsymbol{V}]$	矩阵 $\boldsymbol{U}$ 与 $\boldsymbol{V}$ 沿行向量拼接
$\boldsymbol{x}\cdot\boldsymbol{y}$ 或 $\boldsymbol{x}^\top\boldsymbol{y}$	向量 $\boldsymbol{x}$ 与 $\boldsymbol{y}$ 的点积

微积分

$\dfrac{\mathrm{d}y}{\mathrm{d}x}$	y 对 x 的导数
$\dfrac{\partial y}{\partial x}$	y 对 x 的偏导数
$\nabla_{\boldsymbol{x}} y$	y 对向量 $\boldsymbol{x}$ 的梯度
$\nabla_{\boldsymbol{X}} y$	y 对矩阵 $\boldsymbol{X}$ 的梯度
$\nabla_{\mathbf{x}} y$	y 对张量 $\mathbf{X}$ 的梯度

概率与信息论

$a \perp b$	随机变量 a 与 b 独立
$a \perp b \mid c$	随机变量 a 与 b 关于 c 条件独立
$P(a)$	离散变量概率分布
$p(a)$	连续变量概率分布
$a \sim P$	随机变量 a 服从分布 P
$\mathbb{E}_{\mathrm{x}\sim P}[f(x)]$ 或 $\mathbb{E}[f(x)]$	$f(x)$ 在分布 $P(\mathrm{x})$ 下的期望
$\mathrm{Var}(f(x))$	$f(x)$ 在分布 $P(\mathrm{x})$ 下的方差

$\text{Cov}(f(x), g(x))$	$f(x)$ 与 $g(x)$ 在分布 $P(\text{x})$ 下的协方差
$H(\text{x})$	随机变量 x 的信息熵
$D_{\text{KL}}(P\|Q)$	概率分布 P 与 Q 之间的 KL 散度
$\mathcal{N}(\boldsymbol{\mu}, \boldsymbol{\Sigma})$	均值为 $\boldsymbol{\mu}$、协方差为 $\boldsymbol{\Sigma}$ 的高斯分布

数据与概率分布

$\mathbb{X}$	数据集
$\boldsymbol{x}^{(i)}$	数据集中的第 i 个样本（输入）
$y^{(i)}$ 或 $\boldsymbol{y}^{(i)}$	第 i 个样本 $\boldsymbol{x}^{(i)}$ 的标签（输出）

函数

$f: \mathbb{A} \to \mathbb{B}$	由定义域 $\mathbb{A}$ 到值域 $\mathbb{B}$ 的函数（映射）f
$f \circ g$	f 与 g 的复合函数
$f(\boldsymbol{x}; \boldsymbol{\theta})$	由参数 $\boldsymbol{\theta}$ 定义的关于 $\boldsymbol{x}$ 的函数（也可直接写作 $f(\boldsymbol{x})$，省略 $\boldsymbol{\theta}$）
$\log x$	x 的自然对数
$\sigma(x)$	Sigmoid 函数 $\dfrac{1}{1 + \exp(-x)}$
$\|\boldsymbol{x}\|_p$	$\boldsymbol{x}$ 的 L^p 范数
$\|\boldsymbol{x}\|$	$\boldsymbol{x}$ 的 L^2 范数
$\mathbf{1}^{\text{condition}}$	条件指示函数：如果 condition 为真，则值为 1；否则值为 0

以下给出本书中一些常用的写法

- 序列 $x = x_1\, x_2 \cdots x_n$ 中第 i 个词 x_i 的独热向量 $\boldsymbol{e}_{x_i}$ 和词向量 $\boldsymbol{v}_{x_i}$，词向量的维度是 d。
- 词表 $\mathbb{V}$ 的大小是 $|\mathbb{V}|$。
- 时间或者空间复杂度 $\mathcal{O}(nm)$。
- 向量 $\boldsymbol{v}$ 和 $\boldsymbol{w}$ 的余弦相似度为 $\cos(\boldsymbol{v}, \boldsymbol{w})$。
- 当优化损失函数 $\mathcal{L}$ 时，模型的参数定义为 $\boldsymbol{\theta}$。
- 一个长度为 n 的序列 x，经过总层数为 L 的预训练模型编码，最终得到隐含层向量 $\boldsymbol{h} \in \mathbb{R}^{n \times d}$（不强调层数时可略去上标 $[L]$），其中第 l 层的隐含层表示 $\boldsymbol{h}^{[l]} \in \mathbb{R}^{n \times d}$，$d$ 表示隐含层维度。

目录
CONTENTS

第 1 章
CHAPTER 1

绪论

本章首先介绍了自然语言以及自然语言处理的基本概念，并总结了自然语言处理所面临的 8 个难点，即语言的抽象性、组合性、歧义性、进化性、非规范性、主观性、知识性及难移植性。正是由于这些难点的存在，导致自然语言处理任务纷繁复杂，并产生了多种划分方式，如按照任务层级，可以分为资源建设、基础任务、应用任务及应用系统四个层级；按照任务类型，可以分为回归、分类、匹配、解析及生成五大问题；按照研究对象的不同，可以分为形式、语义、推理及语用分析四个等级。从历史上看，自然语言处理经过了将近 60 年的发展，期间经历了理性主义和经验主义两大发展阶段。其中，经验主义又被分成了基于统计模型、深度学习模型及最新的预训练模型三个阶段，尤其是"预训练 + 精调"的方式，已成为自然语言处理的最新范式。

1.1 自然语言处理的概念

自然语言通常指的是人类语言（本书特指文本符号，而非语音信号），是人类思维的载体和交流的基本工具，也是人类区别于动物的根本标志，更是人类智能发展的外在体现形式之一。自然语言处理（Natural Language Processing，NLP）主要研究用计算机理解和生成自然语言的各种理论和方法，属于人工智能领域的一个重要甚至核心分支，是计算机科学与语言学的交叉学科，又常被称为计算语言学（Computational Linguistics，CL）。随着互联网的快速发展，网络文本呈爆炸性增长，为自然语言处理提出了巨大的应用需求。同时，自然语言处理研究也为人们更深刻地理解语言的机理和社会的机制提供了一条重要的途径，因此具有重要的科学意义。

目前，人们普遍认为人工智能的发展经历了从运算智能到感知智能，再到认知智能三个发展阶段。运算智能关注的是机器的基础运算和存储能力，在这方面，机器已经完胜人类。感知智能则强调机器的模式识别能力，如语音的识别以及图像的识别，目前机器在感知智能上的水平基本达到甚至超过了人类的水平。然而，在涉及自然语言处理以及常识建模和推理等研究的认知智能上，机器与人类还有很大的差距。

1.2 自然语言处理的难点

为什么计算机在处理自然语言时会如此困难呢？这主要是因为自然语言具有高度的抽象性、近乎无穷变化的语义组合性、无处不在的歧义性和进化性，以及理解语言通常需要背景知识和推理能力等，下面分别进行具体的介绍。

1.2.1 抽象性

语言是由抽象符号构成的，每个符号背后都对应着现实世界或人们头脑中的复杂概念，如"车"表示各种交通工具——汽车、火车、自行车等，它们都具有共同的属性，有轮子、能载人或物等。

1.2.2 组合性

每种语言的基本符号单元都是有限的，如英文仅有 26 个字母，中国国家标准 GB 2312《信息交换用汉字编码字符集·基本集》共收录 6,763 个汉字，即便是常用的单词，英文和中文也不过各几十万个。然而，这些有限的符号却可以组合成无限的语义，即使是相同的词汇，由于顺序不同，组合的语义也是不相同的，因此无法使用穷举的方法实现对自然语言的理解。

1.2.3 歧义性

歧义性主要是由于语言的形式和语义之间存在多对多的对应关系导致的，如："苹果"一词，既可以指水果，也可以指一家公司或手机、电脑等电子设备，这就是典型的一词多义现象。另外，对于两个句子，如"曹雪芹写了红楼梦"和"红楼梦的作者是曹雪芹"，虽然它们的形式不同，但是语义是相同的。

1.2.4 进化性

任何一种"活着"的语言都是在不断发展变化的，即语言具有明显的进化性，也称创造性。这主要体现在两方面：一方面是新词汇层出不穷，如"超女""非典""新冠"等；另一方面则体现在旧词汇被赋予新的含义，如"腐败""杯具"等。除了词汇，语言的语法等也在不断变化，新的用法层出不穷。

1.2.5 非规范性

在互联网上，尤其是在用户产生的内容中，经常有一些有意或无意造成的非规范文本，为自然语言处理带来了不小的挑战，如音近词（"为什么"→"为森么"，"怎么了"→"肿么了"）、单词的简写或变形（please→pls、cool→cooooooooool）、新造词（"喜大普奔""不明觉厉"）和错别字等。

1.2.6 主观性

和感知智能问题不同，属于认知智能的自然语言处理问题往往具有一定的主观性，这不但提高了数据标注的难度，还为准确评价系统的表现带来了一定的困难。如在分词这一最基本的中文自然语言处理任务中，关于什么是"词"的定义都尚不明确，比如"打篮球"是一个词还是两个词呢？所以，在标注自然语言处理任务的数据时，往往需要对标注人员进行一定的培训，使得很难通过众包的方式招募大量的标注人员，导致自然语言处理任务的标注数据规模往往比图像识别、语音识别的标注数据规模要小得多。此外，由于不同的分词系统往往标准都不尽相同，所以通过准确率等客观指标对比不同的分词系统本身就是不客观的。难以评价的问题在人机对话等任务中体现得更为明显，由于对话回复的主观性，很难有一个所谓的标准回复，所以如何自动评价人机对话系统仍然是一个开放的问题。

1.2.7 知识性

理解语言通常需要背景知识以及基于这些知识的推理能力。例如，针对句子"张三打了李四，然后他倒了"，问其中的"他"指代的是"张三"还是"李四"？只有具备了"被打的人更容易倒"这一知识，才能推出"他"很可能指代的是"李四"。而如果将"倒"替换为"笑"，则"他"很可能指代的是"张三"，因为"被打的人不太容易笑"。但是，如何表示、获取并利用这些知识呢？目前的自然语言处理技术并没有提供很好的答案。

1.2.8 难移植性

由于自然语言处理涉及的任务和领域众多，并且它们之间的差异较大，造成了难移植性的问题。如下一节将要介绍的，自然语言处理任务根据层级可以分为分词、词性标注、句法分析和语义分析等基础任务，以及信息抽取、问答系统和对话系统等应用任务，由于这些任务的目标和数据各不相同，很难使用统一的技术或模型加以解决，因此不得不针对不同的任务设计不同的算法或训练不同的模型。另外，由于不同领域的用词以及表达方式不尽相同，因此在一个领域上学习的模型也很难应用于其他领域，这也给提高自然语言处理系统的可移植性带来了极大的困难。

综上所述，由于自然语言处理面临的众多问题，使其成为目前制约人工智能取得更大突破和更广泛应用的瓶颈之一。因此自然语言处理又被誉为"人工智能皇冠上的明珠"，并吸引了越来越多的人工智能研究者加入。

1.3 自然语言处理任务体系

1.3.1 任务层级

如 1.2 节所述，自然语言处理的一大特点是涉及的任务众多。按照从低层到高层的方式，可以划分为资源建设、基础任务、应用任务和应用系统四大类（见图 1-1）。其中，资源建设主要包括两大类任务，即语言学知识库建设和语料库资源建设。所谓语言学知识库，一般包括词典、规则库等。词典（Dictionary）也称辞典（Thesaurus），除了可以为词语提供音韵、句法或者语义解释以及示例等信息，还可以提供词语之间的关系信息，如上下位、同义反义关系等。语料库资源指的是面向某一自然语言处理任务所标注的数据。无论是语言学资源，还是语料库资源的建设，都是上层各种自然语言处理技术的基础，需要花费大量的人力和物力构建。

基础任务包括分词、词性标注、句法分析和语义分析等，这些任务往往不直接面向终端用户，除了语言学上的研究价值，它们主要为上层应用任务提供所需的特征。应用任务包括信息抽取、情感分析、问答系统、机器翻译和对话系统等，它们往往可以作为产品直接被终端用户使用。本书第 2 章将对这些任务进行更详细的介绍。

图 1-1　自然语言处理任务层级

应用系统特指自然语言处理技术在某一领域的综合应用，又被称为 NLP+，即自然语言处理技术加上特定的应用领域。如在智能教育领域，可以使用文本分类、回归等技术，实现主观试题的智能评阅，帮助教师减轻工作量，提高工作效率；在智慧医疗领域，自然语言处理技术可以帮助医生跟踪最新的医疗文献，帮助患者进行简单的自我诊断等；在智能司法领域，可以使用阅读理解、文本匹配等技术，实现自动量刑、类案检索和法条推荐等。总之，凡是涉及文本理解和生成的领域，自然语言处理技术都可以发挥巨大的作用。

1.3.2 任务类别

虽然自然语言处理任务多种多样，刚涉足该领域的人可能会觉得眼花缭乱、无从下手，但是这些复杂的任务基本上都可以归纳为回归、分类、匹配、解析或生成五类问题中的一种。下面分别加以介绍：

1. 回归问题

即将输入文本映射为一个连续的数值，如对作文的打分，对案件刑期或罚款金额的预测等。

2. 分类问题

又称为文本分类，即判断一个输入的文本所属的类别，如：在垃圾邮件识别任务中，可以将一封邮件分为正常和垃圾两类；在情感分析中，可以将用户的情感分为褒义、贬义或中性三类。

3. 匹配问题

判断两个输入文本之间的关系，如：它们之间是复述或非复述两类关系；或者蕴含、矛盾和无关三类关系。另外，识别两个输入文本之间的相似性（0 到 1 的数值）也属于匹配问题。

4. 解析问题

特指对文本中的词语进行标注或识别词语之间的关系，典型的解析问题包括词性标注、句法分析等，另外还有很多问题，如分词、命名实体识别等也可以转化为解析问题。

5. 生成问题

特指根据输入（可以是文本，也可以是图片、表格等其他类型数据）生成一段自然语言，如机器翻译、文本摘要、图像描述生成等都是典型的文本生成类任务。

1.3.3 研究对象与层次

此外，也可以通过对研究对象的区分，将自然语言处理研究分成多个层次的任务。自然语言处理主要涉及"名""实""知""境"之间的关系，如图 1-2 所示。其中"名"指的是语言符号；"实"表示客观世界中存在的事实或人的主观世界中的概念；"知"是指知识，包括常识知识、世界知识和领域知识等；"境"则是指语言所处的环境。

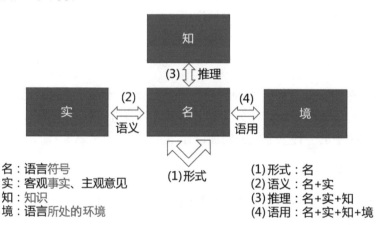

图 1-2　自然语言处理涉及的研究对象

随着涉及的研究对象越来越多，自然语言处理的研究由浅入深，可以分为形式、语义、推理和语用四个层次。形式方面主要研究语言符号层面的处理，研究的是"名"与"名"之间的关系，如通过编辑距离等计算文本之间的相似度。语义方面主要研究语言符号和其背后所要表达的含义之间的关系，即"名"和"实"之间的关系，如"手机余额不足"和"电话欠费了"两个句子的表达方式完全不同，但是背后阐述的事实是相同的。语义问题也是自然语言处理领域目前主要关注的问题。推理是在语义研究的基础之上，进一步引入知识的运用，因此涉及"名""实"和"知"之间关系，这一点正体现了自然语言的知识性。而语用则最为复杂，由于引入了语言所处的环境因素，通常表达的是"言外之意"和"弦外之音"，同时涉及了"名""实""知""境"四个方面。例如，同样的一句话"你真讨厌"，从字面意义上明显是贬义，而如果是情侣之间的对话，则含义可能就不一样了。另外，语气、语调以及说话人的表情和动作也会影响其要表达的含义。

1.4 自然语言处理技术发展历史

自然语言处理自诞生之日起经历了两大研究范式的转换，即理性主义和经验主义，如图 1-3 所示。受到语料规模以及计算能力的限制，早期的自然语言处理主要采用基于理性主义的规则方法，通过专家总结的符号逻辑知识处理通用的自然语言现象。然而，由于自然语言的复杂性，基于理性主义的规则方法在面对实际应用场景中的问题时显得力不从心。

图 1-3　自然语言处理技术发展阶段

从 20 世纪 90 年代开始，随着计算机运算速度和存储容量的快速增加，以及统计学习方法的愈发成熟，使得以语料库为核心的统计学习方法在自然语言处理领域得以大规模应用。由于大规模的语料库中包含了大量关于语言的知识，使得基于语料库的统计自然语言处理方法能够更加客观、准确和细致地捕获语言规律。在这一时期，词法分析、句法分析、信息抽取、机器翻译和自动问答等领域的研究均取得了一定程度的成功。

尽管基于统计学习的自然语言处理取得了一定程度的成功，但它也有明显的局限性，也就是需要事先利用经验性规则将原始的自然语言输入转化为机器能够处理的向量形式。这一转化过程（也称为特征提取）需要细致的人工操作和一定的专业知识，因此也被称为特征工程。

2010 年之后，随着基于深度神经网络的表示学习方法（也称深度学习）的兴起，该方法直接端到端地学习各种自然语言处理任务，不再依赖人工设计的特征。所谓表示学习，是指机器能根据输入自动地发现可以用于识别或分类等任务的表示。具体地，深度学习模型在结构上通常包含多层的处理层。底层的处理层接收原始输入，然后对其进行抽象处理，其后的每一层都在前一层的结果上进行更深层次的抽象，最后一层的抽象结果即为输入的一个表示，用于最终的目标任务。其中的抽象处理，是由模型内部的参数进行控制的，而参数的更新值则是根据训练数据上模型的表现，使用反向传播算法学习得到的。由此可以看出，深度学习可以有效地避免统计学习方法中的人工特征提取操作，自动地发现对于目标任务有效的表示。在语音识别、计算机视觉等领域，深度学习已经取得了目前最好的效果，在自然语言处理领域，深度学习同样引发了一系列的变革。

除了可以自动地发现有效特征，表示学习方法的另一个好处是打通了不同任务之间的壁垒。传统统计学习方法需要针对不同的任务设计不同的特征，这些特征往往是无法通用的。而表示学习能够将不同任务在相同的向量空间内进行表示，从而具备跨任务迁移的能力。除了可以跨任务，还可以实现跨语言甚至跨模态的迁移。综合利用多项任务、多种语言和多个模态的数据，使得人工智能向更通用的方向迈进了一步。

同样，得益于深度学习技术的快速发展，自然语言处理的另一个主要研究方向——自然语言生成也取得了长足进步。长期以来，自然语言生成的研究几乎处于停滞状态，除了使用模板生成一些简单的语句，并没有什么太有效的解决办法。随着基于深度学习的序列到序列生成框架的提出，这种逐词的文本生成方法全面提升了生成技术的灵活性和实用性，完全革新了机器翻译、文本摘要和人机对话等任务的技术范式。

虽然深度学习技术大幅提高了自然语言处理系统的准确率，但是基于深度学习的算法有一个致命的缺点，就是过度依赖于大规模有标注数据。对于语音识别、图像处理等感知类任务，标注数据相对容易获得，如：在图像处理领域，人们已经为上百万幅的图像标注了相应的类别（如 ImageNet 数据集）；用于语音识别的"语音–文本"平行语料库也有几十万小时。然而，由于自然语言处理这一认知类任务所具有的"主观性"特点，以及其所面对的任务和领域众多，使得标注大规模语料库的时间过长，人力成本过于高昂，因此自然语言处理的标注数据往往不够充足，很难满足深度学习模型训练的需要。

早期的静态词向量预训练模型，以及后来的动态词向量预训练模型，特别是2018 年以来，以 BERT、GPT 为代表的超大规模预训练语言模型恰好弥补了自然语言处理标注数据不足的缺点，帮助自然语言处理取得了一系列的突破，使得包括阅读理解在内的所有自然语言处理任务的性能都得到了大幅提高，在有些数据集上达到或甚至超过了人类水平。

所谓模型预训练（Pre-train），即首先在一个原任务上预先训练一个初始模型，然后在下游任务（也称目标任务）上继续对该模型进行精调（Fine-tune），从而达到提高下游任务准确率的目的。在本质上，这也是迁移学习（Transfer Learning）思想的一种应用。然而，由于同样需要人工标注，导致原任务标注数据的规模往往也非常有限。那么，如何获得更大规模的标注数据呢？

其实，文本自身的顺序性就是一种天然的标注数据，通过若干连续出现的词语预测下一个词语（又称语言模型）就可以构成一项原任务。由于图书、网页等文本数据规模近乎无限，所以，可以非常容易地获得超大规模的预训练数据。有人将这种不需要人工标注数据的预训练学习方法称为无监督学习（Unsupervised Learning），其实这并不准确，因为学习的过程仍然是有监督的（Supervised），更准确的叫法应该是自监督学习（Self-supervised Learning）。

为了能够刻画大规模数据中复杂的语言现象，还要求所使用的深度学习模型容量足够大。基于自注意力的 Transformer 模型显著地提升了对于自然语言的建模能力，是近年来具有里程碑意义的进展之一。要想在可容忍的时间内，在如此大规模的数据上训练一个超大规模的 Transformer 模型，也离不开以 GPU、TPU 为代表的现代并行计算硬件。可以说，超大规模预训练语言模型完全依赖"蛮力"，在大数据、大模型和大算力的加持下，使自然语言处理取得了长足的进步。如 OpenAI 推出的 GPT-3，是一个具有 1,750 亿个参数的巨大规模，无须接受任何特定任务的训练，便可以通过小样本学习完成十余种文本生成任务，如问答、风格迁移、网页生成和自动编曲等。目前，预训练模型已经成为自然语言处理的新范式。

那么，预训练模型是如何获得如此强大威力甚至是"魔力"的呢？希望本书能够为各位读者揭开预训练模型的神秘面纱。

第 2 章

CHAPTER 2

自然语言处理基础

本章首先介绍自然语言处理中最基础、最本质的问题，即文本如何在计算机内表示，才能达到易于处理和计算的目的。其中，词的表示大体经过了早期的独热（One-hot）表示，到后来的分布式表示，再到最近的词向量三个阶段。至于更长文本的表示方法，本章只对最简单的词袋模型加以介绍，后续章节将介绍其他更好的表示方法。接着介绍三大类自然语言处理任务，即：语言模型、基础任务以及应用任务。其中，基础任务包括中文分词、词性标注、句法分析和语义分析等，应用任务包括信息抽取、情感分析、问答系统、机器翻译和对话系统等。由于这些任务基本可以归纳为文本分类、结构预测和序列到序列三大类问题，所以同时介绍这三大类问题的解决思路。最后，介绍自然语言处理任务的评价方法，主要包括针对确定答案的准确率和 F 值，针对非确定答案的 BLEU 值，以及针对开放答案的人工评价等。

2.1 文本的表示

若要利用计算机对自然语言进行处理，首先需要解决语言（本书特指文本）在计算机内部的存储和计算问题。字符串（String）是文本最自然，也是最常用的机内存储形式。所谓字符串，即字符序列，而其中的一个字符本质上就是一个整数。基于字符串的文本表示方式可以实现简单的字符串增删改查等编辑任务，并能够通过编辑距离等算法计算两个字符串之间的字面相似度。在使用字符串表示（也叫符号表示）计算文本的语义信息时，往往需要使用基于规则的方法。例如，要判断一个句子的情感极性（褒义或贬义），规则的形式可能为：如果句子中出现"喜欢""漂亮"等词则为褒义；如果出现"讨厌""丑陋"等词则为贬义。

这种基于规则的方法存在很多问题。首先，规则的归纳依赖专家的经验，需要花费大量的人力、物力和财力；其次，规则的表达能力有限，很多语言现象无法用简单的规则描述；最后，随着规则的增多，规则之间可能存在矛盾和冲突的情况，导致最终无法做出决策。例如，一个句子中既出现了"喜欢"，又出现了"讨厌"，那么其极性应该是什么呢？

为了解决基于规则的方法存在的以上诸多问题，基于机器学习的自然语言处理技术应运而生，其最本质的思想是将文本表示为向量，其中的每一维代表一个特征。在进行决策的时候，只要对这些特征的相应值进行加权求和，就可以得到一个分数用于最终的判断。仍然以情感极性识别为例，一种非常简单的将原始文本表示为向量的方法为：令向量 x 的每一维表示某个词在该文本中出现的次数，如 x_1 表示"我"出现的次数，x_2 表示"喜欢"出现的次数，x_3 表示"电影"出现的次数，x_4 表示"讨厌"出现的次数等，如果某个词在该句中没有出现，则相应的维数被设置为 0。可见，输入向量 x 的大小恰好为整个词表（所有不相同的词）的大小。然后就可以根据每个词对判断情感极性的重要性进行加权，如"喜欢"（x_2）对应的权重 ω_2 可能比较大，而"讨厌"（x_4）对应的权重 ω_4 可能比较小（可以为负数），对于情感极性影响比较小的词，如"我""电影"等，对应的权重可能会趋近于 0。这种文本表示的方法是两种技术的组合，即词的独热表示和文本的词袋表示。除了可以应用于基于机器学习的方法，文本向量表示还可以用于计算两个文本之间的相似度，即使用余弦函数等度量函数表示两个向量之间的相似度，并应用于信息检索等任务。下面就以上提到的各项技术分别进行详细的介绍。

2.1.1 词的独热表示

所谓词的独热表示，即使用一个词表大小的向量表示一个词（假设词表为 $\mathbb{V}$，则其大小为 $|\mathbb{V}|$），然后将词表中的第 i 个词 w_i 表示为向量：

$$\boldsymbol{e}_{w_i} = [0, 0, \cdots, \underbrace{1}_{\text{第 } i \text{ 个词}}, \cdots, 0] \in \{0, 1\}^{|\mathbb{V}|} \tag{2-1}$$

在该向量中，词表中第 i 个词在第 i 维上被设置为 1，其余维均为 0。这种表示被称为词的独热表示或独热编码（One-hot Encoding）。

独热表示的一个主要问题就是不同词使用完全不同的向量进行表示，这会导致即使两个词在语义上很相似，但是通过余弦函数来度量它们之间的相似度时值却为 0。另外，当应用于基于机器学习的方法时，独热模型会导致数据稀疏（Data Sparsity）问题。例如，假设在训练数据中只见过"漂亮"，在测试数据中出现了"美丽"，虽然它们之间很相似，但是系统仍然无法恰当地对"美丽"进行加权。由于数据稀疏问题，导致当训练数据规模有限时，很多语言现象没有被充分地学习到。

为了缓解数据稀疏问题，传统的做法是除了词自身，再提取更多和词相关的泛化特征，如词性特征、词义特征和词聚类特征等。以语义特征为例，通过引入 WordNet[1] 等语义词典，可以获知"漂亮"和"美丽"是同义词，然后引入它们的共同语义信息作为新的额外特征，从而缓解同义词的独热表示不同的问题。可以说，在使用传统机器学习方法解决自然语言处理问题时，研究者的很大一部分精力都用在了挖掘有效的特征上。

2.1.2 词的分布式表示

词的独热表示容易导致数据稀疏问题，而通过引入特征的方法虽然可以缓解该问题，但是特征的设计费时费力。那么有没有办法自动提取特征并设置相应的特征值呢？

1. 分布式语义假设

人们在阅读过程中遇到从未见过的词时，通常会根据上下文来推断其含义以及相关属性。基于这种思想，John Rupert Firth 于 1957 年提出了分布式语义假设：词的含义可由其上下文的分布进行表示①。基于该思想，可以利用大规模的未标注文本数据，根据每个词的上下文分布对词进行表示。当然，分布式语义假设仅仅提供了一种语义建模的思想。具体到表示形式和上下文的选择，以及如何利用上下文的分布特征，都是需要解决的问题。

---

① 原文：You shall know a word by the company it keeps.

下面用一个具体的例子演示如何构建词的分布式表示。假设语料库中有以下三句话：

> 我 喜欢 自然 语言 处理 。
> 我 爱 深度 学习 。
> 我 喜欢 机器 学习 。

假设以词所在句子中的其他词语作为上下文，那么可以创建如表 2-1 所示的词语共现频次表。其中，词表 $\mathbb{V}$ 包含 "我" "喜欢" … "。" 共 10 个词，即 $|\mathbb{V}| = 10$。表中的每一项代表一个词 w_i 与另一个词 w_j（上下文）在同一个句子中的共现频次，每个词与自身的共现频次设置为 0。

表 2-1　词语共现频次表

	我	喜欢	自然	语言	处理	爱	深度	学习	机器	。
我	0	2	1	1	1	1	1	2	1	3
喜欢	2	0	1	1	1	0	0	1	1	2
自然	1	1	0	1	1	0	0	0	0	1
语言	1	1	1	0	1	0	0	0	0	1
处理	1	1	1	1	0	0	0	0	0	1
爱	1	0	0	0	0	0	1	1	0	1
深度	1	0	0	0	0	1	0	1	0	1
学习	2	1	0	0	0	1	1	0	1	2
机器	1	1	0	0	0	0	0	1	0	1
。	3	2	1	1	1	1	1	2	1	0

表中的每一行代表一个词的向量。通过计算两个向量之间的余弦函数，就可以计算两个词的相似度。如 "喜欢" 和 "爱"，由于有共同的上下文 "我" 和 "学习"，使得它们之间具有了一定的相似性，而不是如独热表示一样，没有任何关系。

除了词，上下文的选择有很多种方式，而选择不同的上下文得到的词向量表示性质会有所不同。例如，可以使用词在句子中的一个固定窗口内的词作为其上下文，也可以使用所在的文档本身作为上下文。前者得到的词表示将更多地反映词的局部性质：具有相似词法、句法属性的词将会具有相似的向量表示。而后者将更多地反映词代表的主题信息。

不过，直接使用与上下文的共现频次作为词的向量表示，至少存在以下三个问题：

- 高频词误导计算结果。如上例中，"我" "。" 与其他词的共现频次很高，导致实际上可能没有关系的两个词由于都和这些词共现过，从而产生了较高的相似度。

- 共现频次无法反映词之间的高阶关系。例如，假设词 "A" 与 "B" 共现过，"B" 与 "C" 共现过，"C" 与 "D" 共现过，通过共现频次，只能获知 "A" 与 "C" 都与 "B" 共现过，它们之间存在一定的关系，而 "A" 与 "D" 这种高阶的关系则无法知晓。
- 仍然存在稀疏性的问题。即向量中仍有大量的值为 0，这一点从表 2-1 中也可以看出。

下面分别介绍如何通过点互信息和奇异值分解两种技术来解决这些问题。

2. 点互信息

首先看如何解决高频词误导计算结果的问题。最直接的想法是：如果一个词与很多词共现，则降低其权重；反之，如果一个词只与个别词共现，则提高其权重。信息论中的点互信息（Pointwise Mutual Information，PMI）恰好能够做到这一点。对于词 w 和上下文 c，其 PMI 为：

$$\text{PMI}(w,c) = \log_2 \frac{P(w,c)}{P(w)P(c)} \tag{2-2}$$

式中，$P(w,c)$、$P(w)$、$P(c)$ 分别是 w 与 c 的共现概率，以及 w 和 c 分别出现的概率。可见，通过 PMI 公式计算，如果 w 和 c 的共现概率（与频次正相关）较高，但是 w 或者 c 出现的概率也较高（高频词），则最终的 PMI 值会变小；反之，即便 w 和 c 的共现概率不高，但是 w 或者 c 出现的概率较低（低频词），则最终的 PMI 值也可能会比较大。从而较好地解决高频词误导计算结果的问题。

可以通过最大似然估计（Maximum Likelihood Estimation，MLE），分别计算相关的概率值。具体公式为：

$$P(w,c) = \frac{C(w,c)}{\sum_{w',c'} C(w',c')} \tag{2-3}$$

$$P(w) = \frac{C(w)}{\sum_{w'} C(w')} = \frac{\sum_{c'} C(w,c')}{\sum_{w'} \sum_{c'} C(w',c')} \tag{2-4}$$

$$P(c) = \frac{C(c)}{\sum_{c'} C(c')} = \frac{\sum_{w'} C(w',c)}{\sum_{w'} \sum_{c'} C(w',c')} \tag{2-5}$$

式中：$C(w,c)$ 表示词 w 和上下文 c 在语料库中出现的次数（也称为频次）；$\sum_{c'} C(w,c')$ 为表 2-1 按行求和；$\sum_{w'} C(w',c)$ 为表 2-1 按列求和；$\sum_{w'} \sum_{c'} C(w',c')$ 为全部共现频次的和。代入以上 3 个公式，式 (2-2) 可以进一步写为：

$$
\begin{aligned}
\text{PMI}(w,c) &= \log_2 \frac{P(w,c)}{P(w)P(c)} \\
&= \log_2 \frac{\frac{C(w,c)}{\sum_{w',c'} C(w',c')}}{\frac{\sum_{c'} C(w,c')}{\sum_{w'} \sum_{c'} C(w',c')} \frac{\sum_{w'} C(w',c)}{\sum_{w'} \sum_{c'} C(w',c')}}
\end{aligned} \tag{2-6}
$$

$$= \log_2 \frac{C(w,c)}{\frac{\sum_{c'} C(w,c') \sum_{w'} C(w',c)}{\sum_{w'} \sum_{c'} C(w',c')}}$$

另外，当某个词与上下文之间共现次数较低时，可能会得到负的 PMI 值。考虑到这种情况下的 PMI 不太稳定（具有较大的方差），在实际应用中通常采用 PPMI（Positive PMI）的形式，即：

$$\text{PPMI}(w,c) = \max(\text{PMI}(w,c), 0) \tag{2-7}$$

接下来介绍 PMI 的代码实现。首先，将类似表 2-1 形式的共现频次表定义为共现矩阵的形式，即 $M \in \mathbb{R}^{|\mathbb{V}| \times |\mathbb{C}|}$，其中 $\mathbb{V}$ 为词表，$\mathbb{C}$ 为全部的上下文，M_{ij} 为词 w_i 与上下文 c_j 在语料库中的共现频次。然后，编写如下代码计算 PPMI：

```python
import numpy as np

M = np.array([[0, 2, 1, 1, 1, 1, 1, 2, 1, 3],
              [2, 0, 1, 1, 1, 0, 0, 1, 1, 2],
              [1, 1, 0, 1, 1, 0, 0, 0, 0, 1],
              [1, 1, 1, 0, 1, 0, 0, 0, 0, 1],
              [1, 1, 1, 1, 0, 0, 0, 0, 0, 1],
              [1, 0, 0, 0, 0, 0, 1, 1, 0, 1],
              [1, 0, 0, 0, 0, 1, 0, 1, 0, 1],
              [2, 1, 0, 0, 0, 1, 1, 0, 1, 2],
              [1, 1, 0, 0, 0, 0, 0, 1, 0, 1],
              [3, 2, 1, 1, 1, 1, 1, 2, 1, 0]])


def pmi(M, positive=True):
    col_totals = M.sum(axis=0) # 按列求和
    row_totals = M.sum(axis=1) # 按行求和
    total = col_totals.sum() # 总频次
    expected = np.outer(row_totals, col_totals) / total # 获得每个元素的分子
    M = M / expected
    with np.errstate(divide='ignore'): # 不显示log(0)的警告
        M = np.log(M)
    M[np.isinf(M)] = 0.0  # 将log(0)置为0
    if positive:
        M[M < 0] = 0.0
    return M


M_pmi = pmi(M)
```

```
np.set_printoptions(precision=2) # 打印结果保留两位小数
print(M_pmi)
```

则最终输出的结果为：

```
[[0.   0.18 0.07 0.07 0.07 0.3  0.3  0.3  0.3  0.22]
 [0.18 0.   0.44 0.44 0.44 0.   0.   0.   0.66 0.18]
 [0.07 0.44 0.   1.03 1.03 0.   0.   0.   0.   0.07]
 [0.07 0.44 1.03 0.   1.03 0.   0.   0.   0.   0.07]
 [0.07 0.44 1.03 1.03 0.   0.   0.   0.   0.   0.07]
 [0.3  0.   0.   0.   0.   1.48 0.78 0.   0.   0.3 ]
 [0.3  0.   0.   0.   0.   1.48 0.   0.78 0.   0.3 ]
 [0.3  0.   0.   0.   0.   0.78 0.78 0.   0.78 0.3 ]
 [0.3  0.66 0.   0.   0.   0.   0.   0.78 0.   0.3 ]
 [0.22 0.18 0.07 0.07 0.07 0.3  0.3  0.3  0.3  0.   ]]
```

除了 PMI，还有很多种其他方法可以达到类似的目的，如信息检索中常用的 TF-IDF 等，在此不再加以赘述。

3. 奇异值分解

下面看如何解决共现频次无法反映词之间高阶关系的问题。相关的技术有很多，其中**奇异值分解**（Singular Value Decomposition，SVD）是一种常见的做法。对共现矩阵 M 进行奇异值分解：

$$M = U\Sigma V^\top \tag{2-8}$$

式中：$U \in \mathbb{R}^{|\mathbb{V}| \times r}, V \in \mathbb{R}^{r \times |\mathbb{C}|}$ 为正交矩阵，满足 $U^\top U = V^\top V = I$；$\Sigma \in \mathbb{R}^{r \times r}$，是由 r 个奇异值（Singular Value）构成的对角矩阵。

若在 Σ 中仅保留 d 个（$d < r$）最大的奇异值（U 和 V 也只保留相应的维度），则被称为**截断奇异值分解**（Truncated Singular Value Decomposition）。截断奇异值分解实际上是对矩阵 M 的低秩近似。

通过截断奇异值分解所得到的矩阵 U 中的每一行，则为相应词的 d 维向量表示，该向量一般具有连续、低维和稠密的性质。由于 U 的各列相互正交，因此可以认为词表示的每一维表达了该词的一种独立的"潜在语义"，所以这种方法也被称作**潜在语义分析**（Latent Semantic Analysis，LSA）。相应地，$\Sigma V^\top$ 的每一列也可以作为相应上下文的向量表示。

在 Python 的 `numpy.linalg` 库中内置了 SVD 函数，只需要输入共现矩阵，然后调用相应的函数即可。如：

```
U, s, Vh = np.linalg.svd(M_pmi)
```

执行结束后，矩阵 U 中的每一行为相应词经过奇异值分解后的向量表示。如果仅保留前两维，每个词就可以显示为二维平面中的一个点，然后使用下面的代码进行可视化：

```
import matplotlib.pyplot as plt

words=["我","喜欢","自然","语言","处理","爱","深度","学习","机器","。"]

for i in range(len(words)):
    plt.text(U[i, 0], U[i, 1], words[i]) # U中的前两维对应二维空间的坐标
```

截断奇异值分解结果如图 2-1 所示，可见：上下文比较相近的词在空间上的距离比较近，如"深度""学习"等；而"我"和"。"等高频词则与其他词语距离比较远。

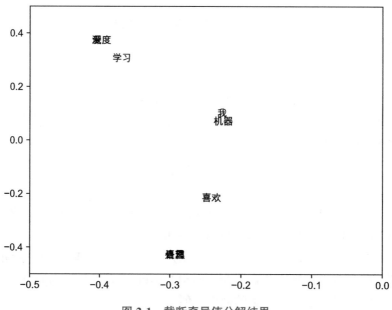

图 2-1　截断奇异值分解结果

在信息检索等领域，也经常通过词与其出现的文档构成"词–文档"共现矩阵，此时也可以通过以上介绍的奇异值分解技术进行降维，并在低维空间（潜在语义空间）内计算词语或者文档之间的相似度，该技术也称潜在语义索引（Latent Semantic Indexing，LSI）。

虽然在基于传统机器学习的方法中，词的分布式表示取得了不错的效果，但是其仍然存在一些问题。首先，当共现矩阵规模较大时，奇异值分解的运行速度非常慢；其次，如果想在原来语料库的基础上增加更多的数据，则需要重新运行

奇异值分解算法，代价非常高；另外，分布式表示只能用于表示比较短的单元，如词或短语等，如果待表示的单元比较长，如段落、句子等，由于与其共现的上下文会非常少，则无法获得有效的分布式表示；最后，分布式表示一旦训练完成，则无法修改，也就是说，无法根据具体的任务调整其表示方式。为了解决这些问题，可引入一种新的词表示方式——词嵌入表示。

2.1.3　词嵌入表示

与词的分布式表示类似，词嵌入表示（Word Embedding）也使用一个连续、低维、稠密的向量来表示词，经常直接简称为词向量，但与分布式表示不同之处在于其赋值方式。在词的分布式表示中，向量值是通过对语料库进行统计得到的，然后再经过点互信息、奇异值分解等变换，一旦确定则无法修改。而词向量中的向量值，是随着目标任务的优化过程自动调整的，也就是说，可以将词向量中的向量值看作模型的参数，词向量的使用示例将在 4.6.2 节介绍。不过，如果目标任务的训练数据比较少，学习合适的词向量难度会比较大，因此，利用自然语言文本中所蕴含的自监督学习信号（即词与上下文的共现信息），先来预训练词向量，往往会获得更好的结果。预训练模型的学习和使用也是本书的重点内容，从第 5 章开始将进行详细的介绍。

2.1.4　文本的词袋表示

上面介绍了几种常见的词表示方法，那么如何通过词的表示构成更长文本的表示呢？在此介绍一种最简单的文本表示方法——词袋（Bag-Of-Words，BOW）表示。所谓词袋表示，就是假设文本中的词语是没有顺序的集合，将文本中的全部词所对应的向量表示（既可以是独热表示，也可以是分布式表示或词向量）相加，即构成了文本的向量表示。如在使用独热表示时，文本向量表示的每一维恰好是相应的词在文本中出现的次数。

虽然这种文本表示的方法非常简单、直观，但是其缺点也非常明显：首先是没有考虑词的顺序信息，导致"张三 打 李四"和"李四 打 张三"，虽然含义不同，但是由于它们包含的词相同，即使词序不同，词袋表示的结果也是一样的；其次是无法融入上下文信息。比如要表示"不 喜欢"，只能将两个词的向量相加，无法进行更细致的语义操作。当然，可以通过增加词表的方法加以解决，比如引入二元词（Bigram）词表，将"不 + 喜欢"等作为"词"，然后同时学习二元词的词向量表示。这种方法既能部分解决否定词的问题，也能部分解决局部词序的问题，但是随着词表的增大，会引入更严重的数据稀疏问题。深度学习技术的引入为解决这些问题提供了更好的方案，本书后续章节将进行更详细的介绍。

2.2 自然语言处理任务

本节依次介绍三大类常见的自然语言处理任务，即：语言模型、基础任务以及应用任务。

2.2.1 语言模型

语言模型（Language Model，LM）（也称统计语言模型）是描述自然语言概率分布的模型，是一个非常基础和重要的自然语言处理任务。利用语言模型，可以计算一个词序列或一句话的概率，也可以在给定上文的条件下对接下来可能出现的词进行概率分布的估计。同时，语言模型是一项天然的预训练任务，在基于预训练模型的自然语言处理方法中起到非常重要的作用，因此这种预训练模型有时也被称为预训练语言模型。本章将主要介绍经典的 N 元语言模型（N-gram Language Model），现代的神经网络语言模型（Neural Network Language Model）将在第 5 章进行详细的介绍。

1. N 元语言模型

语言模型的基本任务是在给定词序列 $w_1 w_2 \cdots w_{t-1}$ 的条件下，对下一时刻 t 可能出现的词 w_t 的条件概率 $P(w_t | w_1 w_2 \cdots w_{t-1})$ 进行估计。一般地，把 $w_1 w_2 \cdots w_{t-1}$ 称为 w_t 的历史。例如，对于历史"我 喜欢"，希望得到下一个词为"读书"的概率，即：$P(读书|我 喜欢)$。在给定一个语料库时，该条件概率可以理解为当语料中出现"我 喜欢"时，有多少次下一个词为"读书"，然后通过最大似然估计进行计算：

$$P(读书|我 喜欢) = \frac{C(我 喜欢 读书)}{C(我 喜欢)} \tag{2-9}$$

式中，$C(\cdot)$ 表示相应词序列在语料库中出现的次数（也称为频次）。

通过以上的条件概率，可以进一步计算一个句子出现的概率，即相应单词序列的联合概率 $P(w_1 w_2 \cdots w_l)$，式中 l 为序列的长度。可以利用链式法则对该式进行分解，从而将其转化为条件概率的计算问题，即：

$$\begin{aligned}
P(w_1 w_2 \cdots w_l) &= P(w_1) P(w_2 | w_1) P(w_3 | w_1 w_2) \cdots P(w_l | w_1 w_2 \cdots w_{l-1}) \\
&= \prod_{i=1}^{l} P(w_i | w_{1:i-1})
\end{aligned} \tag{2-10}$$

式中，$w_{i:j}$ 表示由位置 i 到 j 的子串 $w_i w_{i+1} \cdots w_j$。

然而，随着句子长度的增加，$w_{1:i-1}$ 出现的次数会越来越少，甚至从未出现过，那么 $P(w_i | w_{1:i-1})$ 则很可能为 0，此时对于概率估计就没有意义了。为了解

决该问题，可以假设"下一个词出现的概率只依赖于它前面 $n-1$ 个词"，即：

$$P(w_t|w_1w_2\cdots w_{t-1}) \approx P(w_t|w_{t-(n-1):t-1}) \tag{2-11}$$

该假设被称为马尔可夫假设（Markov Assumption）。满足这种假设的模型，被称为**N 元语法**或**N 元文法**（N-gram）模型。特别地，当 $n=1$ 时，下一个词的出现独立于其历史，相应的一元语法通常记作 unigram。当 $n=2$ 时，下一个词只依赖于前 1 个词，对应的二元语法记作 bigram。二元语法模型也被称为一阶马尔可夫链（Markov Chain）。类似的，三元语法假设（$n=3$）也被称为二阶马尔可夫假设，相应的三元语法记作 trigram。n 的取值越大，考虑的历史越完整。在 unigram 模型中，由于词与词之间相互独立，因此它是与语序无关的。

以 bigram 模型为例，式 (2-10) 可转换为：

$$P(w_1w_2\cdots w_l) = \prod_{i=1}^{l} P(w_i|w_{i-1}) \tag{2-12}$$

为了使 $P(w_i|w_{i-1})$ 对于 $i=1$ 有意义，可在句子的开头增加一个句首标记 <BOS>（Begin Of Sentence），并设 w_0 = <BOS>。同时，也可以在句子的结尾增加一个句尾标记 <EOS>（End Of Sentence）[1]，设 w_{l+1} = <EOS>。

2. 平滑

虽然马尔可夫假设（下一个词出现的概率只依赖于它前面 $n-1$ 个词）降低了句子概率为 0 的可能性，但是当 n 比较大或者测试句子中含有未登录词（Out-Of-Vocabulary, OOV）时，仍然会出现"零概率"问题。由于数据的稀疏性，训练数据很难覆盖测试数据中所有可能出现的 N-gram，但这并不意味着这些 N-gram 出现的概率为 0。为了避免该问题，需要使用平滑（Smoothing）技术调整概率估计的结果。本节将介绍一种最基本，也最简单的平滑算法——折扣法。

折扣法（Discounting）平滑的基本思想是"损有余而补不足"，即从频繁出现的 N-gram 中匀出一部分概率并分配给低频次（含零频次）的 N-gram，从而使得整体概率分布趋于均匀。

加 1 平滑（Add-one Discounting）是一种典型的折扣法，也被称为拉普拉斯平滑（Laplace Smoothing），它假设所有 N-gram 的频次比实际出现的频次多一次。例如，对于 unigram 模型来说，平滑之后的概率可由以下公式计算：

$$P(w_i) = \frac{C(w_i)+1}{\sum_w (C(w)+1)} = \frac{C(w_i)+1}{N+|\mathbb{V}|} \tag{2-13}$$

[1] 也有论文中使用 <s> 等标记表示句首，使用 </s>、<e> 等标记表示句尾。

式中，$|\mathbb{V}|$ 是词表大小。所有未登录词可以映射为一个区别于其他已知词汇的独立标记，如 <UNK>。

相应的，对于 bigram 模型，则有：

$$P(w_i|w_{i-1}) = \frac{C(w_{i-1}w_i) + 1}{\sum_w \left(C(w_{i-1}w) + 1\right)} = \frac{C(w_{i-1}w_i) + 1}{C(w_{i-1}) + |\mathbb{V}|} \tag{2-14}$$

在实际应用中，尤其当训练数据较小时，加 1 平滑将对低频次或零频次事件给出过高的概率估计。一种自然的扩展是加 δ 平滑。在加 δ 平滑中，假设所有事件的频次比实际出现的频次多 δ 次，其中 $0 \leqslant \delta \leqslant 1$。

以 bigram 语言模型为例，使用加 δ 平滑之后的条件概率为：

$$P(w_i|w_{i-1}) = \frac{C(w_{i-1}w_i) + \delta}{\sum_w \left(C(w_{i-1}w) + \delta\right)} = \frac{C(w_{i-1}w_i) + \delta}{C(w_{i-1}) + \delta|\mathbb{V}|} \tag{2-15}$$

关于超参数 δ 的取值，需要用到开发集数据。根据开发集上的困惑度对不同 δ 取值下的语言模型进行评价，最终将最优的 δ 用于测试集。

由于引入了马尔可夫假设，导致 N 元语言模型无法对长度超过 N 的长距离词语依赖关系进行建模，如果将 N 扩大，又会带来更严重的数据稀疏问题，同时还会急剧增加模型的参数量（N-gram 数目），为存储和计算都带来极大的挑战。5.1 节将要介绍的神经网络语言模型可以较好地解决 N 元语言模型的这些缺陷。

3. 语言模型性能评价

如何衡量一个语言模型的好坏呢？一种方法是将其应用于具体的外部任务（如机器翻译），并根据该任务上指标的高低对语言模型进行评价。这种方法也被称为"外部任务评价"，是最接近实际应用需求的一种评价方法。但是，这种方式的计算代价较高，实现的难度也较大。因此，目前最为常用的是基于困惑度（Perplexity，PPL）的"内部评价"方式。

为了进行内部评价，首先将数据划分为不相交的两个集合，分别称为训练集 $\mathbb{D}^{\text{train}}$ 和测试集 $\mathbb{D}^{\text{test}}$，其中 $\mathbb{D}^{\text{train}}$ 用于估计语言模型的参数。由该模型计算出的测试集的概率 $P(\mathbb{D}^{\text{test}})$ 则反映了模型在测试集上的泛化能力[①]。

假设测试集 $\mathbb{D}^{\text{test}} = w_1w_2\cdots w_N$（每个句子的开始和结束分布增加 <BOS> 与 <EOS> 标记），那么测试集的概率为：

$$\begin{aligned} P(\mathbb{D}^{\text{test}}) &= P(w_1w_2\cdots w_N) \\ &= \prod_{i=1}^{N} P(w_i|w_{1:i-1}) \end{aligned} \tag{2-16}$$

---

① 当模型较为复杂（例如使用了平滑技术）时，在测试集上反复评价并调整超参数的方式会使得模型在一定程度上拟合了测试集。因此在标准实验设置中，需要划分一个额外的集合，以用于训练过程中的必要调试。该集合通常称为开发集（Development set），也称验证集（Validation set）。

困惑度则为模型分配给测试集中每一个词的概率的几何平均值的倒数：

$$\text{PPL}(\mathbb{D}^{\text{test}}) = \Big(\prod_{i=1}^{N} P(w_i|w_{1:i-1})\Big)^{-\frac{1}{N}} \tag{2-17}$$

例如，对于 bigram 模型而言：

$$\text{PPL}(\mathbb{D}^{\text{test}}) = \Big(\prod_{i=1}^{N} P(w_i|w_{i-1})\Big)^{-\frac{1}{N}} \tag{2-18}$$

在实际计算过程中，考虑到多个概率的连乘可能带来浮点数下溢的问题，通常需要将式 (2-18) 转化为对数和的形式：

$$\text{PPL}(\mathbb{D}^{\text{test}}) = 2^{-\frac{1}{N}\Sigma_{i=1}^{N} \log_2 P(w_i|w_{i-1})} \tag{2-19}$$

困惑度越小，意味着单词序列的概率越大，也意味着模型能够更好地解释测试集中的数据。需要注意的是，困惑度越低的语言模型并不总是能在外部任务上取得更好的性能指标，但是两者之间通常呈现出一定的正相关性。因此，困惑度可以作为一种快速评价语言模型性能的指标，而在将其应用于下游任务时，仍然需要根据其在具体任务上的表现进行评价。

2.2.2 自然语言处理基础任务

自然语言处理的一大特点是任务种类纷繁复杂，有多种划分的方式。从处理顺序的角度，可以分为底层的基础任务以及上层的应用任务。其中，基础任务往往是语言学家根据内省的方式定义的，输出的结果往往作为整个系统的一个环节或者下游任务的额外语言学特征，而并非面向普罗大众。本节介绍几种常见的基础任务，包括词法分析（分词、词性标注）、句法分析和语义分析等。

1. 中文分词

词（Word）是最小的能独立使用的音义结合体，是能够独立运用并能够表达语义或语用内容的最基本单元。在以英语为代表的印欧语系（Indo-European languages）中，词之间通常用分隔符（空格等）区分。但是在以汉语为代表的汉藏语系（Sino-Tibetan languages），以及以阿拉伯语为代表的闪-含语系（Semito-Hamitic languages）中，却不包含明显的词之间的分隔符。因此，为了进行后续的自然语言处理，通常需要首先对不含分隔符的语言进行分词（Word Segmentation）操作。本节以中文分词为例，介绍词的切分问题和最简单的分词算法。

中文分词就是将一串连续的字符构成的句子分割成词语序列，如"我喜欢读书"，分词后的结果为"我 喜欢 读书"。最简单的分词算法叫作正向最大匹配（Forward Maximum Matching，FMM）分词算法，即从前向后扫描句子中的字符串，尽量找到词典中较长的单词作为分词的结果。具体代码如下：

```python
def fmm_word_seg(sentence, lexicon, max_len):
    """
    sentence: 待分词的句子
    lexicon: 词典（所有单词集合）
    max_len: 词典中最长单词长度
    """
    begin = 0
    end = min(begin + max_len, len(sentence))
    words = []
    while begin < end:
        word = sentence[begin:end]
        if word in lexicon or end - begin == 1:
            words.append(word)
            begin = end
            end = min(begin + max_len, len(sentence))
        else:
            end -= 1
    return words
```

通过下面的代码加载词典并调用正向最大匹配分词算法：

```python
def load_dict():
    f = open("lexicon.txt") # 词典文件，每行存储一个单词
    lexicon = set()
    max_len = 0
    for line in f:
        word = line.strip()
        lexicon.add(word)
        if len(word) > max_len:
            max_len = len(word)
    f.close()

    return lexicon, max_len

lexicon, max_len = load_dict()
words = fmm_word_seg(input("请输入句子: "), lexicon, max_len)

for word in words:
    print(word,)
```

正向最大匹配分词算法存在的明显缺点是倾向于切分出较长的词，这容易导致错误的切分结果，如"研究生命的起源"，由于"研究生"是词典中的词，所以

使用正向最大匹配分词算法的分词结果为"研究 生命 的 起源"，显然分词结果不正确。

这种情况一般被称为切分歧义问题，即同一个句子可能存在多种分词结果，一旦分词错误，则会影响对句子的语义理解。正向最大匹配分词算法除了存在切分歧义，对中文词的定义也不明确，如"哈尔滨市"可以是一个词，也可以认为"哈尔滨"是一个词，"市"是一个词。因此，目前存在多种中文分词的规范，根据不同规范又标注了不同的数据集。

另外，就是未登录词问题，也就是说有一些词并没有收录在词典中，如新词、命名实体、领域相关词和拼写错误词等。由于语言的动态性，新词语的出现可谓是层出不穷，所以无法将全部的词都及时地收录到词典中，因此，一个好的分词系统必须能够较好地处理未登录词问题。相比于切分歧义问题，在真实应用环境中，由未登录词问题引起的分词错误比例更高。

因此，分词任务本身也是一项富有挑战的自然语言处理基础任务，可以使用包括本书介绍的多种机器学习方法加以解决，将在后续相关章节中进行详细的介绍。

2. 子词切分

一般认为，以英语为代表的印欧语系的语言，词语之间通常已有分隔符（空格等）进行切分，无须再进行额外的分词处理。然而，由于这些语言往往具有复杂的词形变化，如果仅以天然的分隔符进行切分，不但会造成一定的数据稀疏问题，还会导致由于词表过大而降低处理速度。如"computer""computers""computing"等，虽然它们语义相近，但是被认为是截然不同的单词。传统的处理方法是根据语言学规则，引入词形还原（Lemmatization）或者词干提取（Stemming）等任务，提取出单词的词根，从而在一定程度上克服数据稀疏问题。其中，词形还原指的是将变形的词语转换为原形，如将"computing"还原为"compute"；而词干提取则是将前缀、后缀等去掉，保留词干（Stem），如"computing"的词干为"comput"，可见，词干提取的结果可能不是一个完整的单词。

词形还原或词干提取虽然在一定程度上解决了数据稀疏问题，但是需要人工撰写大量的规则，这种基于规则的方法既不容易扩展到新的领域，也不容易扩展到新的语言上。因此，基于统计的无监督子词（Subword）切分任务应运而生，并在现代的预训练模型中使用。

所谓子词切分，就是将一个单词切分为若干连续的片段。目前有多种常用的子词切分算法，它们的方法大同小异，基本的原理都是使用尽量长且频次高的子词对单词进行切分。此处重点介绍常用的字节对编码（Byte Pair Encoding，BPE）算法。

首先，BPE 通过算法 2.1 构造子词词表。

算法 2.1 BPE 中子词词表构造算法

Input: 大规模生文本语料库；期望的子词词表大小 L

Output: 子词词表

1. 将语料库中每个单词切分成字符作为子词；
2. 用切分的子词构成初始子词词表。
3. **while** 子词词表小于或等于 L **do**
4.   在语料库中统计单词内相邻子词对的频次；
5.   选取频次最高的子词对，合并成新的子词；
6.   将新的子词加入子词词表；
7.   将语料库中不再存在的子词从子词词表中删除。
8. **end**

下面，通过一个例子说明如何构造子词词表。首先，假设语料库中存在下列 Python 词典中的 3 个单词以及每个单词对应的频次。其中，每个单词结尾增加了一个 '</w>' 字符，并将每个单词切分成独立的字符构成子词。

```
{'l o w e r </w>': 2, 'n e w e s t </w>': 6, 'w i d e s t </w>': 3}
```

初始化的子词词表为 3 个单词包含的全部字符：

```
{'l', 'o', 'w', 'e', 'r', '</w>', 'n', 's', 't', 'i', 'd'}
```

然后，统计单词内相邻的两个子词的频次，并选取频次最高的子词对 'e' 和 's'，合并成新的子词 'es'（共出现 9 次），然后加入子词词表中，并将语料库中不再存在的子词 's' 从子词词表中删除。此时，语料库以及子词词表变为：

```
{'l o w e r </w>': 2, 'n e w es t </w>': 6, 'w i d es t </w>': 3}
```

```
{'l', 'o', 'w', 'e', 'r', '</w>', 'n', 't', 'i', 'd', 'es'}
```

然后，合并下一个子词对 'es' 和 't'，新的语料库和子词词表为：

```
{'l o w e r </w>': 2, 'n e w est </w>': 6, 'w i d est </w>': 3}
```

```
{'l', 'o', 'w', 'e', 'r', '</w>', 'n', 'i', 'd', 'est'}
```

重复以上过程，直到子词词表大小达到一个期望的词表大小为止。

构造好子词词表后，如何将一个单词切分成子词序列呢？可以采用贪心的方法，即首先将子词词表按照子词的长度由大到小进行排序。然后，从前向后遍历子词词表，依次判断一个子词是否为单词的子串，如果是的话，则将该单词切分，然后继续向后遍历子词词表。如果子词词表全部遍历结束，单词中仍然有子串没有被切分，那么这些子串一定为低频串，则使用统一的标记，如 '<UNK>' 进行替换。

例如,对一个含有三个单词的句子 ['the</w>', 'highest</w>', 'mountain</w>'] 进行切分, 假设排好序的词表为 ['errrr</w>', 'tain</w>', 'moun', 'est</w>', 'high', 'the</w>', 'a</w>'], 则子词切分的结果为 ['the</w>', 'high', 'est</w>', 'moun', 'tain</w>']。此过程也叫作对句子 (单词序列) 进行编码。

那么, 如何对一个编码后的句子进行解码, 也就是还原成原始的句子呢? 此时, 单词结尾字符 '</w>' 便发挥作用了。只要将全部子词进行拼接, 然后将结尾字符替换为空格, 就恰好为原始的句子了。

通过以上过程可以发现, BPE 算法中的编码步骤需要遍历整个词表, 是一个非常耗时的过程。可以通过缓存技术加快编码的速度, 即将常见单词对应的编码结果事先存储下来, 然后编码时通过查表的方式快速获得编码的结果。对于查不到的单词再实际执行编码算法。由于高频词能够覆盖语言中的大部分单词, 因此该方法实际执行编码算法的次数并不多, 因此可以极大地提高编码过程的速度。

除了 BPE, 还有很多其他类似的子词切分方法, 如 WordPiece、Unigram Language Model (ULM) 算法等。其中, WordPiece 与 BPE 算法类似, 也是每次从子词词表中选出两个子词进行合并。与 BPE 的最大区别在于, 选择两个子词进行合并的策略不同: BPE 选择频次最高的相邻子词合并, 而 WordPiece 选择能够提升语言模型概率最大的相邻子词进行合并。经过公式推导, 提升语言模型概率最大的相邻子词具有最大的互信息值, 也就是两子词在语言模型上具有较强的关联性, 它们经常在语料中以相邻方式同时出现。

与 WordPiece 一样, ULM 同样使用语言模型挑选子词。不同之处在于, BPE 和 WordPiece 算法的词表大小都是从小到大变化, 属于增量法。而 ULM 则是减量法, 即先初始化一个大词表, 根据评估准则不断丢弃词表中的子词, 直到满足限定条件。ULM 算法考虑了句子的不同分词可能, 因而能够输出带概率的多个子词分段。

为了更方便地使用上述子词切分算法, Google 推出了 SentencePiece 开源工具包, 其中集成了 BPE、ULM 等子词切分算法, 并支持 Python、C++ 编程语言的调用, 具有快速、轻量的优点。此外, 通过将句子看作 Unicode 编码序列, 从而使其能够处理多种语言。

3. 词性标注

词性是词语在句子中扮演的语法角色, 也被称为词类 (Part-Of-Speech, POS)。例如, 表示抽象或具体事物名字 (如 "计算机") 的词被归为名词, 而表示动作 (如 "打")、状态 (如 "存在") 的词被归为动词。词性可为句法分析、语义理解等提供帮助。

词性标注（POS Tagging）任务是指给定一个句子，输出句子中每个词相应的词性。例如，当输入句子为：

他 喜欢 下 象棋 。

则词性标注的输出为：

他/PN 喜欢/VV 下/VV 象棋/NN 。/PU

其中，斜杠后面的 PN、VV、NN 和 PU 分别代表代词、动词、名词和标点符号[①]。

词性标注的主要难点在于歧义性，即一个词在不同的上下文中可能有不同的词性。例如，上例中的"下"，既可以表示动词，也可以表示方位词。因此，需要结合上下文确定词在句子中的具体词性。

4. 句法分析

句法分析（Syntactic Parsing）的主要目标是给定一个句子，分析句子的句法成分信息，例如主谓宾定状补等成分。最终的目标是将词序列表示的句子转换成树状结构，从而有助于更准确地理解句子的含义，并辅助下游自然语言处理任务。例如，对于以下两个句子：

您转的这篇文章很无知。
您转这篇文章很无知。

虽然它们只相差一个"的"字，但是表达的语义是截然不同的，这主要是因为两句话的主语不同。其中，第一句话的主语是"文章"，而第二句话的主语是"转"的动作。通过对两句话进行句法分析，就可以准确地获知各自的主语，从而推导出不同的语义。

典型的句法结构表示方法包含两种——短语结构句法表示和依存结构句法表示。它们的不同点在于依托的文法规则不一样。其中，短语结构句法表示依托上下文无关文法，属于一种层次性的表示方法。而依存结构句法表示依托依存文法。图 2-2 对比了两种句法结构表示方法。在短语结构句法表示中，S 代表起始符号，NP 和 VP 分别代表名词短语和动词短语。在依存结构句法表示中，sub 和 obj 分别表示主语和宾语，root 表示虚拟根节点，其指向整个句子的核心谓词。

5. 语义分析

自然语言处理的核心任务即是让计算机"理解"自然语言所蕴含的意义，即语义（Semantic）。本章前面介绍的文本向量表示，可以被认为隐性地蕴含了很多语义信息。而一般意义上的语义分析指的是通过离散的符号及结构显性地表示语

[①] 不同标注规范定义的词性及表示方式不同，本书主要以中文宾州树库（Chinese Penn Treebank）词性标注规范为例。

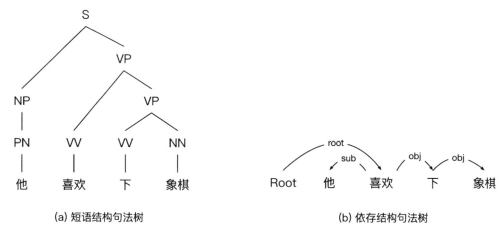

(a) 短语结构句法树　　　　　　　　　　　　(b) 依存结构句法树

图 2-2　两种句法结构表示方法结果对比

义。根据待表示语言单元粒度以及语义表示方法的不同，语义分析又可以被分为多种形式。

从词语的粒度考虑，一个词语可能具有多种语义（词义），例如"打"，含义即可能是"攻击"（如"打人"），还可能是"玩"（如"打篮球"），甚至"编织"（如"打毛衣"）等。根据词语出现的不同上下文，确定其具体含义的自然语言处理任务被称为词义消歧（Word Sense Disambiguation，WSD）。对于每个词可能具有的词义，往往是通过语义词典确定的，如 WordNet 等。除了以上一词多义情况，还有多词一义的情况，如"马铃薯"和"土豆"具有相同的词义。

由于语言的语义组合性和进化性，无法像词语一样使用词典定义句子、段落或篇章的语义，因此很难用统一的形式对句子等语言单元的语义进行表示。众多的语言学流派提出了各自不同的语义表示形式，如语义角色标注（Semantic Role Labeling，SRL）、语义依存分析（Semantic Dependency Parsing，SDP）等。

其中，语义角色标注也称谓词论元结构（Predicate-Argument Structure），即首先识别句子中可能的谓词（一般为动词），然后为每个谓词确定所携带的语义角色（也称作论元），如表示动作发出者的施事（Agent），表示动作承受者的受事（Patient）等。除了核心语义角色，还有一类辅助描述动作的语言成分，被称为附加语义角色，如动作发生的时间、地点和方式等。表 2-2 展示了一个语义角色标注的示例，其中有两个谓词——"喜欢"和"下"，并针对每个谓词产生相应的论元输出结果。

语义依存分析则利用通用图表示更丰富的语义信息。根据图中节点类型的不同，又可分为两种表示——语义依存图（Semantic Dependency Graph）表示和概念语义图（Conceptual Graph）表示。其中，语义依存图中的节点是句子中实际存在的词语，在词与词之间创建语义关系边。而概念语义图首先将句子转化为虚拟的概念节点，然后在概念节点之间创建语义关系边。图 2-3 展示了一个语义依存图分析结果示例。

表 2-2 语义角色标注示例

输入	他	喜欢	下	象棋	。
输出 1	施事	谓词		受事	
输出 2	施事		谓词	受事	

图 2-3 语义依存图分析结果示例

以上的语义表示方式属于通用语义表示方式，也就是针对各种语言现象，设计统一的语义表示。除此之外，还有另一类语义分析用于专门处理具体的任务，如将自然语言表示的数据库查询转换成结构化查询语言（SQL）。例如，对于如表 2-3 所示的学生信息表，系统需要将用户的自然语言查询：年龄大于18岁的学生姓名，转化为 SQL 语句：select name where age > 18;。

表 2-3 学生信息表

学号	姓名	年龄	⋯
1001	张三	18	⋯
1002	李四	19	⋯
⋮	⋮	⋮	⋮

2.2.3 自然语言处理应用任务

本节介绍信息抽取、情感分析、问答系统、机器翻译和对话系统等自然语言处理应用任务。这些任务可以直接或间接地以产品的形式为终端用户提供服务，是自然语言处理研究应用落地的主要技术。

1. 信息抽取

信息抽取（Information Extraction，IE）是从非结构化的文本中自动提取结构化信息的过程，这种结构化的信息方便计算机进行后续的处理。另外，抽取的结果还可以作为新的知识加入知识库中。信息抽取一般包含以下几个子任务。

命名实体识别（Named Entity Recognition，NER）是在文本中抽取每个提及的命名实体并标注其类型，一般包括人名、地名和机构名等，也包括专有名称等，如书名、电影名和药物名等。在文本中找到提及的命名实体后，往往还需要将这些命名实体链接到知识库或知识图谱中的具体实体，这一过程被称作实体链接（Entity Linking）。如"华盛顿"既可以指美国首任总统，也可以指美国首都，需要根据上下文进行判断，这一过程类似于词义消歧任务。

关系抽取（Relation Extraction）用于识别和分类文本中提及的实体之间的语义关系，如夫妻、子女、工作单位和地理空间上的位置关系等二元关系。

事件抽取（Event Extraction）的任务是从文本中识别人们感兴趣的事件以及事件所涉及的时间、地点和人物等关键元素。其中，事件往往使用文本中提及的具体触发词（Trigger）定义。可见，事件抽取与语义角色标注任务较为类似，其中触发词对应语义角色标注中的谓词，而事件元素则可认为是语义角色标注中的论元。

事件的发生时间往往比较关键，因此时间表达式（Temporal Expression）识别也被认为是重要的信息抽取子任务，一般包括两种类型的时间：绝对时间（日期、星期、月份和节假日等）和相对时间（如明天、两年前等）。使用时间表达归一化（Temporal Expression Normalization）将这些时间表达式映射到特定的日期或一天中的时间。

下面通过一个例子，综合展示以上的各项信息抽取子任务。如通过下面的新闻报道：

10月28日，AMD宣布斥资350亿美元收购FPGA芯片巨头赛灵思。这两家传了多年绯闻的芯片公司终于走到了一起。

信息抽取结果如表 2-4 所示。

2. 情感分析

情感（Sentiment）是人类重要的心理认知能力，使用计算机自动感知和处理人类情感已经成为人工智能领域重要的研究内容之一。自然语言处理中的情感分析主要研究人类通过文字表达的情感，因此也称为文本情感分析。但是，情感又是一个相对比较笼统的概念，既包括个体对外界事物的态度、观点或倾向性，如正面、负面等；又可以指人自身的情绪（Emotion），如喜、怒、哀和惧等。随着互联网的迅速发展，产生了各种各样的用户生成内容（User Generated Content，UGC），其中很多内容包含着人们的喜怒哀惧等情感，对这些情感的准确分析有助于了解人们对某款产品的喜好，随时掌握舆情的发展。因此，情感分析成为目前自然语言处理技术的主要应用之一。

表 2-4　信息抽取结果

信息抽取子任务	抽取结果
命名实体识别	公司名：AMD 公司名：赛灵思
关系抽取	赛灵思 $\xrightarrow{\text{从属}}$ AMD
时间表达式抽取	10 月 28 日
时间表达式归一化	10 月 28 日 → 2020 年 10 月 28 日
事件抽取	事件：收购 时间：2020 年 10 月 28 日 收购者：AMD 被收购者：赛灵思 收购金额：350 亿美元

情感分析可以从任务角度分为两个主要的子任务，即情感分类（识别文本中蕴含的情感类型或者情感强度，其中，文本既可以是句子，也可以是篇章）和情感信息抽取（抽取文本中的情感元素，如评价词语、评价对象和评价搭配等）。针对下面的用户评论：

这款手机的屏幕很不错，性能也还可以。

情感分析结果如表 2-5 所示。

表 2-5　情感分析结果

情感分析子任务	分析结果
情感分类	褒义
情感信息抽取	评价词：不错；可以 评价对象：屏幕；性能 评价搭配：屏幕 ⇔ 不错；性能 ⇔ 可以

由于情感分析具有众多的应用场景，如商品评论的分析、舆情分析等，因此，情感分析受到工业界的广泛关注，已成为自然语言处理研究应用落地的重要体现。另外，情感分析还在社会学、经济学和管理学等领域显示出重要的研究意义和广泛的应用前景，这些需求对情感分析不断提出更高的要求，推动了情感分析研究的内涵和外延不断扩展和深入。

3. 问答系统

问答系统（Question Answering，QA）是指系统接受用户以自然语言形式描述的问题，并从异构数据中通过检索、匹配和推理等技术获得答案的自然语言处理系统。根据数据来源的不同，问答系统可以分为 4 种主要的类型：1）检索式问答系统，答案来源于固定的文本语料库或互联网，系统通过查找相关文档并抽取答案完成问答；2）知识库问答系统，回答问题所需的知识以数据库等结构化形式存储，问答系统首先将问题解析为结构化的查询语句，通过查询相关知识点，并结合知识推理获取答案；3）常问问题集问答系统，通过对历史积累的常问问题集进行检索，回答用户提出的类似问题；4）阅读理解式问答系统，通过抽取给定文档中的文本片段或生成一段答案来回答用户提出的问题。在实际应用中，可以综合利用以上多种类型的问答系统来更好地回答用户提出的问题。

4. 机器翻译

机器翻译（Machine Translation，MT）是指利用计算机实现从一种自然语言（源语言）到另外一种自然语言（目标语言）的自动翻译。据统计，目前世界上存在约 7,000 种语言，其中，超过 300 种语言拥有 100 万个以上的使用者。而随着全球化趋势的发展和互联网的广泛普及，不同语言使用者之间的信息交流变得越来越重要。如何突破不同国家和不同民族之间的语言障碍，已成为全人类面临的共同难题。机器翻译为克服这一难题提供了有效的技术手段，其目标是建立自动翻译方法、模型和系统，打破语言壁垒，最终实现任意时间、任意地点和任意语言之间的自动翻译，完成人们无障碍自由交流的梦想。自从自然语言处理领域诞生以来，机器翻译一直是其主要的研究任务和应用场景。近年来，谷歌、百度等公司纷纷推出在线的机器翻译服务，科大讯飞等公司也推出了翻译机产品，能够直接将一种语言的语音翻译为另一种语言的语音，为具有不同语言的人们之间的互相交流提供了便利。

下面给出一个中英互译的例子，其中源语言（中文）和目标语言（英文）都经过了分词处理：

```
S: 北京 是 中国 的 首都 。
T: Beijing is the capital of China .
```

机器翻译方法一般以句子为基本输入单位，研究从源语言句子到目标语言句子的映射函数。机器翻译自诞生以来，主要围绕理性主义和经验主义两种方法进行研究。所谓"理性主义"，是指基于规则的方法；而"经验主义"是指数据驱动的统计方法，在机器翻译领域表现为基于语料库（翻译实例库）的研究方法。近年来兴起的基于深度学习的机器翻译方法利用深度神经网络学习源语言句子到目标语言句子的隐式翻译规则，即所有的翻译规则都被编码在神经网络的模型参数中。该方法又被称为神经机器翻译（Neural Machine Translation, NMT）。

5. 对话系统

对话系统（Dialogue System）是指以自然语言为载体，用户与计算机通过多轮交互的方式实现特定目标的智能系统。其中，特定目标包括：完成特定任务、获取信息或推荐、获得情感抚慰和社交陪伴等。20 世纪 50 年代，图灵提出用于评测计算机系统智能化水平的"图灵测试"，就是以自然语言对话的形式进行的。对话系统可以直接应用于语音助手、智能音箱和车载语音系统等众多场景。

对话系统主要分为任务型对话系统（Task-Oriented Dialogue）和开放域对话系统（Open-Domain Dialogue）。前者是任务导向型的对话系统，主要用于垂直领域的自动业务助理等，具有明确的任务目标，如完成机票预订、天气查询等特定的任务。后者是以社交为目标的对话系统，通常以闲聊、情感陪护等为目标，因此也被称为聊天系统或聊天机器人（Chatbot），在领域和话题上具有很强的开放性。

下面是一段开放域对话系统人机对话的示例，其中 U 代表用户的话语（Utterance），S 代表对话系统的回复。该类对话系统的主要目标是提升对话的轮次以及用户的满意度。相比对话的准确性，开放域对话系统更关注对话的多样性以及对用户的吸引程度。

U：今天天气真不错！
S：是啊，非常适合室外运动。
U：你喜欢什么运动？
S：我喜欢踢足球，你呢？

任务型对话系统一般由顺序执行的三个模块构成，即自然语言理解、对话管理和自然语言生成。其中，自然语言理解（Natural Language Understanding，NLU）模块的主要功能是分析用户话语的语义，通常的表示形式为该话语的领域、意图以及相应的槽值等。如对于用户话语：

U：帮我订一张明天去北京的机票

自然语言理解的结果如表 2-6 所示。

表 2-6　自然语言理解的结果

NLU 子任务	分析结果
领域	机票
意图	订机票
槽值	出发时间 = 明天；到达地 = 北京；数量 = 一张

对话管理（Dialogue Management，DM）模块包括对话状态跟踪（Dialogue State Tracking，DST）和对话策略优化（Dialogue Policy Optimization，DPO）两个子模块。对话状态一般表示为语义槽和值的列表。例如，通过对以上用户话语自然语言理解的结果进行对话状态跟踪，得到当前的对话状态（通常为语义槽及其对应的值构成的列表）：[到达地 = 北京；出发时间 = 明天；出发地 =NULL；数

量 =1]。获得当前对话状态后，进行策略优化，即选择下一步采用什么样的策略，也叫作动作。动作有很多种，如此时可以询问出发地，也可以询问舱位类型等。

在任务型对话系统里，自然语言生成（Natural Language Generation，NLG）模块工作相对比较简单，通常通过写模板即可实现。比如要询问出发地，就直接问"请问您从哪里出发？"，然后经过语音合成（Text-to-Speech，TTS）反馈给用户。

以上三个模块可以一直循环执行下去，随着每次用户的话语不同，对话状态也随之变化。然后，采用不同的回复策略，直到满足用户的订票需求为止。

2.3 基本问题

上面介绍了两大类常见的自然语言处理任务，虽然这些任务从表面上看各不相同，但是都可以归为文本分类问题、结构预测问题或序列到序列问题，下面就这三个基本问题分别加以介绍。

2.3.1 文本分类问题

文本分类（Text Classification 或 Text Categorization）是最简单也是最基础的自然语言处理问题。即针对一段文本输入，输出该文本所属的类别，其中，类别是事先定义好的一个封闭的集合。文本分类具有众多的应用场景，如垃圾邮件过滤（将邮件分为垃圾和非垃圾两类）、新闻分类（将新闻分为政治、经济和体育等类别）等。2.2.3 节介绍的文本情感分类任务就是典型的文本分类问题，类别既可以是褒、贬两类，也可以是喜、怒、哀和惧等多类。

在使用机器学习，尤其是深度学习方法解决文本分类问题时，首先，需要使用 2.1 节介绍的文本表示技术，将输入的文本转化为特征向量；然后，使用第 4 章将要介绍的机器学习模型（也叫分类器），将输入的特征向量映射为一个具体的类别。

除了直接使用文本分类技术解决实际问题，还有很多自然语言处理问题可以转换为文本分类问题，如文本匹配（Text Matching），即判断两段输入文本之间的匹配关系，包括复述关系（Paraphrasing：判断两个表述不同的文本语义是否相同）、蕴含关系（Entailment：根据一个前提文本，推断与假设文本之间的蕴含或矛盾关系）等。一种转换的方法是将两段文本直接拼接起来，然后按复述或非复述、蕴含或矛盾等关系分类。

2.3.2 结构预测问题

与文本分类问题不同，在结构预测问题中，输出类别之间具有较强的相互关联性。例如，在词性标注任务中，一句话中不同词的词性之间往往相互影响，如副词之后往往出现动词或形容词，形容词之后往往跟着名词等。结构预测任务通常是自然语言处理独有的。下面介绍三种典型的结构预测问题——序列标注、序列分割和图结构生成。

1. 序列标注

所谓序列标注（Sequence Labeling），指的是为输入文本序列中的每个词标注相应的标签，如词性标注是为每个词标注一个词性标签，包括名词、动词和形容词等。其中，输入词和输出标签数目相同且一一对应。表2-7展示了一个序列标注（词性标注）示例。序列标注问题可以简单地看成多个独立的文本分类问题，即针对每个词提取特征，然后进行标签分类，并不考虑输出标签之间的关系。条件随机场（Conditional Random Field，CRF）模型是一种被广泛应用的序列标注模型，其不但考虑了每个词属于某一标签的概率（发射概率），还考虑了标签之间的相互关系（转移概率）。4.3节将要介绍的循环神经网络模型也隐含地建模了标签之间的相互关系，为了进一步提高准确率，也可以在循环神经网络之上再使用条件随机场模型。

表 2-7　序列标注（词性标注）示例

输入	他	喜欢	下	象棋	。
输出	PN	VV	VV	NN	PU

2. 序列分割

除了序列标注问题，还有很多自然语言处理问题可以被建模为序列分割问题，如分词问题，就是将字符序列切分成若干连续的子序列；命名实体识别问题，也是在文本序列中切分出子序列，并为每个子序列赋予一个实体的类别，如人名、地名和机构名等。可以使用专门的序列分割模型对这些问题进行建模，不过为了简化，往往将它们转换为序列标注任务统一加以解决。如命名实体识别，序列标注的输出标签可以为一个实体的开始（B-XXX）、中间（I-XXX）或者非实体（O）等，其中B代表开始（Begin）、I代表中间（Inside），O代表其他（Other），XXX代表实体的类型，如人名（PER）、地名（LOC）和机构名（ORG）等。分词问题也可以转换为序列标注问题，即为每个字符标注一个标签，指明该字符是一个词的开始（B）或者中间（I）等。表2-8展示了使用序列标注方法解决序列分割（分词和命名实体识别）问题示例。其中，对于输入："我爱北京天安门。"分词输出结果是："我 爱 北京 天安门 。"命名实体识别输出结果是："北京天安门 =LOC"。

3. 图结构生成

图结构生成也是自然语言处理特有的一类结构预测问题，顾名思义，其输入是自然语言，输出结果是一个以图表示的结构。图中的节点既可以来自原始输入，

表 2-8 使用序列标注方法解决序列分割（分词和命名实体识别）问题示例

输入	我	爱	北	京	天	安	门	。
分词输出	B	B	B	I	B	I	I	B
命名实体识别输出	O	O	B-LOC	I-LOC	I-LOC	I-LOC	I-LOC	O

也可以是新生成的；边连接了两个节点，并可以赋予相应的类型。2.2.2 节介绍的句法分析就是典型的图结构生成问题，其中，在依存分析中，节点皆为原始输入的词，而边则连接了有句法关系的两个词，然后在其上标注句法关系类别。此外，还可以对输出的图结构进行一定的约束，如需要为树结构（一种特殊的图结构，要求每个节点有且只有一个父节点）等。在短语结构句法分析中，除了原始输入词作为终结节点，还需要新生成词性以及短语类型节点作为非终结节点，然后，使用边将这些节点相连，并最终形成树结构。不过，树结构也不是必要的限制，如在 2.2.2 节介绍的语义依存图分析中，结果就不必是一棵树，而可以是更灵活的图结构。

图结构生成算法主要包括两大类：基于图的算法和基于转移的算法。

基于图（Graph-based）的算法首先为图中任意两个节点（输入的词）构成的边赋予一定的分数，算法的目标是求解出一个满足约束的分数最大的子图，其中，子图的分数可以简单看作所有边的分数和，如果要求输出结果满足树结构的约束，则需要使用最大生成树（Maximum Spanning Tree，MST）算法进行解码。除了解码算法，基于图的算法还需要解决如何为边打分以及参数如何优化等问题，本书不进行详细的阐述，感兴趣的读者可以查阅相关参考资料。

基于转移（Transition-based）的算法将图结构的构建过程转化为一个状态转移序列，通过转移动作，从一个旧的状态转移到新的状态，也就是说转移动作是状态向前前进一步的方式，体现了状态变化的策略，转移动作的选择本质上就是一个分类问题，其分类器的特征从当前的状态中加以提取。

首先，来看如何使用基于转移的算法解决依存句法分析问题。在此，以一种非常简单的标准弧（Arc-standard）转移算法为例，转移状态由一个栈（Stack）和一个队列（Queue）构成，栈中存储的是依存结构子树序列 $S_m \cdots S_1 S_0$，队列中存储的是未处理的词 $Q_0 Q_1 \cdots Q_n$。在初始转移状态中，栈为空，句子当中的所有词有序地填入队列中；在结束转移状态中，栈中存储着一棵完整的依存结构句法分析树，队列为空。

另外，算法定义了以下三种转移动作，分别为移进（Shift，SH）、左弧归约（Reduce-Left，RL）和右弧归约（Reduce-Right，RR），具体含义如下：

- SH，将队列中的第一个元素移入栈顶，形成一个仅包含一个节点的依存子树；

- RL，将栈顶的两棵依存子树采用一个左弧 $S_1 \curvearrowleft S_0$ 进行合并，然后 S_1 下栈；
- RR，将栈顶的两棵依存子树采用一个右弧 $S_1 \curvearrowright S_0$ 进行合并，然后 S_0 下栈。

图 2-4 展示了面向依存句法分析的标准弧转移算法中的三种动作。除了以上三个动作，还定义了一个特殊的完成动作（Finish，FIN）。根据上述的定义，可以使用表 2-9 中的动作序列逐步生成图 2-2(b) 所示的依存结构句法树。弧上的句法关系可以在生成弧的时候（采用 RL 或 RR 动作），使用额外的句法关系分类器加以预测。

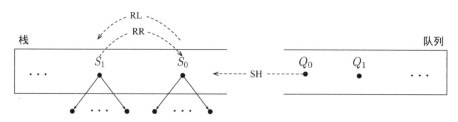

图 2-4　面向依存句法分析的标准弧转移算法中的三种动作

基于转移算法的短语结构句法分析方法过程也类似，只不过栈中存储的是短语结构句法子树序列，队列中同样存储的是未被处理的词。在此不再赘述。

2.3.3 序列到序列问题

除了文本分类和结构预测问题，还有很多自然语言处理问题可以归为序列到序列（Sequence-to-Sequence，Seq2seq）问题。机器翻译问题就是典型的代表，其中，输入为源语言句子，输出为目标语言句子。将其推广到序列到序列问题，输入就是一个由若干词组成的序列，输出则是一个新的序列，其中，输入和输出的序列不要求等长，同时也不要求词表一致。

使用传统的机器学习技术解决序列到序列问题是比较困难的，而基于深度学习模型，可以直接将输入序列表示为一个向量，然后，通过该向量生成输出序列。其中，对输入序列进行表示的过程又叫作编码，相应的模型则被称为编码器（Encoder）；生成输出序列的过程又叫作解码，相应的模型则被称为解码器（Decoder）。因此，序列到序列模型也被称为编码器–解码器（Encoder-Decoder）模型。图 2-5 以机器翻译问题为例，展示了一个编码器–解码器模型的示例。本书将在第 4 章详细介绍序列到序列模型的具体实现。

除了机器翻译，还有很多自然语言处理问题可以被建模为序列到序列问题，如对话系统中，用户话语可被视为输入序列，机器的回复则可被视为输出序列，甚至文本分类问题也可以被建模为序列到序列问题。首先，使用编码器对输入文本进行表示，然后，解码器只输出一个"词"，即文本所属的类别。结构预测问题

表 2-9　基于标准弧转移算法的依存句法树生成动作序列示例

步骤	栈	队列	下一步动作
0		他 喜欢 下 象棋	SH
1	他	喜欢 下 象棋	SH
2	他 喜欢	下 象棋	RL
3	喜欢 他	下 象棋	SH
4	喜欢 下 他	象棋	SH
5	喜欢 下 象棋 他		RR
6	喜欢 下 他 象棋		RR
7	喜欢 他 下 象棋		FIN

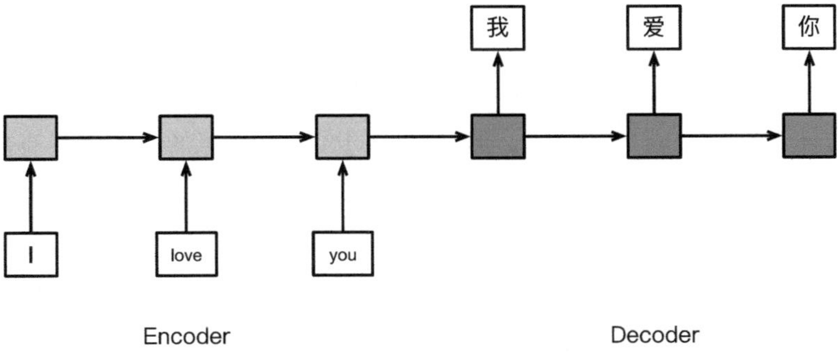

图 2-5　编码器-解码器模型示例

也类似，首先，也需要使用编码器对输入文本进行表示，然后，在处理序列标注问题时，使用解码器生成输出标签序列（需要保证输出序列与输入序列长度相同）；在处理序列分割问题时，直接输出结果序列；在处理图结构生成问题时，需要将图表示的结果进行序列化，即通过一定的遍历顺序，将图中的节点和边转换为一个序列，然后再执行解码操作。不过，由于输入和输出有较强的对应关系，而序列到序列模型很难保证这种对应关系，所以结构预测问题较少直接使用序列到序列模型加以解决。但是无论如何，由于序列到序列模型具备强大的建模能力，其已成为自然语言处理的大一统框架，越来越多的问题都可以尝试使用该模型加以解决。也就是说，可以将复杂的自然语言处理问题转化为编码、解码两个子问题，然后就可以分别使用独立的模型建模了。

2.4 评价指标

由于自然语言处理任务的多样性以及评价的主观性，因此很难使用单一的评价指标衡量所有任务的性能，所以针对不同类型的任务，往往采用不同的评价方法。对评价方法的准确把握，有助于深入理解各项自然语言处理任务。

准确率（Accuracy）是最简单、直观的评价指标，经常被应用于文本分类等问题。其计算公式为：

$$\text{ACC}^{\text{cls}} = \frac{\text{正确分类的文本数}}{\text{测试文本总数}} \tag{2-20}$$

词性标注等序列标注问题也可以采用准确率进行评价，即：

$$\text{ACC}^{\text{pos}} = \frac{\text{正确标注的词数}}{\text{测试文本中词的总数}} \tag{2-21}$$

但是，并非全部的序列标注问题都可以采用准确率进行评价，如在将分词、命名实体识别等序列分割问题转化为序列标注问题后，就不应该使用准确率进行评价。以命名实体识别为例，如果采用按词计算的准确率，则很多非命名实体（相应词对应的类别为 O）也被计入准确率的计算之中。另外，如果错标了部分词，那么命名实体识别结果就是错误的，但是按照词准确率计算的话，仍然有部分词被认为分类正确了。如表 2-10 中的例子所示，按照词（此处为汉字）计算，在 8 个输入词中，仅仅预测错了 1 个（三），则准确率为 $7/8 = 0.875$，这显然是不合理的。分词等其他序列分割问题的评价也存在类似的问题。

表 2-10　命名实体识别评价示例

输入	张	三	是	哈	尔	滨	人	。
正确标注序列	B-PER	I-PER	O	B-LOC	I-LOC	I-LOC	O	O
预测标注序列	B-PER	O	O	B-LOC	I-LOC	I-LOC	O	O

那么，如何更合理地评价序列分割问题的性能呢？这就需要引入 F 值（F-Measure 或 F-Score）评价指标，其是精确率（Precision）和召回率（Recall）的加权调

和平均，具体公式为：

$$F \text{ 值} = \frac{(\beta^2 + 1)PR}{\beta^2(P + R)} \tag{2-22}$$

式中，β 是加权调和参数；P 是精确率；R 是召回率。当 $\beta = 1$ 时，即精确率和召回率的权重相同，此时 F 值又称为 F_1 值，具体公式为：

$$F_1 = \frac{2PR}{P + R} \tag{2-23}$$

在命名实体识别问题中，精确率和召回率的定义分别为：

$$P = \frac{\text{正确识别的命名实体数目}}{\text{识别出的命名实体总数}} \tag{2-24}$$

$$R = \frac{\text{正确识别的命名实体数目}}{\text{测试文本中命名实体的总数}} \tag{2-25}$$

仍以表 2-10 中的示例为例，其中，"正确识别的命名实体数目"为 1（"哈尔滨"），"识别出的命名实体总数"为 2（"张"和"哈尔滨"），"测试文本中命名实体的总数"为 2（"张三"和"哈尔滨"），那么此时精确率和召回率皆为 $1/2 = 0.5$，最终的 $F_1 = 0.5$。与基于词计算的准确率（0.875）相比，该值更为合理了。

理解了准确率和 F 值两种评价指标的区别和联系后，就可以很容易地为一个自然语言处理任务选择合适的评价指标。例如，在评价依存句法分析时（分析结果是一棵句法依存树），由于正确的标注结果为每个词都赋予了一个正确的父节点，因此可以使用以词为单位的准确率对依存句法分析结果进行评价，以表明有多大比例的词正确地找到了父节点。不过，评价指标通常不被直接称作准确率，而使用 UAS（Unlabeled Attachment Score）指标，即词的父节点被正确识别的准确率。另外，在考虑一个词与父节点的关系时，则使用 LAS（Labeled Attachment Score）指标进行评价，即词的父节点以及与父节点的句法关系都被正确识别的准确率。而在对语义依存图任务进行评价时，由于每个词的父节点的个数不确定，则无法使用准确率进行评价，此时就需要使用 F 值了，即以图中的弧为单位，计算其识别的精确率和召回率，然后计算 F 值。与依存句法分析一样，F 值也分为考虑语义关系和不考虑语义关系两种情况。类似地，短语结构句法分析也无法使用准确率进行评价，可以使用句法结构中包含短语（包括短语类型及短语所覆盖的范围）的 F 值进行评价。

虽然准确率和 F 值可以用来对标准答案比较明确的任务进行评价，但是很多自然语言处理问题的答案并不明确，或者说并不唯一。如 2.2.1 节介绍的语言模型问题，在给定历史文本预测下一个词时，除了在语料库中出现的词，还有许多其他词也是合理的。因此，不能简单地使用准确率进行评价，所以才引入了困惑度这一评价指标。

对机器翻译系统的评价也类似，测试数据中的参考译文并非唯一正确的答案，目标语言翻译结果只要与源语言语义相同，其表达方式可以非常的灵活。BLEU 值是最常用的机器翻译自动评价指标，其计算方法是统计机器译文与参考译文（可以不止一个）中 N-gram 匹配的数目占机器译文中所有 N-gram 总数的比率，即 N-gram 的精确率。其中 N 的取值不易过大，也不易过小。过大的 N 会导致机器译文与参考译文中共现的 N-gram 过少，而过小的 N 会无法衡量机器译文中词语的顺序信息，所以一般 N 最大取 4。另外，由于此评价方法仅考虑了精确率，而忽视了召回率，所以其倾向于较短的翻译。因此，BLEU 值引入了一个长度惩罚因子，鼓励机器译文中单词数目尽量接近参考译文中的数目。最终，BLEU 值的区间是 0 ~ 1，得分越高表明机器翻译系统的译文质量越好。

对人机对话系统的评价，虽然也可以利用历史上人人对话数据，采用 BLEU 值等指标，但是由于回复的开放性，这种自动评价的结果很难保证公正、客观。因为与机器翻译类似，人机对话系统的机器回复也没有唯一的标准答案，但比机器翻译评价更困难的是，人机对话系统的回复甚至都没有需要与输入语义相同这一约束，也就是说人机对话系统的答案是开放式的。此外，由于对话的交互性，不能简单地通过一轮人机对话就对系统进行评价。以上这些问题都给人机对话系统的自动评价带来了极大的挑战。因此，在评价一个人机对话系统时，往往采用人工评价的方式，即通过人与系统进行多轮对话后，最终给出一个总的或多个维度（流畅度、相关度和准确性等）的主观分数。由于评分的主观性，人工评价的一致性往往又比较低，也就是说不同人打分可能差异比较大，为了消除这种差异性，又需要多人进行评价并最终取一个平均分数。因此，人工评价的代价往往非常高，很难在系统开发的过程中多次进行。综上，人机对话系统的评价方法仍是目前自然语言处理领域一个非常棘手的开放性问题，并没有很好地被解决。

2.5 小结

本章首先介绍了词的向量表示方法，从传统的独热向量表示、分布式向量表示到最新的词向量和词袋表示。然后，介绍了传统的 N 元语言模型，分词、词性标注等自然语言处理基础任务，其中以 BPE 为代表的子词切分经常被用于现代的预训练语言模型中。接着，简单介绍了信息抽取、情感分析等自然语言处理应用任务。以上任务看似纷繁复杂，但是基本可以归纳为三类问题，即：文本分类、结构预测和序列到序列问题，并可以使用相应的模型加以解决。最后，介绍了如何评价一个自然语言处理任务。

习题

2.1 基于规则与基于机器学习的自然语言处理方法分别有哪些优缺点？

2.2 如何在词的独热表示中引入词性、词义等特征？请举例说明。

2.3 奇异值分解方法是如何反映词之间的高阶关系的？

2.4 在使用式 (2-18) 计算困惑度时，如果其中的某一项概率为 0，如何处理？

2.5 若使用逆向最大匹配算法对句子"研究生命的起源"进行分词，结果是什么？是否可以说明逆向最大匹配算法要优于正向最大匹配算法？

2.6 2.2.2 节介绍的子词切分算法是否可以用于中文？若能应用，则与中文分词相比有哪些优缺点？

2.7 是否可以使用序列标注方法解决句法分析（短语结构和依存两种）问题？若能使用，则如何进行？

2.8 使用何种评价方法评价一个中文分词系统？并请编程实现该评价方法。

## 第 3 章

基础工具集与常用数据集

本章首先介绍两种常用的自然语言处理基础工具集，即英文处理工具集 NLTK 和中文工具集 LTP。其次，介绍本书所使用的深度学习框架（Py-Torch）。最后，介绍常用的大规模预训练数据集以及更多自然语言处理数据集的获取方法。通过本章的学习，读者将对基础自然语言处理技术、深度学习工具以及大规模数据集有一个更直观的感受，并为后续章节的学习做好准备。

3.1　NLTK 工具集

NLTK（Natural Language Toolkit）是一个 Python 模块，提供了多种语料库（Corpora）和词典（Lexicon）资源，如 WordNet[1] 等，以及一系列基本的自然语言处理工具集，包括：分句、标记解析（Tokenization）、词干提取（Stemming）、词性标注（POS Tagging）和句法分析（Syntactic Parsing）等，是对英文文本数据进行处理的常用工具。

为了使用 NLTK，需要对其进行安装，可以直接使用 pip 包管理工具安装，具体方法为，首先进入操作系统的控制台，然后执行以下命令。

```
$ pip install nltk
```

接下来简要介绍 NLTK 提供的常用语料库、词典资源及自然语言处理工具。

3.1.1　常用语料库和词典资源

为了使用 NLTK 提供的语料库和词典资源，首先需要进行下载。具体方法为，进入 Python 的控制台（在操作系统控制台下，执行 python 命令），然后执行以下两行命令。

```
>>> import nltk
>>> nltk.download()
```

此时会弹出一个对话框，允许用户选择所需下载的数据资源，可以简单地选择 "All"，然后单击 "Download"。同时，还可以选择数据存储的目录。

1. 停用词

在进行自然语言处理时，有一些词对于表达语言的含义并不重要，如英文中的冠词 "a" "the"，介词 "of" "to" 等。因此，在对语言进行更深入的处理之前，可以将它们删除，从而加快处理的速度，减小模型的规模。这些词又被称为停用词（Stop words）。NLTK 提供了多种语言的停用词词表，可以通过下面语句引入停用词词表。

```
>>> from nltk.corpus import stopwords
```

然后，使用下面的语句查看一种语言的停用词词表（如英文）。

```
>>> stopwords.words('english')
['i', 'me', 'my', 'myself', 'we', 'our', 'ours', 'ourselves', 'you', "you're",
    "you've", "you'll", "you'd", 'your', 'yours', 'yourself', 'yourselves',
    'he', 'him', 'his', 'himself', 'she', "she's", 'her', 'hers', 'herself',
    'it', "it's", 'its', 'itself', 'they', 'them', 'their', 'theirs', '
```

```
themselves', 'what', 'which', 'who', 'whom', 'this', 'that', "that'll", '
these', 'those', 'am', 'is', 'are', 'was', 'were', 'be', 'been', 'being',
 'have', 'has', 'had', 'having', 'do', 'does', 'did', 'doing', 'a', 'an',
 'the', 'and', 'but', 'if', 'or', 'because', 'as', 'until', 'while', 'of'
, 'at', 'by', 'for', 'with', 'about', 'against', 'between', 'into', '
through', 'during', 'before', 'after', 'above', 'below', 'to', 'from', '
up', 'down', 'in', 'out', 'on', 'off', 'over', 'under', 'again', 'further
', 'then', 'once', 'here', 'there', 'when', 'where', 'why', 'how', 'all',
 'any', 'both', 'each', 'few', 'more', 'most', 'other', 'some', 'such', '
no', 'nor', 'not', 'only', 'own', 'same', 'so', 'than', 'too', 'very', 's
', 't', 'can', 'will', 'just', 'don', "don't", 'should', "should've", '
now', 'd', 'll', 'm', 'o', 're', 've', 'y', 'ain', 'aren', "aren't", '
couldn', "couldn't", 'didn', "didn't", 'doesn', "doesn't", 'hadn', "hadn
t", 'hasn', "hasn't", 'haven', "haven't", 'isn', "isn't", 'ma', 'mightn',
 "mightn't", 'mustn', "mustn't", 'needn', "needn't", 'shan', "shan't", '
shouldn', "shouldn't", 'wasn', "wasn't", 'weren', "weren't", 'won', "won
t", 'wouldn', "wouldn't"]
```

2. 常用语料库

NLTK 提供了多种语料库（文本数据集），如图书、电影评论和聊天记录等，它们可以被分为两类，即未标注语料库（又称生语料库或生文本，Raw text）和人工标注语料库（Annotated corpus）。下面就其中的典型语料库加以简要介绍，关于全部语料库的详细信息，可以通过 NLTK 的网站了解。

（1）未标注语料库。可以使用两种方式访问之前下载的语料库，第一种是直接访问语料库的原始文本文件（目录为下载数据时选择的存储目录）；另一种是调用 NLTK 提供的相应功能。例如，通过以下方式，可以获得古腾堡（Gutenberg）语料库①（目录为：nltk_data/corpora/gutenberg）中简·奥斯汀（Jane Austen）所著的小说 *Emma* 原文。

```
>>> from nltk.corpus import gutenberg
>>> gutenberg.raw("austen-emma.txt")
```

（2）人工标注语料库。人工标注的关于某项任务的结果。如在句子极性语料库（sentence_polarity）中，包含了 10,662 条来自电影领域的用户评论句子以及相应的极性信息（褒义或贬义）。通过以下命令，可以获得该语料库，其中，褒贬各 5,331 句（经过了小写转换、简单的标记解析等预处理后）。

```
>>> from nltk.corpus import sentence_polarity
```

---

①古腾堡项目收集的一小部分电子书。

sentence_polarity 提供了基本的数据访问方法，如 sentence_polarity.
categories() 返回褒贬类别列表，即 ['neg', 'pos']；sentence_polarity.
words() 返回语料库中全部单词的列表，如果调用时提供类别参数（categories
="pos" 或 "neg"），则会返回相应类别的全部单词列表；sentence_polarity.
sents() 返回语料库中全部句子的列表，调用时同样可以提供类别参数。可以使
用以上方法的组合，构造出一个大列表，其中每个元素为一个句子的单词列表及
其对应的褒贬类别构成的元组。

```
>>> [(sentence, category)
    for category in sentence_polarity.categories()
        for sentence in sentence_polarity.sents(categories=category)]
```

3. 常用词典

（1）WordNet。WordNet 是普林斯顿大学构建的英文语义词典（也称作辞
典，Thesaurus），其主要特色是定义了同义词集合（Synset），每个同义词集合由具
有相同意义的词义组成。此外，WordNet 为每一个同义词集合提供了简短的释义
（Gloss），同时，不同同义词集合之间还具有一定的语义关系。下面演示 WordNet
的简单使用示例。

```
>>> from nltk.corpus import wordnet
>>> syns = wordnet.synsets("bank") # 返回 "bank" 的全部18个词义的synset
>>> syns[0].name() # 返回 "bank" 第1个词义的名称，其中 "n" 表示名词（Noun）
'bank.n.01'
>>> syns[0].definition() # 返回 "bank" 第1个词义的定义，即 "河岸" 的定义
'sloping land (especially the slope beside a body of water)'
>>> syns[1].definition() # 返回 "bank" 第2个词义的定义，即 "银行" 的定义
'a financial institution that accepts deposits and channels the money into
    lending activities'
>>> syns[0].examples() # 返回 "bank" 第1个词义的使用示例
['they pulled the canoe up on the bank', 'he sat on the bank of the river and
    watched the currents']
>>> syns[0].hypernyms() # 返回 "bank" 第1个词义的上位同义词集合
[Synset('slope.n.01')]
>>> dog = wordnet.synset('dog.n.01')
>>> cat = wordnet.synset('cat.n.01')
>>> dog.wup_similarity(cat) # 计算两个同义词集合之间的Wu-Palmer相似度
0.8571428571428571
```

NLTK 提供的更多关于 WordNet 的功能请参考相应的官方文档。

（2）**SentiWordNet**。SentiWordNet（Sentiment WordNet）是基于 WordNet 标注的词语（更准确地说是同义词集合）情感倾向性词典，它为 WordNet 中每个同义词集合人工标注了三个情感值，依次是褒义、贬义和中性。通过该词典，可以实现一个简单的情感分析系统。仍然通过一个例子演示 SentiWordNet 的使用方法。

```
>>> from nltk.corpus import sentiwordnet
>>> sentiwordnet.senti_synset('good.a.01')
    # 词 good 在形容词（Adjective）下的第1号语义
<good.a.01: PosScore=0.75 NegScore=0.0>
```

3.1.2 常用自然语言处理工具集

NLTK 提供了多种常用的自然语言处理基础工具，如分句、标记解析和词性标注等，下面简要介绍这些工具的使用方法。

1. 分句

通常一个句子能够表达完整的语义信息，因此在进行更深入的自然语言处理之前，往往需要将较长的文档切分成若干句子，这一过程被称为分句。一般来讲，一个句子结尾具有明显的标志，如句号、问号和感叹号等，因此可以使用简单的规则进行分句。然而，往往存在大量的例外情况，如在英文中，句号除了可以作为句尾标志，还可以作为单词的一部分（如 "Mr."）。NLTK 提供的分句功能可以较好地解决此问题。下面演示如何使用该功能。

```
>>> from nltk.tokenize import sent_tokenize
>>> text = gutenberg.raw("austen-emma.txt")
>>> sentences = sent_tokenize(text) # 对Emma小说全文进行分句
>>> sentences[100] # 显示其中一个句子
'Mr. Knightley loves to find fault with me, you know--\nin a joke--it is all a
    joke.'
```

2. 标记解析

一个句子是由若干标记（Token）按顺序构成的，其中标记既可以是一个词，也可以是标点符号等，这些标记是自然语言处理最基本的输入单元。将句子分割为标记的过程叫作标记解析（Tokenization）。英文中的单词之间通常使用空格进行分割，不过标点符号通常和前面的单词连在一起，因此标记解析的一项主要工作是将标点符号和前面的单词进行拆分。和分句一样，也无法使用简单的规则进行标记解析，仍以符号 "." 为例，它既可作为句号，也可以作为标记的一部分，如不能简单地将 "Mr." 分成两个标记。同样，NLTK 提供了标记解析功能，也称作标记解析器（Tokenizer）。下面演示如何使用该功能。

```
>>> from nltk.tokenize import word_tokenize
>>> word_tokenize(sentences[100])
['Mr.', 'Knightley', 'loves', 'to', 'find', 'fault', 'with', 'me', ',', 'you',
    'know', '--', 'in', 'a', 'joke', '--', 'it', 'is', 'all', 'a', 'joke', '
    .']
```

3. 词性标注

词性是词语所承担的语法功能类别，如名词、动词和形容词等，因此词性也被称为词类。很多词语往往具有多种词性，如"fire"，即可以作名词（"火"），也可以作动词（"开火"）。词性标注就是根据词语所处的上下文，确定其具体的词性。如在"They sat by the fire."中，"fire"是名词，而在"They fire a gun."中，"fire"就是动词。NLTK 提供了词性标注器（POS Tagger），下面演示其使用方法。

```
>>> from nltk import pos_tag
>>> pos_tag(word_tokenize("They sat by the fire."))
    # 对句子标记解析后再进行词性标注
[('They', 'PRP'), ('sat', 'VBP'), ('by', 'IN'), ('the', 'DT'), ('fire', 'NN'),
    ('.', '.')]
>>> pos_tag(word_tokenize("They fire a gun."))
[('They', 'PRP'), ('fire', 'VBP'), ('a', 'DT'), ('gun', 'NN'), ('.', '.')]
```

其中，"fire"在第一个句子中被标注为名词（NN），在第二个句子中被标注为动词（VBP）。这里，词性标记采用宾州树库（Penn Treebank）的标注标准，NLTK 提供了关于词性标记含义的查询功能，如下所示。

```
>>> nltk.help.upenn_tagset('NN')
NN: noun, common, singular or mass
>>> nltk.help.upenn_tagset('VBP')
VBP: verb, present tense, not 3rd person singular
>>> nltk.help.upenn_tagset()  # 返回全部词性标记集以及各词性的示例
```

4. 其他工具

除了以上介绍的分句、标记解析和词性标注，NLTK 还提供了其他丰富的自然语言处理工具，包括命名实体识别、组块分析（Chunking）和句法分析等。

另外，除了 NLTK，还有很多其他优秀的自然语言处理基础工具集可供使用，如斯坦福大学使用 Java 开发的 CoreNLP、基于 Python/Cython 开发的 spaCy 等，它们的使用方法本书不再进行详细的介绍，感兴趣的读者可以自行查阅相关的参考资料。

3.2 LTP 工具集

以上介绍的工具集主要用于英文的处理，而以中文为代表的汉藏语系与以英语为代表的印欧语系不同，一个显著的区别在于词语之间不存在明显的分隔符，句子一般是由一串连续的字符构成的，因此在处理中文时，需要使用更有针对性的分析工具。

语言技术平台（Language Technology Platform，LTP）[2] 是哈尔滨工业大学社会计算与信息检索研究中心（HIT-SCIR）历时多年研发的一整套高效、高精度的中文自然语言处理开源基础技术平台。该平台集词法分析（分词、词性标注和命名实体识别）、句法分析（依存句法分析）和语义分析（语义角色标注和语义依存分析）等多项自然语言处理技术于一体。最新发布的 LTP 4.0 版本使用 Python 语言编写，采用预训练模型以及多任务学习机制，能够以较小的模型获得非常高的分析精度。

LTP 的安装也非常简单，可以直接使用 pip 包管理工具，具体方法为，首先进入操作系统的控制台，然后执行以下命令。

```
$ pip install ltp
```

下面对 LTP 的使用方法进行简要的介绍。

3.2.1 中文分词

如上所述，由于中文词语之间没有空格进行分割，而自然语言处理中通常以词为最小的处理单位，因此需要对中文进行分词处理。中文的分词与英文的标记解析功能类似，只是中文分词更强调识别句子中的词语信息，因此往往不被称为标记解析。另外，与标记解析相比，由于一个句子往往有多种可能的分词结果，因此分词任务的难度更高，精度也更低。使用 LTP 进行分词非常容易，具体示例如下。

```
>>> from ltp import LTP
>>> ltp = LTP() # 默认加载Small模型，首次使用时会自动下载并加载模型
>>> segment, hidden = ltp.seg(["南京市长江大桥。"]) # 对句子进行分词，结果使用
    # segment访问，hidden用于访问每个词的隐含层向量，用于后续分析步骤
>>> print(segment) # LTP能够获得正确的分词结果，而不会错误地分为[['南京',
    # '市长', '江大桥', '。']]
[['南京市', '长江', '大桥', '。']]
```

3.2.2 其他中文自然语言处理功能

除了分词功能，LTP 还提供了分句、词性标注、命名实体识别、依存句法分析和语义角色标注等功能。与 NLTK 类似，在此只演示如何使用 LTP 进行分句和词性标注，关于更多其他功能的使用方法，请参见 LTP 的官方文档。

```
>>> sentences = ltp.sent_split(["南京市长江大桥。", "汤姆生病了。他去了医院。"
    ]) # 分句
>>> print(sentences)
['南京市长江大桥。', '汤姆生病了。', '他去了医院。']
>>> segment, hidden = ltp.seg(sentences)
>>> print(segment)
[['南京市', '长江', '大桥', '。'], ['汤姆', '生病', '了', '。'], ['他', '去', '
    了', '医院', '。']]
>>> pos_tags = ltp.pos(hidden) # 词性标注
>>> print(pos_tags) # 词性标注的结果为每个词所对应的词性，LTP使用的词性标记集与
    # NLTK不尽相同，但基本大同小异
[['ns', 'ns', 'n', 'wp'], ['nh', 'v', 'u', 'wp'], ['r', 'v', 'u', 'n', 'wp']]
```

3.3 PyTorch 基础

现代深度学习系统的模型结构变得越来越复杂，若要从头开始搭建则极其耗时耗力，而且非常容易出错。幸好，看似纷繁复杂的深度学习模型，都可以分解为一些同构的简单网络结构，通过将这些简单网络结构连接在一起，就可构成复杂的模型。因此，很多深度学习库应运而生，它们可以帮助用户快速搭建一个深度学习模型，并完成模型的训练（也称学习或优化）、预测和部署等功能。

本书使用的是 PyTorch 开源深度学习库，它由 Facebook 人工智能研究院（Facebook's AI Research，FAIR）于 2017 年推出，可以使用 Python 语言调用。严格来讲，PyTorch 是一个基于张量（Tensor）的数学运算工具包，提供了两个高级功能：1）具有强大的 GPU（图形处理单元，也叫显卡）加速的张量计算功能；2）能够自动进行微分计算，从而可以使用基于梯度的方法对模型参数进行优化。基于这些特点，它特别适合作为一个灵活、高效的深度学习平台。与其他深度学习库相比，PyTorch 具有如下优点：

- 框架简洁；
- 入门简单，容易上手；
- 支持动态神经网络构建；
- 与 Python 语言无缝结合；
- 调试方便。

因此，PyTorch 获得了越来越多的用户，尤其是研究人员的青睐。本节将简要介绍 PyTorch 的基本功能，主要包括基本的数据存储结构——张量，张量的基本操作以及通过反向传播技术自动计算梯度。

首先，仍然可以使用 pip 包管理工具安装 PyTorch，具体方法为，首先进入操作系统的控制台，然后执行以下命令。

```
$ pip install torch
```

本书更推荐使用 Conda 虚拟环境安装和运行 PyTorch，具体安装方法可以参见 PyTorch 官网。

3.3.1 张量的基本概念

所谓张量（Tensor），就是多维数组。当维度小于或等于 2 时，张量又有一些更熟悉的名字，例如，2 维张量又被称为矩阵（Matrix），1 维张量又被称为向量（Vector），而 0 维张量又被称为标量（Scalar），其实就是一个数值。使用张量，可以方便地存储各种各样的数据，如 2 维表格数据可以使用 2 维张量，即矩阵存储，而多张表格就可以使用 3 维张量表示和存储。一幅灰度图像（每个像素使用一个整数灰度值表示）也可以使用矩阵存储，而通常一副彩色图像（每个像素使用三个整数表示，分别代表红、绿、蓝的值）就可以使用 3 维张量表示和存储。

PyTorch 提供了多种方式创建张量，如下所示。

```
>>> import torch
>>> torch.empty(2, 3) # 创建一个形状（Shape）为(2, 3)的空张量（未初始化）
tensor([[0.0000e+00, 3.6893e+19, 0.0000e+00],
        [3.6893e+19, 6.3424e-28, 1.4013e-45]])
>>> torch.rand(2, 3) # 创建一个形状为(2, 3)的随机张量，每个值从[0,1)之间的
    # 均匀分布中采用
tensor([[0.4181, 0.3817, 0.6418],
        [0.7468, 0.4991, 0.2972]])
>>> torch.randn(2, 3) # 创建一个形状为(2, 3)的随机张量，每个值从标准正态分布
    # （均值为0，方差为1）中采用
tensor([[ 1.2760,  0.4784, -0.9421],
        [ 0.0435, -0.2632, -0.7315]])
>>> torch.zeros(2, 3, dtype=torch.long) # 创建一个形状为(2, 3)的0张量，
    # 其中dtype设置张量的数据类型，此处为整数
tensor([[0, 0, 0],
        [0, 0, 0]])
>>> torch.zeros(2, 3, dtype=torch.double) # 创建一个形状为(2, 3)的0张量，
    # 类型为双精度浮点数
```

```
tensor([[0., 0., 0.],
        [0., 0., 0.]], dtype=torch.float64)
>>> torch.tensor([[1.0, 3.8, 2.1], [8.6, 4.0, 2.4]]) # 通过Python列表创建张量
tensor([[1.0000, 3.8000, 2.1000],
        [8.6000, 4.0000, 2.4000]])
>>> torch.arange(10) # 生成包含0至9，共10个数字的张量
tensor([0, 1, 2, 3, 4, 5, 6, 7, 8, 9])
```

以上张量都存储在内存中，并使用 CPU 进行运算。若要在 GPU 中创建和计算张量，则需要显式地将其存入 GPU 中，具体可以采用下列方法之一（前提是本机已经配置了 NVIDIA 的 GPU 并且正确地安装了相应的 CUDA 库）。

```
>>> torch.rand(2, 3).cuda()
>>> torch.rand(2, 3).to("cuda")
>>> torch.rand(2, 3, device="cuda")
```

3.3.2 张量的基本运算

创建了张量后，即可以对其进行运算或操作，如加减乘除四则混合运算等。PyTorch 中的加减乘除是按元素进行运算的，即将参与运算的两个张量按对应的元素进行加减乘除，如下所示。

```
>>> x = torch.tensor([1, 2, 3], dtype=torch.double)
>>> y = torch.tensor([4, 5, 6], dtype=torch.double)
>>> print(x + y)
tensor([5., 7., 9.], dtype=torch.float64)
>>> print(x - y)
tensor([-3., -3., -3.], dtype=torch.float64)
>>> print(x * y)
tensor([ 4., 10., 18.], dtype=torch.float64)
>>> print(x / y)
tensor([0.2500, 0.4000, 0.5000], dtype=torch.float64)
```

更多的运算方式可以通过 torch 中的函数实现，如向量点积（torch.dot）、矩阵相乘（torch.mm）、三角函数和各种数学函数等。具体示例如下。

```
>>> x.dot(y) # 向量x和y的点积
tensor(32., dtype=torch.float64)
>>> x.sin() # 对x按元素求正弦值
tensor([0.8415, 0.9093, 0.1411], dtype=torch.float64)
>>> x.exp() # 对x按元素求e^x
tensor([ 2.7183,  7.3891, 20.0855], dtype=torch.float64)
```

除了以上常用的数学运算，PyTorch 还提供了更多的张量操作功能，如聚合操作（Aggregation）、拼接（Concatenation）操作、比较操作、随机采样和序列化等，详细的功能列表和使用方法可以参考 PyTorch 官方文档。

其中，当对张量进行聚合（如求平均、求和、最大值和最小值等）或拼接操作时，还涉及一个非常重要的概念，即维（Dim）或轴（Axis）。如对于一个张量，可以直接使用 mean 函数求其平均值。

```
>>> x = torch.tensor([[1, 2, 3], [4, 5, 6]])
>>> x.mean()
tensor(3.5000)
```

可见，直接调用 mean 函数获得的是全部 6 个数字的平均值。然而，有时需要对某一行或某一列求平均值，此时就需要使用维的概念。对于一个 n 维张量，其维分别是 $\dim = 0, \dim = 1, \cdots, \dim = n - 1$。在做张量的运算操作时，dim 设定了哪个维，就会遍历这个维去做运算（也叫作沿着该维运算），其他维顺序不变。仍然是调用 mean 函数，当设定的维不同时，其结果也是不同的。

```
>>> x = torch.tensor([[1, 2, 3], [4, 5, 6]])
>>> x.mean(dim=0) # 按第1维（列）求平均
tensor([2.5000, 3.5000, 4.5000])
>>> x.mean(dim=1) # 按第2维（行）求平均
tensor([2., 5.])
```

以上演示了张量仅为 2 维（矩阵）的情况，当维度大于 2 时，其运算形式是什么样的呢？可以使用一个简单的规则描述，即"当 dim=n 时，则结果的 $n+1$ 维发生变化，其余维不变"。如在上面的例子中，当 dim=0 时，则张量形状由原来的 $(2, 3)$ 变为 $(1, 3)$；当 dim=1 时，则张量形状由原来的 $(2, 3)$ 变为 $(2, 1)$。不过，细心的读者可能会发现，以上示例的运算结果形状并非 $(1, 3)$ 或 $(2, 1)$ 的矩阵，而分别是两个向量。为了使结果保持正确的维度，聚合操作还提供了 keepdim 参数，默认设置为 False，需要显式地设为 True。

```
>>> x = torch.tensor([[1, 2, 3], [4, 5, 6]])
>>> x.mean(dim=0, keepdim=True)
tensor([[2.5000, 3.5000, 4.5000]])
>>> x.mean(dim=1, keepdim=True)
tensor([[2.],
        [5.]])
```

拼接（torch.cat）操作也是类似的，通过指定维，获得不同的拼接结果。如：

```
>>> x = torch.tensor([[1, 2, 3], [4, 5, 6]])
```

```
>>> y = torch.tensor([[7, 8, 9], [10, 11, 12]])
>>> torch.cat((x, y), dim=0)
tensor([[ 1.,   2.,   3.],
        [ 4.,   5.,   6.],
        [ 7.,   8.,   9.],
        [10., 11., 12.]])
>>> torch.cat((x, y), dim=1)
tensor([[ 1.,   2.,   3.,   7.,   8.,   9.],
        [ 4.,   5.,   6., 10., 11., 12.]])
```

可见，拼接操作的运算规则也同样为"当 dim=n 时，则结果的 n+1 维发生变化，其余维不变"，如在上面的例子中，当 dim=0 时，则由原来两个形状为 $(2, 3)$ 的张量，拼接成一个 $(4, 3)$ 的张量；当 dim=1 时，则由原来两个形状为 $(2, 3)$ 的张量，拼接成一个形状为 $(2, 6)$ 的张量。

通过对以上多种操作的组合使用，就可以写出复杂的数学计算表达式。如对于数学表达式

$$z = (x + y) \times (y - 2)$$

当 $x = 2$，$y = 3$ 时，可以手动计算出 $z = 5$，当然也可以写一段简单的 Python 进行计算。

```
>>> x = 2.
>>> y = 3.
>>> z = (x + y) * (y - 2)
>>> print(z)
5.0
```

那么，使用 PyTorch 如何计算 z 的值呢？其实 PyTorch 程序和 Python 非常类似，唯一不同之处在于数据使用张量进行保存。具体代码如下所示。

```
>>> x = torch.tensor([2.])
>>> y = torch.tensor([3.])
>>> z = (x + y) * (y - 2)
>>> print(z)
tensor([5.])
```

通过上面的例子可以看到，PyTorch 的编程方式与 Python 非常相似，因此，当具备了 Python 编程基础后，学习和使用 PyTorch 都非常容易。而 PyTorch 带来的一个好处是更高效的执行速度，尤其是当张量存储的数据比较多，同时机器还装有 GPU 时，效率的提升是极其显著的。下面以一个具体的例子展示使用和不使用 GPU（NVIDIA Tesla K80）时，对三个较大的矩阵进行相乘时，执行速度的对比。

```
[1] import torch

[2] M = torch.rand(1000, 1000)
[3] timeit -n 500 M.mm(M).mm(M)
500 loops, best of 5: 55.9 ms per loop # 每个循环耗时55.9ms

[4] N = torch.rand(1000, 1000).cuda()
[5] timeit -n 500 N.mm(N).mm(N)
The slowest run took 38.02 times longer than the fastest. This could mean that
    an intermediate result is being cached.
500 loops, best of 5: 58.9 ţs per loop # 每个循环耗时58.9ns
```

3.3.3 自动微分

　　除了能显著提高执行速度，PyTorch 还提供了自动计算梯度的功能（也叫自动微分），使得无须人工参与，即可自动计算一个函数关于一个变量在某一取值下的导数。通过该功能，就可以使用基于梯度的方法对参数（变量）进行优化（也叫学习或训练）。使用 PyTorch 计算梯度非常容易，仅需要执行 `tensor.backward()` 函数，就可以通过反向传播算法（Back Propogation）自动完成。

　　需要注意的一点是，为了计算一个函数关于某一变量的导数，PyTorch 要求显式地设置该变量（张量）是可求导的，否则默认不能对该变量求导。具体设置方法是在张量生成时，设置 `requires_grad=True`。

　　因此，计算 $z = (x + y) \times (y - 2)$ 的代码经过简单修改，就可以计算当 $x = 2$，$y = 3$ 时，$\frac{\mathrm{d}z}{\mathrm{d}x}$ 和 $\frac{\mathrm{d}z}{\mathrm{d}y}$ 的值。

```
>>> x = torch.tensor([2.], requires_grad=True)
>>> y = torch.tensor([3.], requires_grad=True)
>>> z = (x + y) * (y - 2)
>>> print(z)
tensor([5.], grad_fn=<MulBackward0>)
>>> z.backward() # 自动调用反向转播算法计算梯度
>>> print(x.grad, y.grad) # 输出 dz/dx 和 dz/dy 的值
tensor([1.]) tensor([6.])
```

　　也可手工求解，即：$\frac{\mathrm{d}z}{\mathrm{d}x} = y - 2$，$\frac{\mathrm{d}z}{\mathrm{d}y} = x + 2y - 2$，则当 $x = 2$，$y = 3$ 时，$\frac{\mathrm{d}z}{\mathrm{d}x}$ 和 $\frac{\mathrm{d}z}{\mathrm{d}y}$ 的值分别为 1 和 6，与以上 PyTorch 代码计算的结果一致。

3.3.4 调整张量形状

参与运算的张量需要满足一定的形状，比如两个矩阵相乘，前一个矩阵的第二维应该和后一个矩阵的第一维相同。为了做到这一点，有时需要对张量的形状进行调整。PyTorch 一共提供了 4 种调整张量形状的函数，分别为 view、reshape、transpose 和 permute。下面分别加以介绍。

view 函数的参数用于设置新的张量形状，因此需要保证张量总的元素个数不变。示例如下。

```
>>> x = torch.tensor([1, 2, 3, 4, 5, 6])
>>> print(x, x.shape) # 打印x的内容和形状(6)
tensor([1., 2., 3., 4., 5., 6.]) torch.Size([6])
>>> x.view(2, 3) # 将x的形状调整为(2, 3)
tensor([[1., 2., 3.],
        [4., 5., 6.]])
>>> x.view(3, 2) # 将x的形状调整为(3, 2)
tensor([[1., 2.],
        [3., 4.],
        [5., 6.]])
>>> x.view(-1, 3) # -1位置的大小可以通过其他维的大小推断出，此处为2
tensor([[1., 2., 3.],
        [4., 5., 6.]])
```

进行 view 操作的张量要求是连续的（Contiguous），可以调用 is_conuous 函数判断一个张量是否为连续的。如果张量非连续，则需要先调用 contiguous 函数将其变为连续的，才能调用 view 函数。好在 PyTorch 提供了新的 reshape 函数，可以直接对非连续张量进行形状调整。除此之外，reshape 函数与 view 函数功能一致。在此不再赘述。

transpose（转置）函数用于交换张量中的两个维度，参数分别为相应的维。如下所示。

```
>>> x = torch.tensor([[1, 2, 3], [4, 5, 6]])
>>> x
tensor([[1, 2, 3],
        [4, 5, 6]])
>>> x.transpose(0, 1) # 交换第1维和第2维
tensor([[1, 4],
        [2, 5],
        [3, 6]])
```

不过，transpose 函数只能同时交换两个维度，若要交换更多的维度，需要多次调用该函数。更便捷的实现方式是直接调用 permute 函数，其需要提供全部的维度信息作为参数，即便有些维度无须交换也需要提供。示例如下所示。

```
>>> x = torch.tensor([[[1, 2, 3], [4, 5, 6]]])
>>> print(x, x.shape)
tensor([[[1, 2, 3],
         [4, 5, 6]]]) torch.Size([1, 2, 3])
>>> x = x.permute(2, 0, 1)
>>> print(x, x.shape)
tensor([[[1, 4]],

        [[2, 5]],

        [[3, 6]]]) torch.Size([3, 1, 2])
```

3.3.5　广播机制

在上面介绍的张量运算中，都是假设两个参与运算的张量形状相同。在有些情况下，即使两个张量的形状不同，也可以通过广播机制（Broadcasting Mechanism）执行按元素计算。具体的执行规则是，首先，对其中一个或同时对两个张量的元素进行复制，使得这两个张量的形状相同；然后，在扩展之后的张量上再执行按元素运算。通常是沿着长度为 1 的维度进行扩展，下面通过一个具体的例子进行说明。

```
>>> x = torch.arange(1, 4).view(3, 1)
>>> y = torch.arange(4, 6).view(1, 2)
>>> print(x)
tensor([[1],
        [2],
        [3]])
>>> print(y)
tensor([[4, 5]])
```

生成两个张量，形状分别为 (3, 1) 和 (1, 2)，显然，它们不能直接执行按元素运算。因此，在执行按元素运算之前，需要将它们扩展（广播）为形状 (3, 2) 的张量，具体扩展的方法为将 x 的第 1 列复制到第 2 列，将 y 的第 1 行复制到第 2、3 行。如下所示，可以直接进行加法运算，PyTorch 会自动执行广播和按元素相加。

```
>>> print(x + y)
tensor([[5, 6],
```

```
        [6, 7],
        [7, 8]])
```

3.3.6　索引与切片

　　与 Python 的列表类似，PyTorch 中也可以对张量进行索引和切片操作，规则也与 Python 语言基本一致，即索引值是从 0 开始的，切片 [m:n] 的范围是从 m 开始，至 n 的前一个元素结束。与 Python 语言不同的是，PyTorch 可以对张量的任意一个维度进行索引或切片。下面演示一些简单的示例。

```
>>> x = torch.arange(12).view(3, 4)
>>> print(x)
tensor([[ 0,  1,  2,  3],
        [ 4,  5,  6,  7],
        [ 8,  9, 10, 11]])
>>> x[1, 3] # 第2行，第4列的元素（7）
tensor(7)
>>> x[1] # 第2行全部元素
tensor([4, 5, 6, 7])
>>> x[1:3] # 第2、3两行元素
tensor([[ 4,  5,  6,  7],
        [ 8,  9, 10, 11]])
>>> x[:, 2] # 第3列全部元素
tensor([ 2,  6, 10])
>>> x[:, 2:4] # 第3、4两列元素
tensor([[ 2,  3],
        [ 6,  7],
        [10, 11]])
>>> x[:, 2:4] = 100 # 第3、4两列元素全部赋值为100
>>> print(x)
tensor([[  0,   1, 100, 100],
        [  4,   5, 100, 100],
        [  8,   9, 100, 100]])
```

3.3.7　降维与升维

　　有时为了适配某些运算，需要对一个张量进行降维或升维。如很多神经网络模块在调用时，需要同时输入一个批次，即多个样例，如果此时只输入 1 个输入样例，则需要将某一个维度提升，以适配该模块的调用要求。

具体来讲，所谓升维，就是通过调用 torch.unsqueeze(input, dim, out= None) 函数，对输入张量的 dim 位置插入维度 1，并返回一个新的张量。与索引相同，dim 的值也可以为负数。

降维恰好相反，使用 torch.squeeze(input, dim=None, out=None) 函数，在不指定 dim 时，张量中形状为 1 的所有维都将被除去。如输入形状为 (A, 1, B, 1, C, 1, D) 的张量，那么输出形状就为 (A, B, C, D)。当给定 dim 时，那么降维操作只在给定维度上。例如，输入形状为 (A, 1, B)，squeeze(input, dim=0) 函数将会保持张量不变，只有用 squeeze(input, dim=1) 函数时，形状才会变成 (A, B)。下面给出调用示例。

```
>>> import torch
>>> a = torch.tensor([1, 2, 3, 4])
>>> print(a.shape)
torch.Size([4])
>>> b = torch.unsqueeze(a, dim=0) # 将a的第1维升高
>>> print(b, b.shape) # 打印b以及b的形状
tensor([[1., 2., 3., 4.]]) torch.Size([1, 4])
>>> b = a.unsqueeze(dim=0) # unsqueeze函数的另一种等价调用方式
>>> print(b, b.shape)
tensor([[1., 2., 3., 4.]]) torch.Size([1, 4])
>>> c = b.squeeze() # 对b进行降维，去掉所有形状中为1的维
>>> print(c, c.shape)
tensor([1., 2., 3., 4.]) torch.Size([4])
```

3.4 大规模预训练数据

预训练语言模型需要通过海量文本学习语义信息，随着语料规模的增大，得到的统计信息将更加精准，更利于文本表示的学习。例如，在小型语料库中，单词"包袱"只出现在"他背着包袱就走了"这句话中，则模型只能学习到"包袱"作为一种"布包起来的衣物包裹"的含义。而随着语料库的增大，单词"包袱"可能出现在更多不同的上下文中，如"你不要有太大的思想包袱""那位相声演员的包袱很有趣"，则能够赋予"包袱"更多不同的含义。因此，为了训练效果更好的预训练模型，高质量、大规模的预训练数据是必不可少的。在本节中，将主要介绍典型的语料资源——维基百科数据的获取和基本处理方法。

3.4.1 维基百科数据

维基百科（Wikipedia）是一部用不同语言写成的网络百科全书，由吉米·威尔士与拉里·桑格两人合作创建，于 2001 年 1 月 13 日在互联网上推出网站服务，并在 2001 年 1 月 15 日正式展开网络百科全书的项目。维基百科内容由人工编辑，因此作为预训练的原始数据非常适合。接下来，将介绍维基百科数据的获取以及原始数据的处理方法。

3.4.2 原始数据的获取

维基百科官方会以一定的时间间隔，对整个维基百科的内容进行快照并压缩，用户可以直接下载相应的压缩包，获取到某一时刻的维基百科数据。如以中文维基百科数据为例，存在比较重要的几个文件，如表 3-1 所示。

表 3-1　中文维基百科快照内容

文件名	内容	大小/MB
zhwiki-latest-abstract.xml.gz	所有词条摘要	≈ 147
zhwiki-latest-all-titles.gz	所有词条标题	≈ 33
zhwiki-latest-page.sql.gz	所有词条标题及摘要	≈ 204
zhwiki-latest-pagelinks.sql.gz	所有词条外链	≈ 890
zhwiki-latest-pages-articles.xml.bz2	所有词条正文	≈ 1,952

预训练语言模型主要使用的是维基百科的正文内容，因此这里选择"zhwiki-latest-pages-articles.xml.bz2"，以下载最新快照的词条正文压缩包。以 2020 年 10 月 23 日的快照为例，该压缩包的大小约为 1.95GB。由于后续进行处理时会直接对压缩包进行处理，这里不再进行解压缩操作。

3.4.3 语料处理方法

1. 纯文本语料抽取

处理维基百科快照的方法相对比较成熟，这里以 WikiExtractor 为例进行介绍。WikiExtractor 是一款基于 Python 的工具包，专门用于处理维基百科的快照。为了方便安装工具包的相关依赖程序，这里推荐使用 pip 命令安装 WikiExtractor。

```
$ pip install wikiextractor
```

接下来，直接通过一行命令即可对维基百科的快照压缩包进行处理，去除其中的图片、表格、引用和列表等非常规文本信息，最终得到纯文本的语料。需要注意的是，这一部分的处理需要花费一定处理时间，视系统配置不同可能耗费几十分钟至数小时不等。

```
$ python -m wikiextractor.WikiExtractor 维基百科快照文件
```

对于 WikiExtractor 工具包的使用参数，可通过如下命令获取（普通用户使用默认参数即可）。

```
$ python -m wikiextractor.WikiExtractor -h
```

处理完毕后，可以获得纯文本语料文件，其目录结构如下所示。

```
./text
  |- AA
    |- wiki_00
    |- wiki_01
    |- ...
    |- wiki_99
  |- AB
  |- ...
  |- AO
```

text 文件夹由 AA 到 AO 子文件夹构成，而每个子文件夹包含了 wiki_00 至 wiki_99 共 100 个文件。每个文件包含多个维基百科词条，其内容如下所示。

```
<doc id="13" url="https://zh.wikipedia.org/wiki?curid=13" title="数学">
数学

数学是利用符号语言研究数量、结构、变化以及空间等概念的一门学科，从某种角度看属於
    形式科學的一種。数學透過抽象化和邏輯推理的使用，由計數、計算、量度和對物體形
    狀及運動的觀察而产生。数學家們拓展這些概念，为了公式化新的猜想以及從選定的公
    理及定義中建立起嚴謹推導出的定理。

......
</doc>
<doc id="18" url="https://zh.wikipedia.org/wiki?curid=18" title="哲学">
哲学

......
</doc>
```

可见，每个词条均由 <doc> 标签开始并以 </doc> 结尾。

2. 中文繁简体转换

中文维基百科中同时包含了简体中文和繁体中文的数据，如果使用者只需要获得简体中文数据，需要将纯文本语料中的繁体中文内容转换为简体中文。这里

使用一款较为成熟的中文繁简体转换工具——OpenCC。OpenCC 工具可将简体中文、繁体中文（其中包括中国香港地区、中国台湾地区使用的繁体）和日本新字体等中文进行互转。OpenCC 工具同样可以通过 pip 命令安装。

```
$ pip install opencc
```

安装完毕后，可以通过如下 Python 脚本进行中文繁简转换。

```
$ python convert_t2s.py input_file > output_file
```

其中，转换脚本 convert_t2s.py 的内容如下所示。

```python
import sys
import opencc
converter = opencc.OpenCC("t2s.json")    # 载入繁简体转换配置文件
f_in = open(sys.argv[1], "r")            # 输入文件
for line in f_in.readlines():
  line = line.strip()
  line_t2s = converter.convert(line)
  print(line_t2s)
```

其中，要用到的配置文件 t2s.json 的内容如下。

```json
{
  "name": "Traditional Chinese to Simplified Chinese",
  "segmentation": {
    "type": "mmseg",
    "dict": {
      "type": "ocd2",
      "file": "TSPhrases.ocd2"
    }
  },
  "conversion_chain": [{
    "dict": {
      "type": "group",
      "dicts": [{
        "type": "ocd2",
        "file": "TSPhrases.ocd2"
      }, {
        "type": "ocd2",
        "file": "TSCharacters.ocd2"
      }]
    }
```

```
    }]
}
```

经过处理后，原始语料中的繁体中文将全部转换为简体中文。读者可根据实际情况进行简繁体或繁简体的转换。

3. 数据清洗

经过上述处理后，可以得到包含简体中文的纯文本语料。然而，在从维基百科快照里抽取纯文本数据的过程中可能因文本编码、损坏的 HTML 标签等问题导致纯文本中包含一些乱码或机器字符。因此，在最后需要通过一个简单的后处理操作对纯文本语料进行二次过滤，进一步提升预训练语料的质量。需要注意的是，这里仅处理语料中的一些明显错误，而对于一般类型的错误则不会处理（如标点不统一等问题），因为一般类型的错误在日常的文本中也会出现。这里的处理方式主要包括如下几类：

- 删除空的成对符号，例如"()""《》""【】""[]"等；
- 删除
 等残留的 HTML 标签。需要注意的是，这里不删除以 "<doc id" 和 "</doc>" 为开始的行，因其表示文档的开始和结束，能为某些预训练语言模型的数据处理提供至关重要的信息；
- 删除不可见控制字符，避免意外导致数据处理中断。

所以，数据清洗将最大限度地保留自然文本的统计特征，对于其中的"对"与"错"，则交由模型来进行学习，而非通过人工进行过多干预。

通过如下脚本启动数据清洗过程。

```
$ python wikidata_cleaning.py input_file > output_file
```

其中，数据清洗脚本 `wikidata_cleaning.py` 的内容如下。

```python
import sys
import re


def remove_empty_paired_punc(in_str):
    return in_str.replace('（）', '').replace('《》', '').replace('【】', '').replace('[]', '')


def remove_html_tags(in_str):
    html_pattern = re.compile(r'<[^>]+>', re.S)
    return html_pattern.sub('', in_str)


def remove_control_chars(in_str):
```

```
    control_chars = ''.join(map(chr, list(range(0, 32)) + list(range(127, 160)
    )))
    control_chars = re.compile('[%s]' % re.escape(control_chars))
    return control_chars.sub('', in_str)

f_in = open(sys.argv[1], 'r')                    # 输入文件
for line in f_in.readlines():
    line = line.strip()
    if re.search(r'^(<doc id)|(</doc>)', line): # 跳过文档html标签行
        print(line)
        continue
    line = remove_empty_paired_punc(line)        # 删除空的成对符号
    line = remove_html_tags(line)                # 删除多余的html标签
    line = remove_control_chars(line)            # 删除不可见控制字符
    print(line)
```

3.4.4 Common Crawl 数据

Common Crawl 包含了超过 7 年的网络爬虫数据集，包含原始网页数据、元数据提取和文本提取。数据存储在 Amazon Web 服务的公共数据集和遍布全球的多个学术云平台上，拥有 PB 级规模。Common Crawl 的数据非常庞大，因此想处理好如此庞大的数据并不是一件容易的事情。Facebook 提出的 CC-Net 工具[3] 可用于获取 Common Crawl 数据，并且提供了一套相对完整的数据处理流程。其应用方法较为简单，感兴趣的读者可以自行查阅相关的参考资料。

3.5 更多数据集

3.1节介绍的 NLTK 工具集提供了少量的自然语言处理数据集，可用于模型演示和简单的系统测试。近期，HuggingFace 公司发布了更大规模的语料库集合——HuggingFace Datasets，与其他自然语言处理数据集相比，具有如下的特点：

- **数据集数目多**：截至 2021 年 3 月，共收录了近 200 种语言的 700 多个数据集，涵盖了文本分类、机器翻译和阅读理解等众多自然语言处理任务。之所以能有如此多的数据，主要依赖于社区的贡献，任何用户都可以共享相关的数据集。除了支持用户可以直接使用这些公开的数据集，还支持其方便地调用自己私有的数据集。

- **兼容性好**：可以直接被 PyTorch、TensorFlow 等深度学习框架，以及 pandas、NumPy 等数据处理工具调用，同时支持 CSV、JSON 等数据格式的读取，并提供了丰富、灵活的调用接口和数据处理接口。

- **数据读取效率高**：可以在仅占用少量内存的条件下，高速地读取大量的数据。
- **丰富的评价方法**：如 2.4 节介绍的，由于自然语言处理任务类型众多，需要多种不同的评价指标对它们进行评价。为此，HuggingFace Datasets 除了提供多种通用的评价方法，还针对不同的数据集提供了更有针对性的评价方法。

　　在使用 HuggingFace Datasets 之前，首先需要使用以下命令安装 datasets 包。

```
$ pip install datasets
```

　　下面通过一些示例，演示如何调用 datasets 提供的数据集以及评价方法。

```
>>> from pprint import pprint
>>> from datasets import list_datasets, load_dataset
>>> datasets_list = list_datasets() # 全部数据集列表
>>> len(datasets_list) # 数据集的个数
723
>>> dataset = load_dataset('sst', split='train') # 加载SST（Stanford Sentiment
    # Treebank）数据集（训练数据部分）。在第一次执行时，程序会自动下载相应的
    # 数据集并放入本地的缓存目录中，当下次再运行时，会直接从本地加载
>>> len(dataset) # 数据集中的样本数目
8544
>>> pprint(dataset[0]) # 打印以字典对象存储的第1个样本，字典中存储了4个键值对，
    # 分别为标签（label: 0～1的实数值，指示属于正例的可能性）、原始句子
    # （sentence）、标记序列（tokens：各标记之间使用|分隔）以及句法分析树（tree）
{'label': 0.6944400072097778,
 'sentence': "The Rock is destined to be the 21st Century 's new `` Conan '' "
             "and that he 's going to make a splash even greater than Arnold "
             'Schwarzenegger , Jean-Claud Van Damme or Steven Segal .',
 'tokens': "The|Rock|is|destined|to|be|the|21st|Century|'s|new|``|Conan|''|and
    |that|he|'s|going|to|make|a|splash|even|greater|than|Arnold|
    Schwarzenegger|,|Jean-Claud|Van|Damme|or|Steven|Segal|.",
 'tree': '70|70|68|67|63|62|61|60|58|58|57|...'}
```

　　datasets 还提供了一些额外的函数，用于对数据进行处理或转换为 PyTorch、TensorFlow 等工具集能够处理的格式，具体调用方法见相应的使用文档。

　　datasets 提供的评价方法调用示例如下。

```
>>> from datasets import list_metrics, load_metric
>>> metrics_list = list_metrics() # 全部评价方法的列表
>>> len(metrics_list) # 评价方法的个数
22
>>> ', '.join(metrics_list) # 全部评价方法
```

```
'accuracy, bertscore, bleu, bleurt, comet, coval, f1, gleu, glue, indic_glue,
    meteor, precision, recall, rouge, sacrebleu, sari, seqeval, squad,
    squad_v2, super_glue, wer, xnli'
>>> accuracy_metric = load_metric('accuracy') # 加载准确率评价方法
>>> results = accuracy_metric.compute(references=[0, 1, 0], predictions=[1, 1,
    0]) # 通过参考答案（references）与预测结果（predictions）的对比，计算准确率
>>> print(results)
{'accuracy': 0.6666666666666666}
```

最后，需要注意的是，除了能直接使用上述已有的评价方法，用户还可以增加自定义的评价方法，甚至提交到 HuggingFace Hub 上供他人使用。

3.6 小结

本章介绍了三种常用的自然语言处理基础以及神经网络工具集，分别为：英文自然语言处理基础工具 NLTK、中文自然语言处理基础工具 LTP，以及本书所使用的深度学习框架 PyTorch。另外，还介绍了预训练模型的基础之一——大规模文本数据的获取和简单处理方式，以及使用 HuggingFace Datasets 获取更多数据集的方法。本书后续章节内容都紧密依赖这些工具和数据。

习题

3.1 使用 NLTK 工具下载简·奥斯汀所著的 *Emma* 小说原文，并去掉其中的停用词。

3.2 使用 NLTK 提供的 WordNet 计算两个词（不是词义）的相似度，计算方法为两词各种词义之间的最大相似度。

3.3 使用 NLTK 提供的 SentiWordNet 工具计算一个句子的情感倾向性，计算方法为每个词所处词性下的每个词义情感倾向性之和。

3.4 使用真实文本对比 LTP 与正向最大匹配分词的结果，并人工分析哪些结果 LTP 正确，正向最大匹配错误；哪些结果 LTP 错误，正向最大匹配正确；以及哪些结果两个结果都错误。

3.5 分析 view、reshape、transpose 和 permute 四种调整张量形状方法各自擅长处理的问题。

3.6 安装 PyTorch 并实际对比使用和不使用 GPU 时，三个大张量相乘时的效率。

3.7 下载最新的 Common Crawl 数据，并实现抽取中文、去重、繁简转换、数据清洗等功能。

## 第 4 章

自然语言处理中的
神经网络基础

本章首先介绍在自然语言处理中常用的四种神经网络模型，即多层感知器模型、卷积神经网络、循环神经网络和以 Transformer 为代表的自注意力模型。然后，介绍如何通过优化模型参数训练这些模型。除介绍每种模型的 PyTorch 调用方式外，还将介绍如何使用以上模型完成两个综合性的实战项目，即：以情感分类为代表的文本分类任务和以词性标注为代表的序列标注任务。

4.1 多层感知器模型

4.1.1 感知器

感知器（Perceptron）是最简单也是最早出现的机器学习模型，其灵感直接来源于生产生活的实践。例如，在公司面试时，经常由多位面试官对一位面试者打分，最终将多位面试官的打分求和，如果分数超过一定的阈值，则录用该面试者，否则不予录用。假设有 n 位面试官，每人的打分分别为 $x_1, x_2, \cdots, x_n$，则总分 $s = x_1 + x_2 + \cdots + x_n$，如果 $s \geqslant t$，则给予录用，其中 t 被称为阈值，$x_1, x_2, \cdots, x_n$ 被称为输入，可以使用向量 $\boldsymbol{x} = [x_1, x_2, \cdots, x_n]$ 表示。然而，在这些面试官中，有一些经验比较丰富，而有一些则是刚入门的新手，如果简单地将它们的打分进行相加，最终的得分显然不够客观，因此可以通过对面试官的打分进行加权的方法解决，即为经验丰富的面试官赋予较高的权重，而为新手赋予较低的权重。假设 n 位面试官的权重分别为 $w_1, w_2, \cdots, w_n$，则最终的分数为 $s = w_1 x_1 + w_2 x_2 + \cdots + w_n x_n$，同样可以使用向量 $\boldsymbol{w} = [w_1, w_2, \cdots, w_n]$ 表示 n 个权重，则分数可以写成权重向量和输入向量的点积，即 $s = \boldsymbol{w} \cdot \boldsymbol{x}$，于是最终的输出 y 为：

$$y = \begin{cases} 1, & \text{如果} s \geqslant t \\ 0, & \text{否则} \end{cases} = \begin{cases} 1, & \text{如果} \boldsymbol{w} \cdot \boldsymbol{x} \geqslant t \\ 0, & \text{否则} \end{cases} \tag{4-1}$$

式中，输出 $y = 1$ 表示录用，$y = 0$ 表示不予录用。这就是感知器模型，其还可以写成以下的形式：

$$y = \begin{cases} 1, & \text{如果} \boldsymbol{w} \cdot \boldsymbol{x} + b \geqslant 0 \\ 0, & \text{否则} \end{cases} \tag{4-2}$$

式中，$b = -t$，又被称为偏差项（Bias）。

当使用感知器模型时，有两个棘手的问题需要加以解决。首先是如何将一个问题的原始输入（Raw Input）转换成输入向量 $\boldsymbol{x}$，此过程又被称为特征提取（Feature Extraction）。在自然语言处理中，其实就是如何用数值向量表示文本，可以使用 2.1 节介绍的文本表示方法；其次是如何合理地设置权重 $\boldsymbol{w}$ 和偏差项 b（它们也被称为模型参数），此过程又被称为参数学习（也称参数优化或模型训练），将在 4.5 节介绍。

很多现实生活中遇到的问题都可以使用感知器模型加以解决，比如识别一个用户评论句子的情感极性是褒义还是贬义等，在自然语言处理中，这些问题又被归为文本分类问题。

4.1.2　线性回归

4.1.1 节介绍的感知器是一个分类模型，即输出结果为离散的类别（如褒义或贬义）。除了分类模型，还有一大类机器学习模型被称为回归（Regression）模型，其与分类模型的本质区别在于输出的结果不是离散的类别，而是连续的实数值。在实际生活中，回归模型也有大量的应用，如预测股票的指数、天气预报中温度的预测等。类似地，在情感分析中，如果目标不是预测文本的情感极性，而是一个情感强弱的分数，如电商或影评网站中用户对商品或电影的评分等，则是一个回归问题。

线性回归（Linear Regression）是最简单的回归模型。与感知器类似，线性回归模型将输出 y 建模为对输入 $\boldsymbol{x}$ 中各个元素的线性加权和，最后也可以再加上偏差项 b，即 $y = w_1 x_1 + w_2 x_2 + \cdots + w_n x_n + b = \boldsymbol{w} \cdot \boldsymbol{x} + b$。

4.1.3　Logistic 回归

线性回归输出值的大小（值域）是任意的，有时需要将其限制在一定的范围内。有很多函数能够实现此功能，它们又被称为激活函数（Activation Function），其中 Logistic 函数经常被用到，其形式为：

$$y = \frac{L}{1 + \mathrm{e}^{-k(z - z_0)}} \tag{4-3}$$

该函数能将 y 的值限制在 0（$z \to -\infty$）到 L（$z \to +\infty$）之间，当 $z = z_0$ 时，$y = L/2$；k 控制了函数的陡峭程度。若 $z = w_1 x_1 + w_2 x_2 + \cdots + w_n x_n + b$，此模型又被称为 **Logistic 回归**（Logistic Regression）模型。

虽然被称为回归模型，但是 Logistic 回归经常被用于分类问题。这是如何做到的呢？如果将 Logistic 函数中的参数进行如下设置，$L = 1$、$k = 1$、$z_0 = 0$，此时函数形式为：

$$y = \frac{1}{1 + \mathrm{e}^{-z}} \tag{4-4}$$

该函数又被称为 Sigmoid 函数，图 4-1 展示了该函数的形状（呈 S 形，所以被称为 Sigmoid 函数），其值域恰好在 0 ~ 1 之间，所以经过 Sigmoid 函数归一化的模型输出可以看作一个输入属于某一类别的概率值（假设只有两个类别，因此也被称为二元分类问题）。除了可以输出概率值，Sigmoid 函数另一个较好的性质是其导数比较容易求得（$y' = y(1 - y)$），这为后续使用基于梯度的参数优化算法带来了一定的便利。

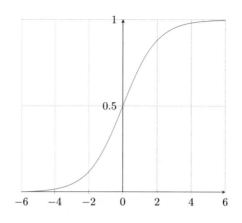

图 4-1　Sigmoid 函数图示

4.1.4 Softmax 回归

Sigmoid 回归虽然可以用于处理二元分类问题，但是很多现实问题的类别可能不止两个，如手写体数字的识别，输出属于 $0 \sim 9$ 共 10 个数字中的一个，即有 10 个类别。在自然语言处理中，如文本分类、词性标注等问题，均属于多元分类问题，即使是情感极性识别也一样，除了褒义和贬义，还可以增加一个中性类别。那么，如何处理多元分类问题呢？其中一种方法和 Sigmoid 回归的思想类似，即对第 i 个类别使用线性回归打一个分数，$z_i = w_{i1}x_1 + w_{i2}x_2 + \cdots + w_{in}x_n + b_i$。式中，$w_{ij}$ 表示第 i 个类别对应的第 j 个输入的权重。然后，对多个分数使用指数函数进行归一化计算，并获得一个输入属于某个类别的概率。该方法又称 Softmax 回归，具体公式为：

$$y_i = \text{Softmax}(\boldsymbol{z})_i = \frac{\mathrm{e}^{z_i}}{\mathrm{e}^{z_1} + \mathrm{e}^{z_2} + \cdots + \mathrm{e}^{z_m}} \tag{4-5}$$

式中，$\boldsymbol{z}$ 表示向量 $[z_1, z_2, \cdots, z_m]$；m 表示类别数；y_i 表示第 i 个类别的概率。图 4-2 展示了 Softmax 回归模型示意图。

当 $m = 2$，即处理二元分类问题时，式 (4-5) 可以写为：

$$y_1 = \frac{\mathrm{e}^{z_1}}{\mathrm{e}^{z_1} + \mathrm{e}^{z_2}} = \frac{1}{1 + \mathrm{e}^{-(z_1 - z_2)}} \tag{4-6}$$

此公式即 Sigmoid 函数形式，也就是 Sigmoid 函数是 Softmax 函数在处理二元分类问题时的一个特例。

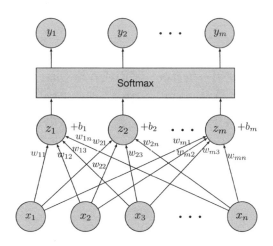

图 4-2 Softmax 回归模型示意图

进一步地，将 Softmax 回归模型公式展开，其形式为：

$$\begin{bmatrix} y_1 \\ y_2 \\ \vdots \\ y_m \end{bmatrix} = \text{Softmax} \begin{pmatrix} w_{11}x_1 + w_{12}x_2 + \cdots + w_{1n}x_n + b_1 \\ w_{21}x_1 + w_{22}x_2 + \cdots + w_{2n}x_n + b_2 \\ \vdots \\ w_{m1}x_1 + w_{m2}x_2 + \cdots + w_{mn}x_n + b_m \end{pmatrix} \tag{4-7}$$

然后，可以使用矩阵乘法的形式重写该公式，具体为：

$$\begin{bmatrix} y_1 \\ y_2 \\ \vdots \\ y_m \end{bmatrix} = \text{Softmax} \left(\begin{bmatrix} w_{11}, w_{12}, \cdots, w_{1n} \\ w_{21}, w_{22}, \cdots, w_{2n} \\ \vdots \\ w_{m1}, w_{m2}, \cdots, w_{mn} \end{bmatrix} \cdot \begin{bmatrix} x_1 \\ x_2 \\ \vdots \\ x_n \end{bmatrix} + \begin{bmatrix} b_1 \\ b_2 \\ \vdots \\ b_m \end{bmatrix} \right) \tag{4-8}$$

更进一步地，可以使用张量表示输入、输出以及其中的参数，即：

$$\boldsymbol{y} = \text{Softmax}(\boldsymbol{W}\boldsymbol{x} + \boldsymbol{b}) \tag{4-9}$$

式 (4-9) 中，$\boldsymbol{x} = [x_1, x_2, \cdots, x_n]^\top$，$\boldsymbol{y} = [y_1, y_2, \cdots, y_m]^\top$，$\boldsymbol{W} = \begin{bmatrix} w_{11}, w_{12}, \cdots, w_{1n} \\ w_{21}, w_{22}, \cdots, w_{2n} \\ \vdots \\ w_{m1}, w_{m2}, \cdots, w_{mn} \end{bmatrix}$，

$\boldsymbol{b} = [b_1, b_2, \cdots, b_m]^\top$。对向量 $\boldsymbol{x}$ 执行 $\boldsymbol{W}\boldsymbol{x} + \boldsymbol{b}$ 运算又被称为对 $\boldsymbol{x}$ 进行线性映射或线性变换。

4.1.5　多层感知器

　　以上介绍的模型本质上都是线性模型，然而现实世界中很多真实的问题不都是线性可分的，即无法使用一条直线、平面或者超平面分割不同的类别，其中典型的例子是异或问题（Exclusive OR，XOR），即假设输入为 x_1 和 x_2，如果它们相同，即当 $x_1 = 0$、$x_2 = 0$ 或 $x_1 = 1$、$x_2 = 1$ 时，输出 $y = 0$；如果它们不相同，即当 $x_1 = 0$、$x_2 = 1$ 或 $x_1 = 1$、$x_2 = 0$ 时，输出 $y = 1$，如图 4-3 所示。此时，无法使用线性分类器恰当地将输入划分到正确的类别。

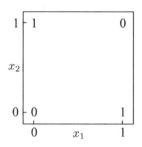

图 4-3　异或问题示例

　　多层感知器（Multi-layer Perceptron，MLP）是解决线性不可分问题的一种解决方案。多层感知器指的是堆叠多层线性分类器，并在中间层（也叫隐含层，Hidden layer）增加非线性激活函数。例如，可以设计如下的多层感知器：

$$z = W^{[1]}x + b^{[1]} \tag{4-10}$$

$$h = \text{ReLU}(z) \tag{4-11}$$

$$y = W^{[2]}h + b^{[2]} \tag{4-12}$$

式中，ReLU（Rectified Linear Unit）是一种非线性激活函数，其定义为当某一项输入小于 0 时，输出为 0；否则输出相应的输入值，即 $\text{ReLU}(z) = \max(0, z)$。$W^{[i]}$ 和 $b^{[i]}$ 分别表示第 i 层感知器的权重和偏置项。

　　如果将相应的参数进行如下的设置：$W^{[1]} = \begin{bmatrix} 1, 1 \\ 1, 1 \end{bmatrix}$，$b^{[1]} = [0, -1]^\top$，$W^{[2]} = [1, -2]$，$b^{[2]} = [0]$，即可解决异或问题。该多层感知器的网络结构如图 4-4 所示。

　　那么，该网络是如何解决异或问题的呢？其主要通过两个关键的技术，即增加了一个含两个节点的隐含层（h）以及引入非线性激活函数（ReLU）。通过设置恰当的参数值，将在原始输入空间中线性不可分的问题映射到新的隐含层空间，使其在该空间内线性可分。如图 4-5 所示，原空间内 $x = [0, 0]$ 和 $x = [1, 1]$ 两个点，分别被映射到 $h = [0, 0]$ 和 $h = [2, 1]$；而 $x = [0, 1]$ 和 $x = [1, 0]$ 两个点，都

被映射到了 $\boldsymbol{h} = [1, 0]$。此时就可以使用一条直线将两类点分割，即成功转换为线性可分问题。

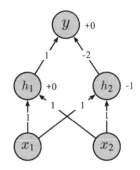

图 4-4　一种解决异或问题的多层感知器的结构

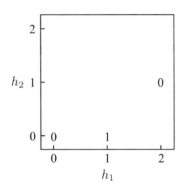

图 4-5　多层感知器隐含层空间示例

图 4-6 展示了更一般的多层感知器，其中引入了更多的隐含层（没有画出非线性激活函数），并将输出层设置为多类分类层（使用 Softmax 函数）。输入层和输出层的大小一般是固定的，与输入数据的维度以及所处理问题的类别相对应，而隐含层的大小、层数和激活函数的类型等需要根据经验以及实验结果设置，它们又被称为超参数（Hyper-parameter）。一般来讲，隐含层越大、层数越多，即模型的参数越多、容量越大，多层感知器的表达能力就越强，但是此时较难优化网络的参数。而如果隐含层太小、层数过少，则模型的表达能力会不足。为了在模型容量和学习难度中间寻找到一个平衡点，需要根据不同的问题和数据，通过调参过程寻找合适的超参数组合。

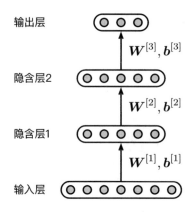

输出层

$W^{[3]}, b^{[3]}$

隐含层2

$W^{[2]}, b^{[2]}$

隐含层1

$W^{[1]}, b^{[1]}$

输入层

图 4-6　多层感知器示意图

4.1.6　模型实现

1. 神经网络层与激活函数

上面介绍了从简单的线性回归到复杂的多层感知器等多种神经网络模型，接下来介绍如何使用 PyTorch 实现这些模型。实际上，使用第 3 章介绍的 PyTorch 提供的基本张量存储及运算功能，就可以实现这些模型，但是这种实现方式不但难度高，而且容易出错。因此，PyTorch 将常用的神经网络模型封装到了 `torch.nn` 包内，从而可以方便灵活地加以调用。如通过以下代码，就可以创建一个线性映射模型（也叫线性层）。

```
>>> from torch import nn
>>> linear = nn.Linear(in_features, out_features)
```

代码中的 `in_features` 是输入特征的数目，`out_features` 是输出特征的数目。可以使用该线性映射层实现线性回归模型，只要将输出特征的数目设置为 1 即可。当实际调用线性层时，可以一次性输入多个样例，一般叫作一个批次（Batch），并同时获得每个样例的输出。所以，如果输入张量的形状是 (`batch`, `in_features`)，则输出张量的形状是 (`batch`, `out_features`)。采用批次操作的好处是可以充分利用 GPU 等硬件的多核并行计算能力，大幅提高计算的效率。具体示例如下。

```
>>> linear = nn.Linear(32, 2) # 输入32维，输出2维
>>> inputs = torch.rand(3, 32) # 创建一个形状为(3, 32)的随机张量，3为批次大小
>>> outputs = linear(inputs) # 输出张量形状为(3, 2)
>>> print(outputs)
tensor([[ 0.5387, -0.4537],
        [ 0.2181, -0.3745],
        [ 0.3704, -0.8121]], grad_fn=<AddmmBackward>)
```

Sigmoid、Softmax 等各种激活函数包含在 `torch.nn.functional` 中，实现对输入按元素进行非线性运算，调用方式如下。

```
>>> from torch.nn import functional as F
>>> activation = F.sigmoid(outputs)
>>> print(activation)
tensor([[0.6315, 0.3885],
        [0.5543, 0.4075],
        [0.5916, 0.3074]], grad_fn=<SigmoidBackward>)
>>> activation = F.softmax(outputs, dim=1)
    # 沿着第2维进行Softmax运算，即对每批次中的各样例分别进行Softmax运算
>>> print(activation)
tensor([[0.7296, 0.2704],
        [0.6440, 0.3560],
        [0.7654, 0.2346]], grad_fn=<SoftmaxBackward>)
>>> activation = F.relu(outputs)
>>> print(activation)
tensor([[0.5387, 0.0000],
        [0.2181, 0.0000],
        [0.3704, 0.0000]], grad_fn=<ReluBackward0>)
```

除了 Sigmoid、Softmax 和 ReLU 函数，PyTorch 还提供了 tanh 等多种激活函数。

2. 自定义神经网络模型

通过对上文介绍的神经网络层以及激活函数进行组合，就可以搭建更复杂的神经网络模型。在 PyTorch 中构建一个自定义神经网络模型非常简单，就是从 `torch.nn` 中的 Module 类派生一个子类，并实现构造函数和 `forward` 函数。其中，构造函数定义了模型所需的成员对象，如构成该模型的各层，并对其中的参数进行初始化等。而 `forward` 函数用来实现该模块的前向过程，即对输入进行逐层的处理，从而得到最终的输出结果。下面以多层感知器模型为例，介绍如何自定义一个神经网络模型，其代码如下。

```
import torch
from torch import nn
from torch.nn import functional as F

class MLP(nn.Module):
    def __init__(self, input_dim, hidden_dim, num_class):
        super(MLP, self).__init__()
        # 线性变换：输入层->隐含层
```

```
        self.linear1 = nn.Linear(input_dim, hidden_dim)
        # 使用ReLU激活函数
        self.activate = F.relu
        # 线性变换：隐含层->输出层
        self.linear2 = nn.Linear(hidden_dim, num_class)

    def forward(self, inputs):
        hidden = self.linear1(inputs)
        activation = self.activate(hidden)
        outputs = self.linear2(activation)
        probs = F.softmax(outputs, dim=1) # 获得每个输入属于某一类别的概率
        return probs

mlp = MLP(input_dim=4, hidden_dim=5, num_class=2)
inputs = torch.rand(3, 4)
# 输入形状为(3, 4)的张量，其中3表示有3个输入，4表示每个输入的维度
probs = mlp(inputs) # 自动调用forward函数
print(probs) # 输出3个输入对应输出的概率
```

最终的输出如下。

```
tensor([[0.3773, 0.6227],
        [0.3795, 0.6205],
        [0.3975, 0.6025]], grad_fn=<SoftmaxBackward>)
```

4.2 卷积神经网络

4.2.1 模型结构

在多层感知器中，每层输入的各个元素都需要乘以一个独立的参数（权重），这一层又叫作全连接层（Fully Connected Layer）或稠密层（Dense Layer）。然而，对于某些类型的任务，这样做并不合适，如在图像识别任务中，如果对每个像素赋予独立的参数，一旦待识别物体的位置出现轻微移动，识别结果可能会发生较大的变化。在自然语言处理任务中也存在类似的问题，如对于情感分类任务，句子的情感极性往往由个别词或短语决定，而这些决定性的词或短语在句子中的位置并不固定，使用全连接层很难捕捉这种关键的局部信息。

为了解决以上问题，一个非常直接的想法是使用一个小的稠密层提取这些局部特征，如图像中固定大小的像素区域、文本中词的N-gram等。为了解决关键信息位置不固定的问题，可以依次扫描输入的每个区域，该操作又被称为卷积（Con-

volution）操作。其中，每个小的、用于提取局部特征的稠密层又被称为卷积核
（Kernel）或者滤波器（Filter）。

卷积操作输出的结果还可以进行进一步聚合，这一过程被称为池化（Pooling）
操作。常用的池化操作有最大池化、平均池化和加和池化等。以最大池化为例，其
含义是仅保留最有意义的局部特征。如在情感分类任务中，保留的是句子中对于
分类最关键的 N-gram 信息。池化操作的好处是可以解决样本的输入大小不一致
的问题，如对于情感分类，有的句子比较长，有的句子比较短，因此不同句子包
含的 N-gram 数目并不相同，导致抽取的局部特征个数也不相同，然而经过池化
操作后，可以保证最终输出相同个数的特征。

然而，如果仅使用一个卷积核，则只能提取单一类型的局部特征。而在实际
问题中，往往需要提取很多种局部特征，如在情感分类中不同的情感词或者词组
等。因此，在进行卷积操作时，可以使用多个卷积核提取不同种类的局部特征。卷
积核的构造方式大致有两种，一种是使用不同组的参数，并且使用不同的初始化
参数，获得不同的卷积核；另一种是提取不同尺度的局部特征，如在情感分类中
提取不同大小的 N-gram。

既然多个卷积核输出多个特征，那么这些特征对于最终分类结果的判断，到
底哪些比较重要，哪些不重要呢？其实只要再经过一个全连接的分类层就可以做
出最终的决策。

最后，还可以将多个卷积层加池化层堆叠起来，形成更深层的网络，这些网
络统称为卷积神经网络（Convolutional Neural Network，CNN）。

图 4-7 给出了一个卷积神经网络的示意图，用于对输入的句子分类。其中，输
入为"我 喜欢 自然 语言 处理 。"6 个词。根据 2.1.3 节介绍的方法，首先将每个词
映射为一个词向量，此处假设每个词向量的维度为 5（图中输入层的每列表示一
个词向量，每个方框表示向量的一个元素）。然后，分别使用 4 个卷积核对输入进
行局部特征提取，其中前两个卷积核的宽度（N-gram 中 N 的大小）为 4（黄色和
蓝色），后两个卷积核的宽度为 3（绿色和红色），卷积操作每次滑动 1 个词，则
每个卷积核的输出长度为 $L - N + 1$，其中 L 为单词的个数，N 为卷积核的宽度，
简单计算可以得到前两组卷积核的输出长度为 3，后两组卷积核的输出长度为 4。
接下来，经过全序列的最大池化操作，将不同卷积核的输出分别聚合为 1 个输出，
并拼接为一个特征向量，最终经过全连接层分类。

上面这种沿单一方向滑动的卷积操作又叫作一维卷积，适用于自然语言等序
列数据。而对于图像等数据，由于卷积核不但需要横向滑动，还需要纵向滑动，此
类卷积叫作二维卷积。类似的还有三维卷积，由于它们在自然语言处理中并不常
用，因此本书不进行过多的介绍，感兴趣的读者请参考相关的深度学习书籍。

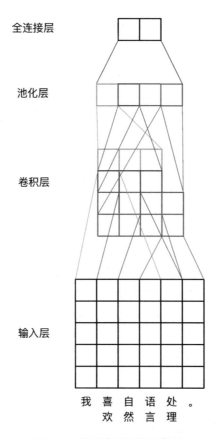

图 4-7　卷积神经网络示意图

与 4.1.5 节介绍的多层感知器模型类似，卷积神经网络中的信息也是从输入层经过隐含层，然后传递给输出层，按照一个方向流动，因此它们都被称为**前馈神经网络**（Feed-Forward Network，FFN）。

4.2.2　模型实现

PyTorch 的 `torch.nn` 包中使用 Conv1d、Conv2d 或 Conv3d 类实现卷积层，它们分别表示一维卷积、二维卷积和三维卷积。此处仅介绍自然语言处理中常用的一维卷积（Conv1d），其构造函数至少需要提供三个参数：`in_channels` 为输入通道的个数，在输入层对应词向量的维度；`out_channels` 为输出通道的个数，对应卷积核的个数；`kernel_size` 为每个卷积核的宽度。当调用该 Conv1d 对象时，输入数据形状为 (batch, in_channels, seq_len)，输出数据形状为 (batch, out_channels, seq_len)，其中在输入数据和输出数据中，seq_len 分别表示输入的序列长度和输出的序列长度。与图 4-7 相对应的网络构建代码如下。

```
>>> import torch
>>> from torch.nn import Conv1d
>>> conv1 = Conv1d(5, 2, 4)
    # 定义一个一维卷积，输入通道大小为5，输出通道大小为2，卷积核宽度为4
>>> conv2 = Conv1d(5, 2, 3) # 再定义一个一维卷积，输入通道大小为5，输出通道大小
    # 为2，卷积核宽度为3
>>> inputs = torch.rand(2, 5, 6) # 输入数据批次大小为2，即有两个序列，每个序列的
    # 长度为6，每个输入的维度为5
>>> outputs1 = conv1(inputs)
>>> outputs2 = conv2(inputs)
>>> print(outputs1) # 第1个输出为两个序列，每个序列长度为3，大小为2
tensor([[[ 0.2402,  0.1363,  0.1578],
         [ 0.2771, -0.0916, -0.3951]],

        [[ 0.3577,  0.2122,  0.2909],
         [-0.2675,  0.1801, -0.0385]]], grad_fn=<SqueezeBackward1>)
>>> print(outputs2) # 第2个输出也为两个序列，每个序列长度为4，大小为2
tensor([[[ 0.3900,  0.1210, -0.0137, -0.0562],
         [-0.5736, -0.5723, -0.4178, -0.3327]],

        [[ 0.2690,  0.3945,  0.2949,  0.0736],
         [-0.7219, -0.7087, -0.4591, -0.4186]]], grad_fn=<SqueezeBackward1>)
```

接下来需要调用 torch.nn 包中定义的池化层类，主要有最大池化、平均池化等。与卷积层类似，各种池化方法也分为一维、二维和三维三种。例如 MaxPool1d 是一维最大池化，其构造函数至少需要提供一个参数——kernel_size，即池化层核的大小，也就是对多大范围内的输入进行聚合。如果对整个输入序列进行池化，则其大小应为卷积层输出的序列长度。

```
>>> from torch.nn import MaxPool1d
>>> pool1 = MaxPool1d(3) # 第1个池化层核的大小为3，即卷积层的输出序列长度
>>> pool2 = MaxPool1d(4) # 第2个池化层核的大小为4
>>> outputs_pool1 = pool1(outputs1)
    # 执行一维最大池化操作，即取每行输入的最大值
>>> outputs_pool2 = pool2(outputs2)
>>> print(outputs_pool1)
tensor([[[0.2402],
         [0.2771]],

        [[0.3577],
         [0.1801]]], grad_fn=<SqueezeBackward1>)
```

```
>>> print(outputs_pool2)
tensor([[[ 0.3900],
         [-0.4178]],

        [[ 0.3945],
         [-0.4591]]], grad_fn=<SqueezeBackward1>)
```

除了使用池化层对象实现池化，PyTorch 还在 `torch.nn.functional` 中实现了池化函数，如 `max_pool1d` 等，即无须定义一个池化层对象，就可以直接调用池化功能。这两种实现方式基本一致，一个显著的区别在于使用池化函数实现无须事先指定池化层核的大小，只要在调用时提供即可。当处理不定长度的序列时，此种实现方式更加适合，具体示例如下。

```
>>> import torch.nn.functional as F
>>> outputs_pool1 = F.max_pool1d(outputs1, kernel_size=outputs1.shape[2])
    # outputs1的最后一维恰好为其序列的长度
>>> print(outputs_pool1)
tensor([[[0.2402],
         [0.2771]],

        [[0.3577],
         [0.1801]]], grad_fn=<SqueezeBackward1>)
>>> outputs_pool2 = F.max_pool1d(outputs2, kernel_size=outputs2.shape[2])
>>> print(outputs_pool2)
tensor([[[ 0.3900],
         [-0.3327]],

        [[ 0.3945],
         [-0.4186]]], grad_fn=<SqueezeBackward1>)
```

由于 outputs_pool1 和 outputs_pool2 是两个独立的张量，为了进行下一步操作，还需要调用 `torch.cat` 函数将它们拼接起来。在此之前，还需要调用 `squeeze` 函数将最后一个为 1 的维度删除，即将 2 行 1 列的矩阵变为 1 个向量。

```
>>> outputs_pool_squeeze1 = outputs_pool1.squeeze(dim=2)
>>> print(outputs_pool_squeeze1)
tensor([[0.2402, 0.2771],
        [0.3577, 0.1801]], grad_fn=<SqueezeBackward1>)
>>> outputs_pool_squeeze2 = outputs_pool2.squeeze(dim=2)
>>> print(outputs_pool_squeeze2)
tensor([[ 0.3900, -0.3327],
```

```
        [ 0.3945, -0.4186]], grad_fn=<SqueezeBackward1>)
>>> outputs_pool = torch.cat([outputs_pool_squeeze1, outputs_pool_squeeze2],
    dim=1)
>>> print(outputs_pool)
tensor([[ 0.2402,  0.2771,  0.3900, -0.3327],
        [ 0.3577,  0.1801,  0.3945, -0.4186]], grad_fn=<CatBackward>)
```

池化后，再连接一个全连接层，实现分类功能。

```
>>> from torch.nn import Linear
>>> linear = Linear(4, 2) # 全连接层，输入维度为4，即池化层输出的维度
>>> outputs_linear = linear(outputs_pool)
>>> print(outputs_linear)
tensor([[-0.4609,  0.4906],
        [-0.4349,  0.4581]], grad_fn=<AddmmBackward>)
```

4.3　循环神经网络

以上介绍的多层感知器与卷积神经网络均为前馈神经网络，信息按照一个方向流动。本节介绍另一类在自然语言处理中常用的神经网络——循环神经网络（Recurrent Neural Network，RNN），即信息循环流动。在此主要介绍两种循环神经网络——原始的循环神经网络和目前常用的长短时记忆网络（Long Short-Term Memory，LSTM）。

4.3.1　模型结构

循环神经网络指的是网络的隐含层输出又作为其自身的输入，其结构如图 4-8 所示，图中 W^{xh}、b^{xh}，W^{hh}、b^{hh} 和 W^{hy}、b^{hy} 分别是输入层到隐含层、隐含层到隐含层和隐含层到输出层的参数。当实际使用循环神经网络时，需要设定一个有限的循环次数，将其展开后相当于堆叠多个共享隐含层参数的前馈神经网络。

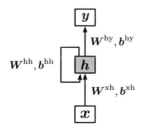

图 4-8　循环神经网络示意图

当使用循环神经网络处理一个序列输入时，需要将循环神经网络按输入时刻展开，然后将序列中的每个输入依次对应到网络不同时刻的输入上，并将当前时刻网络隐含层的输出也作为下一时刻的输入。图 4-9 展示了循环神经网络处理序列输入的示意图，其中序列的长度为 n。按时刻展开的循环神经网络可以使用如下公式描述：

$$\boldsymbol{h}_t = \tanh(\boldsymbol{W}^{\text{xh}}\boldsymbol{x}_t + \boldsymbol{b}^{\text{xh}} + \boldsymbol{W}^{\text{hh}}\boldsymbol{h}_{t-1} + \boldsymbol{b}^{\text{hh}}) \tag{4-13}$$

$$\boldsymbol{y} = \text{Softmax}(\boldsymbol{W}^{\text{hy}}\boldsymbol{h}_n + \boldsymbol{b}^{\text{hy}}) \tag{4-14}$$

式中，$\tanh(z) = \frac{e^z - e^{-z}}{e^z + e^{-z}}$ 是激活函数，其形状与 Sigmoid 函数类似，只不过值域在 -1 到 $+1$ 之间；t 是输入序列的当前时刻，其隐含层 $\boldsymbol{h}_t$ 不但与当前的输入 $\boldsymbol{x}_t$ 有关，而且与上一时刻的隐含层 $\boldsymbol{h}_{t-1}$ 有关，这实际上是一种递归形式的定义。每个时刻的输入经过层层递归，对最终的输出产生一定的影响，每个时刻的隐含层 $\boldsymbol{h}_t$ 承载了 $1 \sim t$ 时刻的全部输入信息，因此循环神经网络中的隐含层也被称作记忆（Memory）单元。

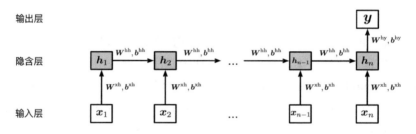

图 4-9　循环神经网络处理序列输入示意图

以上循环神经网络在最后时刻产生输出结果，此时适用于处理文本分类等问题。除此之外，如图 4-10 所示，还可以在每个时刻产生一个输出结果，这种结构适用于处理自然语言处理中常见的序列标注（Sequence Labeling）问题（见 2.3.2 节），如词性标注、命名实体识别，甚至分词等。

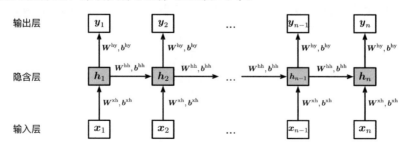

图 4-10　循环神经网络用于处理序列标注问题的示意图

4.3.2 长短时记忆网络

在原始的循环神经网络中，信息是通过多个隐含层逐层传递到输出层的。直观上，这会导致信息的损失；更本质地，这会使得网络参数难以优化[①]。长短时记忆网络（LSTM）可以较好地解决该问题。

长短时记忆网络首先将式 (4-13) 的隐含层更新方式修改为：

$$\boldsymbol{u}_t = \tanh(\boldsymbol{W}^{\mathrm{xh}}\boldsymbol{x}_t + \boldsymbol{b}^{\mathrm{xh}} + \boldsymbol{W}^{\mathrm{hh}}\boldsymbol{h}_{t-1} + \boldsymbol{b}^{\mathrm{hh}}) \tag{4-15}$$

$$\boldsymbol{h}_t = \boldsymbol{h}_{t-1} + \boldsymbol{u}_t \tag{4-16}$$

这样做的一个直观好处是直接将 $\boldsymbol{h}_k$ 与 $\boldsymbol{h}_t$（$k < t$）进行了连接，跨过了中间的 $t - k$ 层，从而减小了网络的层数，使得网络更容易被优化。其证明方式也比较简单，即：$\boldsymbol{h}_t = \boldsymbol{h}_{t-1} + \boldsymbol{u}_t = \boldsymbol{h}_{t-2} + \boldsymbol{u}_{t-1} + \boldsymbol{u}_t = \boldsymbol{h}_k + \boldsymbol{u}_{k+1} + \boldsymbol{u}_{k+2} + \cdots + \boldsymbol{u}_{t-1} + \boldsymbol{u}_t$。

不过式 (4-16) 简单地将旧状态 $\boldsymbol{h}_{t-1}$ 和新状态 $\boldsymbol{u}_t$ 进行相加，这种更新方式过于粗糙，并没有考虑两种状态对 $\boldsymbol{h}_t$ 贡献的大小。为解决这一问题，可以通过前一时刻的隐含层和当前输入计算一个系数，并以此系数对两个状态加权求和，具体公式为：

$$\boldsymbol{f}_t = \sigma(\boldsymbol{W}^{\mathrm{f,xh}}\boldsymbol{x}_t + \boldsymbol{b}^{\mathrm{f,xh}} + \boldsymbol{W}^{\mathrm{f,hh}}\boldsymbol{h}_{t-1} + \boldsymbol{b}^{\mathrm{f,hh}}) \tag{4-17}$$

$$\boldsymbol{h}_t = \boldsymbol{f}_t \odot \boldsymbol{h}_{t-1} + (1 - \boldsymbol{f}_t) \odot \boldsymbol{u}_t \tag{4-18}$$

式中，σ 表示 Sigmoid 函数，其输出恰好介于 0 到 1 之间，可作为加权求和的系数；$\odot$ 表示 Hardamard 乘积，即按张量对应元素进行相乘；$\boldsymbol{f}_t$ 被称作遗忘门（Forget gate），因为如果其较小时，旧状态 $\boldsymbol{h}_{t-1}$ 对当前状态的贡献也较小，也就是将过去的信息都遗忘了。

然而，这种加权的方式有一个问题，就是旧状态 $\boldsymbol{h}_{t-1}$ 和新状态 $\boldsymbol{u}_t$ 的贡献是互斥的，也就是如果 $\boldsymbol{f}_t$ 较小，则 $1 - \boldsymbol{f}_t$ 就会较大，反之亦然。但是，这两种状态对当前状态的贡献有可能都比较大或者比较小，因此需要使用独立的系数分别控制。因此，引入新的系数以及新的加权方式，即：

$$\boldsymbol{i}_t = \sigma(\boldsymbol{W}^{\mathrm{i,xh}}\boldsymbol{x}_t + \boldsymbol{b}^{\mathrm{i,xh}} + \boldsymbol{W}^{\mathrm{i,hh}}\boldsymbol{h}_{t-1} + \boldsymbol{b}^{\mathrm{i,hh}}) \tag{4-19}$$

$$\boldsymbol{h}_t = \boldsymbol{f}_t \odot \boldsymbol{h}_{t-1} + \boldsymbol{i}_t \odot \boldsymbol{u}_t \tag{4-20}$$

式中，新的系数 $\boldsymbol{i}_t$ 用于控制输入状态 $\boldsymbol{u}_t$ 对当前状态的贡献，因此又被称作输入门（Input gate）。

类似地，还可以对输出增加门控机制，即输出门（Output gate）：

$$\boldsymbol{o}_t = \sigma(\boldsymbol{W}^{\mathrm{o,xh}}\boldsymbol{x}_t + \boldsymbol{b}^{\mathrm{o,xh}} + \boldsymbol{W}^{\mathrm{o,hh}}\boldsymbol{h}_{t-1} + \boldsymbol{b}^{\mathrm{o,hh}}) \tag{4-21}$$

[①] 更详细的信息请参考神经网络或深度学习类书籍。

$$\boldsymbol{c}_t = \boldsymbol{f}_t \odot \boldsymbol{c}_{t-1} + \boldsymbol{i}_t \odot \boldsymbol{u}_t \tag{4-22}$$

$$\boldsymbol{h}_t = \boldsymbol{o}_t \odot \tanh(\boldsymbol{c}_t) \tag{4-23}$$

式中，$\boldsymbol{c}_t$ 又被称为记忆细胞（Memory cell），即存储（记忆）了截至当前时刻的重要信息。与原始的循环神经网络一样，既可以使用 $\boldsymbol{h}_n$ 预测最终的输出结果，又可以使用 $\boldsymbol{h}_t$ 预测每个时刻的输出结果。

无论是传统的循环神经网络还是 LSTM，信息流动都是单向的，在一些应用中这并不合适，如对于词性标注任务，一个词的词性不但与其前面的单词及其自身有关，还与其后面的单词有关，但是传统的循环神经网络并不能利用某一时刻后面的信息。为了解决该问题，可以使用双向循环神经网络或双向 LSTM，简称 Bi-RNN 或 Bi-LSTM，其中 Bi 代表 Bidirectional。其思想是将同一个输入序列分别接入向前和向后两个循环神经网络中，然后再将两个循环神经网络的隐含层拼接在一起，共同接入输出层进行预测。双向循环神经网络结构如图 4-11 所示。

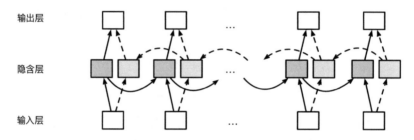

图 4-11　双向循环神经网络结构

另一类对循环神经网络的改进方式是将多个网络堆叠起来，形成堆叠循环神经网络（Stacked RNN），如图 4-12 所示。此外，还可以在堆叠循环神经网络的每一层加入一个反向循环神经网络，构成更复杂的堆叠双向循环神经网络。

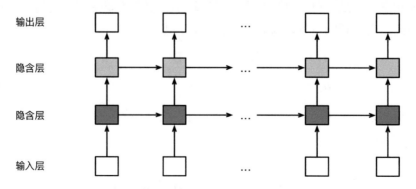

图 4-12　堆叠循环神经网络示意图

4.3.3　模型实现

循环神经网络在 PyTorch 的 torch.nn 包中也有相应的实现，即 RNN 类。其构造函数至少需要提供两个参数：input_size 表示每个时刻输入的大小，hidden_size 表示隐含层的大小。另外，根据习惯，通常将 batch_first 设为 True（其默认值为 False），即输入和输出的第 1 维代表批次的大小（即一次同时处理序列的数目）。当调用该 RNN 对象时，输入数据形状为 (batch, seq_len, input_size)，输出数据有两个，分别为隐含层序列和最后一个时刻的隐含层，它们的形状分别为 (batch, seq_len, hidden_size) 和 (1, batch, hidden_size)。具体的示例代码如下。

```
>>> from torch.nn import RNN
>>> rnn = RNN(input_size=4, hidden_size=5, batch_first=True)
    # 定义一个RNN，每个时刻输入大小为4，隐含层大小为5
>>> inputs = torch.rand(2, 3, 4) # 输入数据批次大小为2，即有两个序列，每个序列的
    # 长度为3，每个时刻输入大小为4
>>> outputs, hn = rnn(inputs)
    # outputs为输出序列的隐含层，hn为最后一个时刻的隐含层
>>> print(outputs) # 输出两个序列，每个序列长度为3，大小为5
tensor([[[-0.3370,  0.1573,  0.1213, -0.0054, -0.1670],
         [-0.4587, -0.0574,  0.0305,  0.2515, -0.1272],
         [-0.5635, -0.0570,  0.1677,  0.3289, -0.1813]],

        [[-0.3184,  0.1510,  0.0625,  0.0258, -0.2403],
         [-0.5192, -0.2856,  0.0590,  0.3002, -0.0541],
         [-0.3684, -0.1418,  0.5262,  0.1038, -0.1735]]],
       grad_fn=<TransposeBackward1>)
>>> print(hn) # 最后一个时刻的隐含层，值与outputs中最后一个时刻相同
tensor([[[-0.5635, -0.0570,  0.1677,  0.3289, -0.1813],
         [-0.3684, -0.1418,  0.5262,  0.1038, -0.1735]]],
       grad_fn=<StackBackward>)
>>> print(outputs.shape, hn.shape) # 输出隐含层序列和最后一个时刻隐含层的形状，
    # 分别为(2, 3, 5)，即批次大小、序列长度和隐含层大小，以及(1, 2, 5)，
    # 即1、批次大小和隐含层大小
torch.Size([2, 3, 5]) torch.Size([1, 2, 5])
```

当初始化 RNN 时，还可通过设置其他参数修改网络的结构，如 bidirectional=True（双向 RNN，默认为 False）、num_layers（堆叠的循环神经网络层数，默认为 1）等。

torch.nn 包中还提供了 LSTM 类，其初始化的参数以及输入数据与 RNN 相

同，不同之处在于其输出数据除了最后一个时刻的隐含层 hn，还输出了最后一个时刻的记忆细胞 cn，代码示例如下。

```
>>> from torch.nn import LSTM
>>> lstm = LSTM(input_size=4, hidden_size=5, batch_first=True)
>>> inputs = torch.rand(2, 3, 4)
>>> outputs, (hn, cn) = lstm(inputs) # outputs为输出序列的隐含层，hn为最后一个
    # 时刻的隐含层，cn为最后一个时刻的记忆细胞
>>> print(outputs) # 输出两个序列，每个序列长度为3，大小为5
tensor([[[-0.1921, -0.0125,  0.0018,  0.0676,  0.0157],
         [-0.2464, -0.0565, -0.1037,  0.0957,  0.0048],
         [-0.2961, -0.0872, -0.1543,  0.1562, -0.0065]],

        [[-0.2115, -0.0578, -0.0784,  0.0920,  0.0025],
         [-0.2648, -0.0526, -0.0938,  0.1610, -0.0093],
         [-0.3186, -0.0483, -0.0977,  0.2401, -0.0310]]],
       grad_fn=<TransposeBackward0>)
>>> print(hn) # 最后一个时刻的隐含层，值与outputs中最后一个时刻相同
tensor([[[-0.2961, -0.0872, -0.1543,  0.1562, -0.0065],
         [-0.3186, -0.0483, -0.0977,  0.2401, -0.0310]]],
       grad_fn=<StackBackward>)
>>> print(cn) # 最后一个时刻的记忆细胞
tensor([[[-0.8748, -0.2550, -0.2490,  0.3584, -0.0286],
         [-0.8544, -0.1128, -0.1598,  0.5203, -0.1183]]],
       grad_fn=<StackBackward>)
>>> print(outputs.shape, hn.shape, cn.shape)
    # 输出隐含层序列和最后一个时刻隐含层以及记忆细胞的形状
torch.Size([2, 3, 5]) torch.Size([1, 2, 5]) torch.Size([1, 2, 5])
```

4.3.4 基于循环神经网络的序列到序列模型

除了能够处理分类问题和序列标注问题，循环神经网络另一个强大的功能是能够处理序列到序列的理解和生成问题，相应的模型被称为序列到序列模型，也被称为编码器–解码器模型。序列到序列模型指的是首先对一个序列（如一个自然语言句子）编码，然后再对其解码，即生成一个新的序列。很多自然语言处理问题都可以看作序列到序列问题，如机器翻译，即首先对源语言的句子编码，然后生成相应的目标语言翻译。

图 4-13 展示了一个基于序列到序列模型进行机器翻译的示例。首先编码器使用循环神经网络对源语言句子编码，然后以最后一个单词对应的隐含层作为初始，

再调用解码器（另一个循环神经网络）逐词生成目标语言的句子。图中的 BOS 表示句子起始标记。

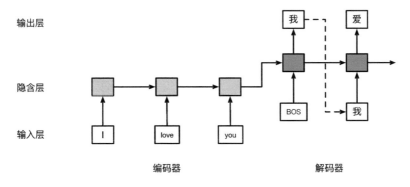

图 4-13　序列到序列模型

基于循环神经网络的序列到序列模型有一个基本假设，就是原始序列的最后一个隐含状态（一个向量）包含了该序列的全部信息。然而，该假设显然不合理，尤其是当序列比较长时，要做到这一点就更困难。为了解决该问题，注意力模型应运而生。

4.4　注意力模型

4.4.1　注意力机制

为了解决序列到序列模型记忆长序列能力不足的问题，一个非常直观的想法是，当要生成一个目标语言单词时，不光考虑前一个时刻的状态和已经生成的单词，还考虑当前要生成的单词和源语言句子中的哪些单词更相关，即更关注源语言的哪些词，这种做法就叫作注意力机制（Attention mechanism）。图 4-14 给出了一个示例，假设模型已经生成单词"我"后，要生成下一个单词，显然和源语言句子中的"love"关系最大，因此将源语言句子中"love"对应的状态乘以一个较大的权重，如 0.6，而其余词的权重则较小，最终将源语言句子中每个单词对应的状态加权求和，并用作新状态更新的一个额外输入。

注意力权重的计算公式为：

$$\hat{\alpha}_s = \text{attn}(\boldsymbol{h}_s, \boldsymbol{h}_{t-1}) \tag{4-24}$$

$$\alpha_s = \text{Softmax}(\hat{\boldsymbol{\alpha}})_s \tag{4-25}$$

式中，$\boldsymbol{h}_s$ 表示源序列中 s 时刻的状态；$\boldsymbol{h}_{t-1}$ 表示目标序列中前一个时刻的状态；attn 是注意力计算公式，即通过两个输入状态的向量，计算一个源序列 s 时刻的

注意力分数 $\hat{\alpha}_s$；$\hat{\boldsymbol{\alpha}} = [\hat{\alpha}_1, \hat{\alpha}_2, \cdots, \hat{\alpha}_L]$，其中 L 为源序列的长度；最后对整个源序列每个时刻的注意力分数使用 Softmax 函数进行归一化，获得最终的注意力权重 α_s。

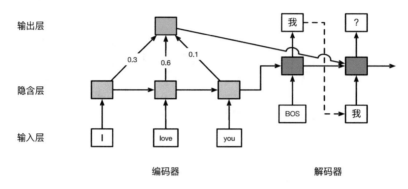

图 4-14　基于注意力机制的序列到序列模型示例

注意力公式 attn 的计算方式有多种，如：

$$
\text{attn}(\boldsymbol{q}, \boldsymbol{k}) = \begin{cases} \boldsymbol{w}^\top \tanh(\boldsymbol{W}[\boldsymbol{q}; \boldsymbol{k}]) & \text{多层感知器} \\ \boldsymbol{q}^\top \boldsymbol{W}\boldsymbol{k} & \text{双线性} \\ \boldsymbol{q}^\top \boldsymbol{k} & \text{点积} \\ \frac{\boldsymbol{q}^\top \boldsymbol{k}}{\sqrt{d}} & \text{避免因为向量维度 } d \text{ 过大导致点积结果过大} \end{cases}
$$

(4-26)

通过引入注意力机制，使得基于循环神经网络的序列到序列模型的准确率有了大幅度的提高。

4.4.2　自注意力模型

受注意力机制的启发，当要表示序列中某一时刻的状态时，可以通过该状态与其他时刻状态之间的相关性（注意力）计算，即所谓的"观其伴、知其义"，这又被称作自注意力机制（Self-attention）。

具体地，假设输入为 n 个向量组成的序列 $\boldsymbol{x}_1, \boldsymbol{x}_2, \cdots, \boldsymbol{x}_n$，输出为每个向量对应的新的向量表示 $\boldsymbol{y}_1, \boldsymbol{y}_2, \cdots, \boldsymbol{y}_n$，其中所有向量的大小均为 d。那么，$\boldsymbol{y}_i$ 的计算公式为：

$$
\boldsymbol{y}_i = \sum_{j=1}^n \alpha_{ij} \boldsymbol{x}_j
$$

(4-27)

式中，j 是整个序列的索引值；α_{ij} 是 $\boldsymbol{x}_i$ 与 $\boldsymbol{x}_j$ 之间的注意力（权重），其通过式 (4-26) 中的 attn 函数计算，然后再经过 Softmax 函数进行归一化后获得。直观上的含义是如果 $\boldsymbol{x}_i$ 与 $\boldsymbol{x}_j$ 越相关，则它们计算的注意力值就越大，那么 $\boldsymbol{x}_j$ 对 $\boldsymbol{x}_i$ 对应的新的表示 $\boldsymbol{y}_i$ 的贡献就越大。

通过自注意力机制，可以直接计算两个距离较远的时刻之间的关系。而在循环神经网络中，由于信息是沿着时刻逐层传递的，因此当两个相关性较大的时刻距离较远时，会产生较大的信息损失。虽然引入了门控机制模型，如 LSTM 等，可以部分解决这种长距离依赖问题，但是治标不治本。因此，基于自注意力机制的自注意力模型已经逐步取代循环神经网络，成为自然语言处理的标准模型。

4.4.3 Transformer

然而，要想真正取代循环神经网络，自注意力模型还需要解决如下问题：
- 在计算自注意力时，没有考虑输入的位置信息，因此无法对序列进行建模；
- 输入向量 $\boldsymbol{x}_i$ 同时承担了三种角色，即计算注意力权重时的两个向量以及被加权的向量，导致其不容易学习；
- 只考虑了两个输入序列单元之间的关系，无法建模多个输入序列单元之间更复杂的关系；
- 自注意力计算结果互斥，无法同时关注多个输入。

下面分别就这些问题给出相应的解决方案，融合了以下方案的自注意力模型拥有一个非常炫酷的名字——Transformer。这个单词并不容易翻译，从本意上讲，其是将一个向量序列变换成另一个向量序列，所以可以翻译成"变换器"或"转换器"。其还有另一个含义是"变压器"，也就是对电压进行变换，所以翻译成变压器也比较形象。当然，还有一个更有趣的翻译是"变形金刚"，这一翻译不但体现了其能变换的特性，还寓意着该模型如同变形金刚一样强大。目前，Transformer 还没有一个翻译的共识，绝大部分人更愿意使用其英文名。

1. 融入位置信息

位置信息对于序列的表示至关重要，原始的自注意力模型没有考虑输入向量的位置信息，导致其与词袋模型类似，两个句子只要包含的词相同，即使顺序不同，它们的表示也完全相同。为了解决这一问题，需要为序列中每个输入的向量引入不同的位置信息以示区分。有两种引入位置信息的方式——位置嵌入（Position Embeddings）和位置编码（Position Encodings）。其中，位置嵌入与词嵌入类似，即为序列中每个绝对位置赋予一个连续、低维、稠密的向量表示。而位置编码则是使用函数 $f : \mathbb{N} \to \mathbb{R}^d$，直接将一个整数（位置索引值）映射到一个 d 维向量上。映射公式为：

$$\text{PosEnc}(p, i) = \begin{cases} \sin\left(\frac{p}{10000^{\frac{i}{d}}}\right), & \text{如果 } i \text{ 为偶数} \\ \cos\left(\frac{p}{10000^{\frac{i-1}{d}}}\right), & \text{否则} \end{cases} \tag{4-28}$$

式中，p 为序列中的位置索引值；$0 \leqslant i < d$ 是位置编码向量中的索引值。

无论是使用位置嵌入还是位置编码，在获得一个位置对应的向量后，再与该位置对应的词向量进行相加，即可表示该位置的输入向量。这样即使词向量相同，但是如果它们所处的位置不同，其最终的向量表示也不相同，从而解决了原始自注意力模型无法对序列进行建模的问题。

2. 输入向量角色信息

原始的自注意力模型在计算注意力时直接使用两个输入向量，然后使用得到的注意力对同一个输入向量加权，这样导致一个输入向量同时承担了三种角色：查询（Query）、键（Key）和值（Value）。更好的做法是，对不同的角色使用不同的向量。为了做到这一点，可以使用不同的参数矩阵对原始的输入向量做线性变换，从而让不同的变换结果承担不同的角色。具体地，分别使用三个不同的参数矩阵 $\boldsymbol{W}^q$、$\boldsymbol{W}^k$ 和 $\boldsymbol{W}^v$ 将输入向量 $\boldsymbol{x}_i$ 映射为三个新的向量 $\boldsymbol{q}_i = \boldsymbol{W}^q \boldsymbol{x}_i$、$\boldsymbol{k}_i = \boldsymbol{W}^k \boldsymbol{x}_i$ 和 $\boldsymbol{v}_i = \boldsymbol{W}^v \boldsymbol{x}_i$，分别表示查询、键和值对应的向量。新的输出向量计算公式为：

$$\boldsymbol{y}_i = \sum_{j=1}^{n} \alpha_{ij} \boldsymbol{v}_j \tag{4-29}$$

$$\alpha_{ij} = \text{Softmax}(\hat{\boldsymbol{\alpha}}_i)_j \tag{4-30}$$

$$\hat{\alpha}_{ij} = \text{attn}(\boldsymbol{q}_i, \boldsymbol{k}_j) \tag{4-31}$$

式中，$\hat{\boldsymbol{\alpha}}_i = [\hat{\alpha}_{i1}, \hat{\alpha}_{i2}, \cdots, \hat{\alpha}_{iL}]$，其中 L 为序列的长度。

3. 多层自注意力

原始的自注意力模型仅考虑了序列中任意两个输入序列单元之间的关系，而在实际应用中，往往需要同时考虑更多输入序列单元之间的关系，即更高阶的关系。如果直接建模高阶关系，会导致模型的复杂度过高。一方面，类似于图模型中的消息传播机制（Message Propogation），这种高阶关系可以通过堆叠多层自注意力模型实现。另一方面，类似于多层感知器，如果直接堆叠多层注意力模型，由于每层的变换都是线性的（注意力计算一般使用线性函数），最终模型依然是线性的。因此，为了增强模型的表示能力，往往在每层自注意力计算之后，增加一个非线性的多层感知器（MLP）模型。另外，如果将自注意力模型看作特征抽取器，那么多层感知器就是最终的分类器。同时，为了使模型更容易学习，还可以使用层归一化（Layer Normalization）、残差连接（Residual Connections）等深度学习的训练技巧。自注意力层、非线性层以及以上的这些训练技巧，构成了一个更大的 Transformer 层，也叫作 Transformer 块（Block），如图 4-15 所示。

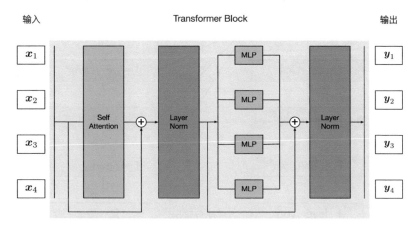

图 4-15　Transformer 块

4. 自注意力计算结果互斥

由于自注意力结果需要经过归一化，导致即使一个输入和多个其他的输入相关，也无法同时为这些输入赋予较大的注意力值，即自注意力结果之间是互斥的，无法同时关注多个输入。因此，如果能使用多组自注意力模型产生多组不同的注意力结果，则不同组注意力模型可能关注到不同的输入上，从而增强模型的表达能力。那么如何产生多组自注意力模型呢？方法非常简单，只需要设置多组映射矩阵即可，然后将产生的多个输出向量拼接。为了将输出结果作为下一组的输入，还需要将拼接后的输出向量再经过一个线性映射，映射回 d 维向量。该模型又叫作多头自注意力（Multi-head Self-attention）模型。从另一方面理解，多头自注意力机制相当于多个不同的自注意力模型的集成（Ensemble），也会增强模型的效果。类似卷积神经网络中的多个卷积核，也可以将不同的注意力头理解为抽取不同类型的特征。

4.4.4　基于 Transformer 的序列到序列模型

以上介绍的 Transformer 模型可以很好地对一个序列编码。此外，与循环神经网络类似，Transformer 也可以很容易地实现解码功能，将两者结合起来，就实现了一个序列到序列的模型，于是可以完成机器翻译等多种自然语言处理任务。解码模块的实现与编码模块基本相同，不过要接收编码模块的最后一层输出作为输入，这也叫作记忆（Memory），另外还要将已经部分解码的输出结果作为输入，如图 4-16 所示。

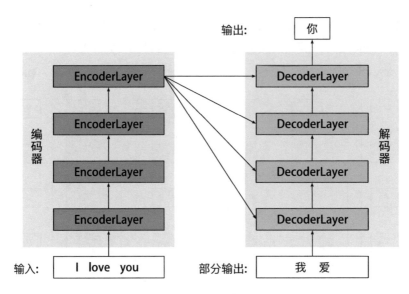

图 4-16　基于 Transformer 的序列到序列模型示例

4.4.5 Transformer 模型的优缺点

与循环神经网络相比，Transformer 能够直接建模输入序列单元之间更长距离的依赖关系，从而使得 Transformer 对于长序列建模的能力更强。另外，在 Transformer 的编码阶段，由于可以利用 GPU 等多核计算设备并行地计算 Transformer 块内部的自注意力模型，而循环神经网络需要逐个计算，因此 Transformer 具有更高的训练速度。

不过，与循环神经网络相比，Transformer 的一个明显的缺点是参数量过于庞大。每一层的 Transformer 块大部分参数集中在图 4-15 中的绿色方框中，即自注意力模型中输入向量的三个角色映射矩阵、多头机制导致相应参数的倍增和引入非线性的多层感知器等。更主要的是，还需要堆叠多层 Transformer 块，从而参数量又扩大多倍。最终导致一个实用的 Transformer 模型含有巨大的参数量。以本书后续章节将要介绍的 BERT 模型为例，BERT-base 含有 12 层 Transformer 块，参数量超过 1.1 亿个，而 24 层的 BERT-large，参数量达到了 3.4 亿个之多。巨大的参数量导致 Transformer 模型非常不容易训练，尤其是当训练数据较小时。因此，为了降低模型的训练难度，基于大规模数据的预训练模型应运而生，这也是本书将要介绍的重点内容。唯此，才能发挥 Transformer 模型强大的表示能力。

4.4.6 模型实现

新版本的 PyTorch（1.2 版及以上）实现了 Transformer 模型。其中，`nn.Trans formerEncoder` 实现了编码模块，它是由多层 Transformer 块构成的，每个块使用

TransformerEncoderLayer 实现。下面演示具体的示例。

```
>>> encoder_layer = nn.TransformerEncoderLayer(d_model=4, nhead=2)
    # 创建一个Transformer块，每个输入向量、输出的向量维度为4，头数为2
>>> src = torch.rand(2, 3, 4)
    # 随机生成输入，三个参数分别为序列的长度、批次的大小和每个输入向量的维度
>>> out = encoder_layer(src)
>>> print(out)
tensor([[[-0.5909, -1.0048,  1.6249, -0.0293],
         [-1.7004,  0.5760,  0.2930,  0.8313],
         [-1.4910, -0.3054,  1.0853,  0.7111]],

        [[ 0.8265,  1.1358, -1.2065, -0.7557],
         [-0.2636,  0.0308,  1.5133, -1.2805],
         [-1.7299,  0.5828,  0.5041,  0.6430]]],
       grad_fn=<NativeLayerNormBackward>)
```

然后，可以将多个 Transformer 块堆叠起来，构成一个完整的 nn.Transformer Encoder。

```
>>> transformer_encoder = nn.TransformerEncoder(encoder_layer, num_layers=6)
>>> out = transformer_encoder(src)
>>> print(out)
tensor([[[-0.0614, -0.7482,  1.6515, -0.8420],
         [-1.6981,  0.4108,  0.3998,  0.8875],
         [-1.6357,  0.3060,  1.0812,  0.2485]],

        [[-0.6341,  1.7177, -0.7156, -0.3680],
         [-1.3247,  1.3643,  0.4179, -0.4575],
         [-1.6706,  0.7775,  0.7674,  0.1258]]],
       grad_fn=<NativeLayerNormBackward>)
```

解码模块也类似，TransformerDecoderLayer 定义了一个解码模块的 Transformer 块，通过多层块堆叠构成 nn.TransformerDecoder，下面演示具体的调用方式。

```
>>> memory = transformer_encoder(src)
>>> decoder_layer = nn.TransformerDecoderLayer(d_model=4, nhead=2)
>>> transformer_decoder = nn.TransformerDecoder(decoder_layer, num_layers=6)
>>> out_part = torch.rand(2, 3, 4)
>>> out = transformer_decoder(out_part, memory)
>>> print(out)
```

```
tensor([[[-0.0302, -0.4711,  1.6018, -1.1006],
         [ 0.0414, -0.3823,  1.5478, -1.2068],
         [-0.7133,  0.5378, -1.1745,  1.3500]],

        [[ 0.2694, -0.2363,  1.3747, -1.4077],
         [-0.1895,  0.1295,  1.4346, -1.3745],
         [-0.8469,  0.5927, -1.0769,  1.3311]]],
       grad_fn=<NativeLayerNormBackward>)
```

4.5 神经网络模型的训练

以上章节介绍了自然语言处理中几种常用的神经网络（深度学习）模型，其中每种模型内部都包含大量的参数，如何恰当地设置这些参数是决定模型准确率的关键，而寻找一组优化参数的过程又叫作模型训练或学习。

4.5.1 损失函数

为了评估一组参数的好坏，需要有一个准则，在机器学习中，又被称为损失函数（Loss Function）[1]。简单来讲，损失函数用于衡量在训练数据集上模型的输出与真实输出之间的差异。因此，损失函数的值越小，模型输出与真实输出越相似，可以认为此时模型表现越好。不过如果损失函数的值过小，那么模型就会与训练数据集过拟合（Overfit），反倒不适用于新的数据。所以，在训练深度学习模型时，要避免产生过拟合的现象，有多种技术可以达到此目的，如正则化（Regularization）、丢弃正则化（Dropout）和早停法（Early Stopping）等。本书不对此进行过多的介绍，如要了解更多内容，可以参考其他神经网络或深度学习相关书籍。

在此介绍深度学习中两种常用的损失函数：均方误差（Mean Squared Error，MSE）损失和交叉熵（Cross-Entropy，CE）损失。所谓均方误差损失指的是每个样本的平均平方损失，即：

$$\text{MSE} = \frac{1}{m}\sum_{i=1}^{m}(\hat{y}^{(i)} - y^{(i)})^2 \tag{4-32}$$

式中，m 表示样本的数目；$y^{(i)}$ 表示第 i 个样本的真实输出结果；$\hat{y}^{(i)}$ 表示第 i 个样本的模型预测结果。可见，模型表现越好，即预测结果与真实结果越相似，均方误差损失越小。

以上形式的均方误差损失适合于回归问题，即一个样本有一个连续输出值作为标准答案。那么如何使用均方误差损失处理分类问题呢？假设处理的是 c 类分

---

[1] 无法直接使用准确率等指标评估，因为这些指标对于参数的微小变化有可能不敏感（导数太小）或过于敏感（不可导）从而无法对参数优化。

类问题，则均方误差被定义为：

$$\text{MSE} = \frac{1}{m} \sum_{i=1}^{m} \sum_{j=1}^{c} (\hat{y}_j^{(i)} - y_j^{(i)})^2 \tag{4-33}$$

式中，$y_j^{(i)}$ 表示第 i 个样本的第 j 类上的真实输出结果，只有正确的类别输出为 1，其他类别输出为 0；$\hat{y}_j^{(i)}$ 表示模型对第 i 个样本的第 j 类上的预测结果，如果使用 Softmax 函数对结果进行归一化，则表示对该类别预测的概率。与回归问题的均方误差损失一样，模型表现越好，其对真实类别预测的概率越趋近于 1，对于错误类别预测的概率则趋近于 0，因此最终计算的损失也越小。

　　在处理分类问题时，交叉熵损失是一种更常用的损失函数。与均方误差损失相比，交叉熵损失的学习速度更快。其具体定义为：

$$\text{CE} = -\frac{1}{m} \sum_{i=1}^{m} \sum_{j=1}^{c} y_j^{(i)} \log \hat{y}_j^{(i)} \tag{4-34}$$

式中，$y_j^{(i)}$ 表示第 i 个样本的第 j 类上的真实输出结果，只有正确的类别输出为 1，其他类别输出为 0；$\hat{y}_j^{(i)}$ 表示模型对第 i 个样本属于第 j 类的预测概率。于是，最终交叉熵损失只取决于模型对正确类别预测概率的对数值。如果模型表现越好，则预测的概率越大，由于公式右侧前面还有一个负号，所以交叉熵损失越小（这符合直觉）。更本质地讲，交叉熵损失函数公式右侧是对多类输出结果的分布（伯努利分布）求极大似然中的对数似然函数（Log-Likelihood）。另外，由于交叉熵损失只取决于正确类别的预测结果，所以其还可以进一步化简，即：

$$\text{CE} = -\frac{1}{m} \sum_{i=1}^{m} \log \hat{y}_t^{(i)} \tag{4-35}$$

式中，$\hat{y}_t^{(i)}$ 表示模型对第 i 个样本在正确类别 t 上的预测概率。所以，交叉熵损失也被称为负对数似然损失（Negative Log Likelihood，NLL）。之所以交叉熵损失的学习速度更高，是因为当模型错误较大时，即对正确类别的预测结果偏小（趋近于 0），负对数的值会非常大；而当模型错误较小时，即对正确类别的预测结果偏大（趋近于 1），负对数的值会趋近于 0。这种变化是呈指数形的，即当模型错误较大时，损失函数的梯度较大，因此模型学得更快；而当模型错误较小时，损失函数的梯度较小，此时模型学得更慢。

4.5.2 梯度下降

梯度下降（Gradient Descent，GD）是一种非常基础和常用的参数优化方法。梯度（Gradient）即以向量的形式写出的对多元函数各个参数求得的偏导数。如函数 $f(x_1, x_2, \cdots, x_n)$ 对各个参数求偏导，则梯度向量为 $[\frac{\partial f}{\partial x_1}, \frac{\partial f}{\partial x_2}, \cdots, \frac{\partial f}{\partial x_n}]^\top$，也可以记为 $\nabla f(x_1, x_2, \cdots, x_n)$。梯度的物理意义是函数值增加最快的方向，或者说，沿着梯度的方向更加容易找到函数的极大值；反过来说，沿着梯度相反的方向，更加容易找到函数的极小值。正是利用了梯度的这一性质，对深度学习模型进行训练时，就可以通过梯度下降法一步步地迭代优化一个事先定义的损失函数，即得到较小的损失函数，并获得对应的模型参数值。梯度下降算法如下所示。

算法 4.1 梯度下降算法

Input: 学习率 α；含有 m 个样本的训练数据

Output: 优化参数 $\boldsymbol{\theta}$

1. 设置损失函数为 $L(f(\boldsymbol{x}; \boldsymbol{\theta}), y)$；
2. 初始化参数 $\boldsymbol{\theta}$。
3. **while** 未达到终止条件 **do**
4.   计算梯度 $\boldsymbol{g} = \frac{1}{m} \nabla_{\boldsymbol{\theta}} \sum_i^m L(f(\boldsymbol{x}^{(i)}; \boldsymbol{\theta}), y^{(i)})$；
5. $\boldsymbol{\theta} = \boldsymbol{\theta} - \alpha \boldsymbol{g}$。
6. **end**

在算法中，循环的终止条件根据实际情况可以有多种，如给定的循环次数、算法两次循环之间梯度变化的差小于一定的阈值和在开发集上算法的准确率不再提升等，读者可以根据实际情况自行设定。

然而，当训练数据的规模比较大时，如果每次都遍历全部的训练数据计算梯度，算法的运行时间会非常久。为了提高算法的运行速度，每次可以随机采样一定规模的训练数据来估计梯度，此时被称为小批次梯度下降（Mini-batch Gradient Descent），具体算法如下。

虽然与原始的梯度下降法相比，小批次梯度下降法每次计算的梯度可能不那么准确，但是由于其梯度计算的速度较高，因此可以通过更多的迭代次数弥补梯度计算不准确的问题。当小批次的数目被设为 $b = 1$ 时，则被称为随机梯度下降（Stochastic Gradient Descent，SGD）。

接下来，以在 4.1.6 节介绍的多层感知器为例，介绍如何使用梯度下降法获得优化的参数，解决异或问题。代码如下。

算法 4.2 小批次梯度下降算法

Input: 学习率 α；批次大小 b；含有 m 个样本的训练数据

Output: 优化参数 θ

1. 设置损失函数为 $L(f(\boldsymbol{x};\boldsymbol{\theta}),y)$;

2. 初始化参数 $\boldsymbol{\theta}$。

3. **while** 未达到终止条件 **do**

4. 　从训练数据中采样 b 个样本;

5. 　计算梯度 $\boldsymbol{g} = \frac{1}{b}\nabla_{\boldsymbol{\theta}}\sum_i^b L(f(\boldsymbol{x}^{(i)};\boldsymbol{\theta}),y^{(i)})$;

6. 　$\boldsymbol{\theta} = \boldsymbol{\theta} - \alpha\boldsymbol{g}$。

7. **end**

```python
import torch
from torch import nn, optim
from torch.nn import functional as F

class MLP(nn.Module):
    def __init__(self, input_dim, hidden_dim, num_class):
        super(MLP, self).__init__()
        self.linear1 = nn.Linear(input_dim, hidden_dim)
        self.activate = F.relu
        self.linear2 = nn.Linear(hidden_dim, num_class)

    def forward(self, inputs):
        hidden = self.linear1(inputs)
        activation = self.activate(hidden)
        outputs = self.linear2(activation)
        # 获得每个输入属于某一类别的概率（Softmax），然后再取对数
        # 取对数的目的是避免计算Softmax时可能产生的数值溢出问题
        log_probs = F.log_softmax(outputs, dim=1)
        return log_probs

# 异或问题的4个输入
x_train = torch.tensor([[0.0, 0.0], [0.0, 1.0], [1.0, 0.0], [1.0, 1.0]])
# 每个输入对应的输出类别
y_train = torch.tensor([0, 1, 1, 0])

# 创建多层感知器模型，输入层大小为2，隐含层大小为5，输出层大小为2（即有两个类别）
model = MLP(input_dim=2, hidden_dim=5, num_class=2)

criterion = nn.NLLLoss() # 当使用log_softmax输出时，需要调用负对数似然损失
```

```
    #（Negative Log Likelihood, NLL）
optimizer = optim.SGD(model.parameters(), lr=0.05)
# 使用梯度下降参数优化方法，学习率设置为0.05

for epoch in range(500):
    y_pred = model(x_train) # 调用模型，预测输出结果
    loss = criterion(y_pred, y_train) # 通过对比预测结果与正确的结果，计算损失
    optimizer.zero_grad() # 在调用反向传播算法之前，将优化器的梯度值置为零，否则
    # 每次循环的梯度将累加
    loss.backward() # 通过反向传播计算参数的梯度
    optimizer.step()
    # 在优化器中更新参数，不同优化器更新的方法不同，但是调用方式相同

print("Parameters:")
for name, param in model.named_parameters():
    print (name, param.data)

y_pred = model(x_train)
print("Predicted results:", y_pred.argmax(axis=1))
```

输出结果如下：首先，输出网络的参数值，包括两个线性映射层的权重和偏置项的值；然后，输出网络对训练数据的预测结果，即 $[0, 1, 1, 0]$，其与原训练数据相同，说明该组参数能够正确地处理异或问题（即线性不可分问题）。

```
Parameters:
linear1.weight tensor([[ 0.9949,  0.9948],
        [-0.0303, -0.5317],
        [ 0.0178, -0.1728],
        [-1.1259, -1.1261],
        [ 0.5375, -0.0207]])
linear1.bias tensor([-0.9943, -0.0148, -0.0218,  1.1067, -0.7041])
linear2.weight tensor([[ 1.0598,  0.2323,  0.2086,  0.9058,  0.3806],
        [-1.1797,  0.0338, -0.2888, -1.5151, -0.2807]])
linear2.bias tensor([-0.6285,  0.3672])
Predicted results: tensor([0, 1, 1, 0])
```

需要注意的是，PyTorch 提供了 nn.CrossEntropyLoss 损失函数（类），不过与一般意义上的交叉熵损失不同，其在计算损失之前自动进行 Softmax 计算，因此在网络的输出层不需要再调用 Softmax 层。这样做的好处是在使用该模型预测时可以提高速度，因为没有进行 Softmax 运算，直接将输出分数最高的类别作为预测结果即可。除了 nn.NLLLoss 和 nn.CrossEntropyLoss，PyTorch 还定义了很

多其他常用的损失函数，本书不再进行介绍，感兴趣的读者请参考 PyTorch 的官方文档。

同样地，除了梯度下降，PyTorch 还提供了其他的优化器，如 Adam、Adagrad 和 Adadelta 等，这些优化器是对原始梯度下降法的改进，改进思路包括动态调整学习率、对梯度累积等。它们的调用方式也非常简单，只要在定义优化器时替换为相应的优化器类，并提供一些必要的参数即可。关于这些优化器的定义、区别和联系，本书也不再介绍，感兴趣的读者请参考其他深度学习类书籍。

4.6 情感分类实战

本节以句子情感极性分类为例，演示如何使用 PyTorch 实现上面介绍的四种深度学习模型，即多层感知器、卷积神经网络、LSTM 和 Transformer，来解决文本分类问题。为了完成此项任务，还需要编写词表映射、词向量层、融入词向量层的多层感知器数据处理、文本表示和模型的训练与测试等辅助功能，下面分别加以介绍。

4.6.1 词表映射

无论是使用深度学习，还是传统的统计机器学习方法处理自然语言，首先都需要将输入的语言符号，通常为标记（Token），映射为大于等于 0、小于词表大小的整数，该整数也被称作一个标记的索引值或下标。本书编写了一个 Vocab（词表，Vocabulary）类实现标记和索引之间的相互映射。完整的代码如下。

```python
from collections import defaultdict

class Vocab:
    def __init__(self, tokens=None):
        self.idx_to_token = list()
        self.token_to_idx = dict()

        if tokens is not None:
            if "<unk>" not in tokens:
                tokens = tokens + ["<unk>"]
            for token in tokens:
                self.idx_to_token.append(token)
                self.token_to_idx[token] = len(self.idx_to_token) - 1
            self.unk = self.token_to_idx['<unk>']


    @classmethod
```

```
def build(cls, text, min_freq=1, reserved_tokens=None):
    token_freqs = defaultdict(int)
    for sentence in text:
        for token in sentence:
            token_freqs[token] += 1
    uniq_tokens = ["<unk>"] + (reserved_tokens if reserved_tokens else [])
    uniq_tokens += [token for token, freq in token_freqs.items() \
                    if freq >= min_freq and token != "<unk>"]
    return cls(uniq_tokens)
def __len__(self):
    # 返回词表的大小，即词表中有多少个互不相同的标记
    return len(self.idx_to_token)
def __getitem__(self, token):    # 查找输入标记对应的索引值，如果该标记
    # 不存在，则返回标记<unk>的索引值（0）
    return self.token_to_idx.get(token, self.unk)
def convert_tokens_to_ids(self, tokens):
    # 查找一系列输入标记对应的索引值
    return [self[token] for token in tokens]
def convert_ids_to_tokens(self, indices):
    # 查找一系列索引值对应的标记
    return [self.idx_to_token[index] for index in indices]
```

4.6.2 词向量层

如在本书文本表示部分（2.1节）介绍的，在使用深度学习进行自然语言处理时，将一个词（或者标记）转换为一个低维、稠密、连续的词向量（也称 Embedding）是一种基本的词表示方法，通过 torch.nn 包提供的 Embedding 层即可实现该功能。创建 Embedding 对象时，需要提供两个参数，分别是 num_embeddings，即词表的大小；以及 embedding_dim，即 Embedding 向量的维度。调用该对象实现的功能是将输入的整数张量中每个整数（通过词表映射功能获得标记对应的整数）映射为相应维度（embedding_dim）的张量。如下面的例子所示。

```
>>> embedding = nn.Embedding(8, 3) # 词表大小为8，Embedding向量维度为3
>>> input = torch.tensor([[0, 1, 2, 1], [4, 6, 6, 7]], dtype=torch.long)
    # 输入形状为(2, 4)的整数张量（相当于两个长度为4的整数序列），
    # 其中每个整数范围在0~7
>>> output = embedding(input) # 调用Embedding对象
>>> print(output) # 输出结果，其中将相同的整数映射为相同的向量
tensor([[[-0.3412, -0.6981,  0.9739],
         [-0.0460,  0.8969, -0.2511],
```

```
        [-0.1233,  0.8756, -0.6329],
        [-0.0460,  0.8969, -0.2511]],


       [[ 1.0251, -0.8053,  0.1203],
        [-0.6716, -0.2877,  0.6177],
        [-0.6716, -0.2877,  0.6177],
        [ 0.5442,  0.1562, -0.6847]]], grad_fn=<EmbeddingBackward>)
>>> print(output.shape)
    # 输出张量形状为(2, 4, 3)，即在原始输入最后增加一个长度为3的维
torch.Size([2, 4, 3])
```

4.6.3　融入词向量层的多层感知器

在 4.1.6 节中介绍了基本的多层感知器实现方式，其输入为固定大小的实数向量。如果输入为文本，即整数序列（假设已经利用词表映射工具将文本中每个标记映射为了相应的整数），在经过多层感知器之前，需要利用词向量层将输入的整数映射为向量。

但是，一个序列中通常含有多个词向量，那么如何将它们表示为一个多层感知器的输入向量呢？一种方法是将 n 个向量拼接成一个大小为 $n \times d$ 的向量，其中 d 表示每个词向量的大小。不过，这样做的一个问题是最终的预测结果与标记在序列中的位置过于相关。例如，如果在一个序列前面增加一个标记，则序列中的每个标记位置都变了，也就是它们对应的参数都发生了变化，那么模型预测的结果可能完全不同，这样显然不合理。在自然语言处理中，可以使用词袋（Bag-Of-Words，BOW）模型解决该问题。词袋模型指的是在表示序列时，不考虑其中元素的顺序，而是将其简单地看成是一个集合。于是就可以采用聚合操作处理一个序列中的多个词向量，如求平均、求和或保留最大值等。融入词向量层以及词袋模型的多层感知器代码如下：

```python
import torch
from torch import nn
from torch.nn import functional as F


class MLP(nn.Module):
    def __init__(self, vocab_size, embedding_dim, hidden_dim, num_class):
        super(MLP, self).__init__()
        # 词向量层
        self.embedding = nn.Embedding(vocab_size, embedding_dim)
        # 线性变换：词向量层->隐含层
        self.linear1 = nn.Linear(embedding_dim, hidden_dim)
```

```
        # 使用ReLU激活函数
        self.activate = F.relu
        # 线性变换：激活层->输出层
        self.linear2 = nn.Linear(hidden_dim, num_class)

    def forward(self, inputs):
        embeddings = self.embedding(inputs)
        # 将序列中多个Embedding进行聚合（此处是求平均值）
        embedding = embeddings.mean(dim=1)
        hidden = self.activate(self.linear1(embedding))
        outputs = self.linear2(hidden)
        # 获得每个序列属于某一类别概率的对数值
        probs = F.log_softmax(outputs, dim=1)
        return probs

mlp = MLP(vocab_size=8, embedding_dim=3, hidden_dim=5, num_class=2)
# 输入为两个长度为4的整数序列
inputs = torch.tensor([[0, 1, 2, 1], [4, 6, 6, 7]], dtype=torch.long)
outputs = mlp(inputs)
print(outputs)
```

最终的输出结果为每个序列属于某一类别概率的对数值。

```
tensor([[-0.8956, -0.5248],
        [-0.8320, -0.5713]], grad_fn=<LogSoftmaxBackward>)
```

图 4-17 展示了上述代码定义的词向量层、聚合层以及多层感知器模型（没有展示激活函数）。

然而，在实际的自然语言处理任务中，一个批次里输入的文本长度往往是不固定的，因此无法像上面的代码一样简单地用一个张量存储词向量并求平均值。PyTorch 提供了一种更灵活的解决方案，即 EmbeddingBag 层。在调用 Embedding-Bag 层时，首先需要将不定长的序列拼接起来，然后使用一个偏移向量（Offsets）记录每个序列的起始位置。举个例子，假设一个批次中有 4 个序列，长度分别为 4、5、3 和 6，将这些长度值构成一个列表，并在前面加入 0（第一个序列的偏移量），构成列表 offsets = [0, 4, 5, 3, 6]，然后使用语句 torch.tensor(offsets[:-1]) 获得张量 [0, 4, 5, 3]，后面紧接着执行 cumsum(dim=0) 方法（累加），获得新的张量 [0, 4, 9, 12]，这就是最终每个序列起始位置的偏移向量。下面展示相应的代码示例。

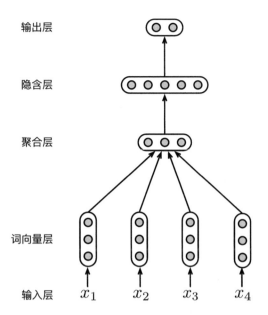

图 4-17 词向量层、聚合层以及多层感知器模型

```
>>> input1 = torch.tensor([0, 1, 2, 1], dtype=torch.long)
>>> input2 = torch.tensor([2, 1, 3, 7, 5], dtype=torch.long)
>>> input3 = torch.tensor([6, 4, 2], dtype=torch.long)
>>> input4 = torch.tensor([1, 3, 4, 3, 5, 7], dtype=torch.long)
>>> inputs = [input1, input2, input3, input4]
>>> offsets = [0] + [i.shape[0] for i in inputs]
>>> print(offsets)
[0, 4, 5, 3, 6]
>>> offsets = torch.tensor(offsets[:-1]).cumsum(dim=0)
>>> print(offsets)
tensor([ 0,  4,  9, 12])
>>> inputs = torch.cat(inputs)
>>> print(inputs)
tensor([0, 1, 2, 1, 2, 1, 3, 7, 5, 6, 4, 2, 1, 3, 4, 3, 5, 7])
>>> embeddingbag = nn.EmbeddingBag(num_embeddings=8, embedding_dim=3)
>>> embeddings = embeddingbag(inputs, offsets)
>>> print(embeddings)
tensor([[ 0.6831,  0.7053, -0.5219],
        [ 1.3229,  0.2250, -0.8824],
        [-1.3862, -0.4153, -0.5707],
        [ 1.3530,  0.1803, -0.7379]], grad_fn=<EmbeddingBagBackward>)
```

使用词袋模型表示文本的一个天然缺陷是没有考虑词的顺序。为了更好地对

文本序列进行表示，还可以将词的 N-gram（n 元组）当作一个标记，这样相当于考虑了词的局部顺序信息，不过同时也增加了数据的稀疏性，因此 n 不宜过大（一般为 2 或 3）。在此，将 N-gram 作为标记的实现方法留作思考题，请读者自行实现。

4.6.4 数据处理

数据处理的第一步自然是将待处理的数据从硬盘或者其他地方加载到程序中，此时读入的是原始文本数据，还需要经过第 3 章介绍的分句、标记解析等预处理过程转换为标记序列，然后再使用词表映射工具将每个标记映射到相应的索引值。在此，使用 NLTK 提供的句子倾向性分析数据（sentence_polarity）作为示例，具体代码如下。

```
def load_sentence_polarity():
    from nltk.corpus import sentence_polarity

    # 使用全部句子集合（已经过标记解析）创建词表
    vocab = Vocab.build(sentence_polarity.sents())

    # 褒贬各4,000句作为训练数据，并使用创建的词表将标记映射为相应的索引值
    # 褒义样例的标签被设为0；贬义样例的标签被设为1
    # 每个样例（Instance或Example）是一个由索引值列表和标签组成的元组
    train_data = [(vocab.convert_tokens_to_ids(sentence), 0)
                    for sentence in sentence_polarity.sents(categories='pos')
    [:4000]] \
        + [(vocab.convert_tokens_to_ids(sentence), 1)
            for sentence in sentence_polarity.sents(categories='neg')[:4000]]

    # 其余的数据作为测试数据
    test_data = [(vocab.convert_tokens_to_ids(sentence), 0)
                    for sentence in sentence_polarity.sents(categories='pos')
    [4000:]] \
        + [(vocab.convert_tokens_to_ids(sentence), 1)
            for sentence in sentence_polarity.sents(categories='neg')[4000:]]

    return train_data, test_data, vocab
```

通过以上函数加载的数据不太方便直接给 PyTorch 使用，因此 PyTorch 提供了 DataLoader 类（在 torch.utils.data 包中）。通过创建和调用该类的对象，可以在训练和测试模型时方便地实现数据的采样、转换和处理等功能。例如，使

用下列语句创建一个 DataLoader 对象。

```
from torch.utils.data import DataLoader
data_loader = DataLoader(
                        dataset,
                        batch_size=64,
                        collate_fn=collate_fn,
                        shuffle=True
                    )
```

以上代码提供了四个参数，其中 batch_size 和 shuffle 较易理解，分别为每一步使用的小批次（Mini-batch）的大小以及是否对数据进行随机采样；而参数 dataset 和 collate_fn 则不是很直观，下面分别进行详细的介绍。

dataset 是 Dataset 类（在 torch.utils.data 包中定义）的一个对象，用于存储数据，一般需要根据具体的数据存取需求创建 Dataset 类的子类。如创建一个 BowDataset 子类，其中 Bow 是词袋的意思。具体代码如下。

```
class BowDataset(Dataset):
    def __init__(self, data):
        # data为原始的数据，如使用load_sentence_polarity函数获得的训练数据
        # 和测试数据
        self.data = data
    def __len__(self):
        # 返回数据集中样例的数目
        return len(self.data)
    def __getitem__(self, i):
        # 返回下标为i的样例
        return self.data[i]
```

collate_fn 参数指向一个函数，用于对一个批次的样本进行整理，如将其转换为张量等。具体代码如下。

```
def collate_fn(examples):
    # 从独立样本集合中构建各批次的输入输出
    # 其中，BowDataset类定义了一个样本的数据结构，即输入标签和输出标签的元组
    # 因此，将输入inputs定义为一个张量的列表，其中每个张量为原始句子中标记序列
    # 对应的索引值序列（ex[0]）
    inputs = [torch.tensor(ex[0]) for ex in examples]
    # 输出的目标targets为该批次中全部样例输出结果（0或1）构成的张量
    targets = torch.tensor([ex[1] for ex in examples], dtype=torch.long)
    # 获取一个批次中每个样例的序列长度
    offsets = [0] + [i.shape[0] for i in inputs]
```

```
# 根据序列的长度，转换为每个序列起始位置的偏移量（Offsets）
offsets = torch.tensor(offsets[:-1]).cumsum(dim=0)
# 将inputs列表中的张量拼接成一个大的张量
inputs = torch.cat(inputs)
return inputs, offsets, targets
```

4.6.5 多层感知器模型的训练与测试

对创建的多层感知器模型，使用实际的数据进行训练与测试。

```
# tqdm是一个Python模块，能以进度条的方式显示迭代的进度
from tqdm.auto import tqdm

# 超参数设置
embedding_dim = 128
hidden_dim = 256
num_class = 2
batch_size = 32
num_epoch = 5

# 加载数据
train_data, test_data, vocab = load_sentence_polarity()
train_dataset = BowDataset(train_data)
test_dataset = BowDataset(test_data)
train_data_loader = DataLoader(train_dataset, batch_size=batch_size,
    collate_fn=collate_fn, shuffle=True)
test_data_loader = DataLoader(test_dataset, batch_size=1, collate_fn=
    collate_fn, shuffle=False)

# 加载模型
device = torch.device('cuda' if torch.cuda.is_available() else 'cpu')
model = MLP(len(vocab), embedding_dim, hidden_dim, num_class)
model.to(device) # 将模型加载到CPU或GPU设备

#训练过程
nll_loss = nn.NLLLoss()
optimizer = optim.Adam(model.parameters(), lr=0.001) # 使用Adam优化器

model.train()
for epoch in range(num_epoch):
    total_loss = 0
```

```
    for batch in tqdm(train_data_loader, desc=f"Training Epoch {epoch}"):
        inputs, offsets, targets = [x.to(device) for x in batch]
        log_probs = model(inputs, offsets)
        loss = nll_loss(log_probs, targets)
        optimizer.zero_grad()
        loss.backward()
        optimizer.step()
        total_loss += loss.item()
    print(f"Loss: {total_loss:.2f}")

# 测试过程
acc = 0
for batch in tqdm(test_data_loader, desc=f"Testing"):
    inputs, offsets, targets = [x.to(device) for x in batch]
    with torch.no_grad():
        output = model(inputs, offsets)
        acc += (output.argmax(dim=1) == targets).sum().item()

# 输出在测试集上的准确率
print(f"Acc: {acc / len(test_data_loader):.2f}")
```

4.6.6 基于卷积神经网络的情感分类

当使用 4.6.3 节介绍的词袋模型表示文本时，只考虑了文本中词语的信息，而忽视了词组信息，如句子"我 不 喜欢 这部 电影"，词袋模型看到文本中有"喜欢"一词，则很可能将其识别为褒义。而卷积神经网络可以提取词组信息，如将卷积核的大小设置为 2，则可以提取特征"不 喜欢"等，显然这对于最终情感极性的判断至关重要。卷积神经网络的大部分代码与多层感知器的实现一致，下面仅对其中的不同之处加以说明。

首先是模型不同，需要从 nn.Module 类派生一个 CNN 子类。

```
class CNN(nn.Module):
    def __init__(self, vocab_size, embedding_dim, filter_size, num_filter,
    num_class):
        super(CNN, self).__init__()
        self.embedding = nn.Embedding(vocab_size, embedding_dim)
        self.conv1d = nn.Conv1d(embedding_dim, num_filter, filter_size,
    padding=1) # padding=1表示在卷积操作之前，将序列的前后各补充1个输入
        self.activate = F.relu
        self.linear = nn.Linear(num_filter, num_class)
```

```
def forward(self, inputs):
    embedding = self.embedding(inputs)
    convolution = self.activate(self.conv1d(embedding.permute(0, 2, 1)))
    pooling = F.max_pool1d(convolution, kernel_size=convolution.shape[2])
    outputs = self.linear(pooling.squeeze(dim=2))
    log_probs = F.log_softmax(outputs, dim=1)
    return log_probs
```

在调用卷积神经网络时，还需要设置两个额外的超参数，分别为 filter_size = 3（卷积核的大小）和 num_filter = 100（卷积核的个数）。

另外，数据整理函数也需要进行一些修改。

```
from torch.nn.utils.rnn import pad_sequence

def collate_fn(examples):
    inputs = [torch.tensor(ex[0]) for ex in examples]
    targets = torch.tensor([ex[1] for ex in examples], dtype=torch.long)
    # 对批次内的样本进行补齐，使其具有相同长度
    inputs = pad_sequence(inputs, batch_first=True)
    return inputs, targets
```

在代码中，pad_sequence 函数实现补齐（Padding）功能，使得一个批次中全部序列长度相同（同最大长度序列），不足的默认使用 0 补齐。

除了以上两处不同，其他代码与多层感知器的实现几乎一致。由此可见，如要实现一个基于新模型的情感分类任务，只需要定义一个 nn.Module 类的子类，并修改数据整理函数（collate_fn）即可，这也是使用 PyTorch 等深度学习框架的优势。

4.6.7 基于循环神经网络的情感分类

4.6.3 节介绍的词袋模型还忽略了文本中词的顺序信息，因此对于两个句子"张三打李四"和"李四打张三"，它们的表示是完全相同的，但显然这并不合理。循环神经网络模型能更好地对序列数据进行表示。本节以长短时记忆（LSTM）网络为例，介绍如何使用循环神经网络模型解决情感分类问题。其中，大部分代码与前面的实现一致，下面仅对其中的不同之处加以说明。

首先，需要从 nn.Module 类派生一个 LSTM 子类。

```
from torch.nn.utils.rnn import pack_padded_sequence
```

```
class LSTM(nn.Module):
    def __init__(self, vocab_size, embedding_dim, hidden_dim, num_class):
        super(LSTM, self).__init__()
        self.embeddings = nn.Embedding(vocab_size, embedding_dim)
        self.lstm = nn.LSTM(embedding_dim, hidden_dim, batch_first=True)
        self.output = nn.Linear(hidden_dim, num_class)

    def forward(self, inputs, lengths):
        embeddings = self.embeddings(inputs)
        # 使用pack_padded_sequence函数将变长序列打包
        x_pack = pack_padded_sequence(embeddings, lengths, batch_first=True,
enforce_sorted=False)
        hidden, (hn, cn) = self.lstm(x_pack)
        outputs = self.output(hn[-1])
        log_probs = F.log_softmax(outputs, dim=-1)
        return log_probs
```

代码中，大部分内容在前面的章节都已介绍过，只有 pack_padded_sequence 函数需要特别说明。其实现的功能是将之前经过补齐的一个小批次序列打包成一个序列，其中每个原始序列的长度存储在 lengths 中。该打包序列能够被 self.lstm 对象直接调用。

另一个主要不同是数据整理函数，具体代码如下。

```
from torch.nn.utils.rnn import pad_sequence

def collate_fn(examples):
    # 获得每个序列的长度
    lengths = torch.tensor([len(ex[0]) for ex in examples])
    inputs = [torch.tensor(ex[0]) for ex in examples]
    targets = torch.tensor([ex[1] for ex in examples], dtype=torch.long)
    # 对批次内的样本进行补齐，使其具有相同的长度
    inputs = pad_sequence(inputs, batch_first=True)
    return inputs, lengths, targets
```

在代码中，lengths 用于存储每个序列的长度。除此之外，其他代码与多层感知器或卷积神经网络的实现几乎一致。

4.6.8　基于 Transformer 的情感分类

基于 Transformer 实现情感分类与使用 LSTM 也非常相似，主要有一处不同，即需要定义 Transformer 模型。具体代码如下。

```python
class Transformer(nn.Module):
    def __init__(self, vocab_size, embedding_dim, hidden_dim, num_class,
                 dim_feedforward=512, num_head=2, num_layers=2, dropout=0.1,
        max_len=128, activation: str = "relu"):
        super(Transformer, self).__init__()
        self.embedding_dim = embedding_dim
        self.embeddings = nn.Embedding(vocab_size, embedding_dim) # 词向量层
        self.position_embedding = PositionalEncoding(embedding_dim, dropout,
        max_len) # 位置编码层

        # 编码层: 使用TransformerEncoder
        encoder_layer = nn.TransformerEncoderLayer(hidden_dim, num_head,
        dim_feedforward, dropout, activation)
        self.transformer = nn.TransformerEncoder(encoder_layer, num_layers)

        # 输出层
        self.output = nn.Linear(hidden_dim, num_class)

    def forward(self, inputs, lengths):
        inputs = torch.transpose(inputs, 0, 1)
        # 与LSTM处理情况相同，输入数据的第1维是批次，需要转换为
        TransformerEncoder
        # 所需要的第1维是长度，第2维是批次的形状
        hidden_states = self.embeddings(inputs)
        hidden_states = self.position_embedding(hidden_states)
        attention_mask = length_to_mask(lengths) == False
        # 根据批次中每个序列长度生成Mask矩阵
        hidden_states = self.transformer(hidden_states, src_key_padding_mask=
        attention_mask)
        hidden_states = hidden_states[0, :, :]
        # 取第一个标记的输出结果作为分类层的输入
        output = self.output(hidden_states)
        log_probs = F.log_softmax(output, dim=1)
        return log_probs
```

在代码中，length_to_mask 函数比较关键，其作用是根据批次中每个序列长度生成 Mask 矩阵，以便处理长度不一致的序列，忽略掉比较短的序列的无效部分。同时，也是 TransformerEncoder 中调用函数所需的 src_key_padding_mask 参数。具体代码如下。

```python
def length_to_mask(lengths):
```

```
"""
将序列的长度转换成 Mask 矩阵

>>> lengths = torch.tensor([3, 5, 4])
>>> length_to_mask(lengths)
>>> tensor([[ True,  True,  True, False, False],
            [ True,  True,  True,  True,  True],
            [ True,  True,  True,  True, False]])

:param lengths: [batch,]
:return: batch * max_len
"""
max_len = torch.max(lengths)
mask = torch.arange(max_len).expand(lengths.shape[0], max_len) < lengths.
unsqueeze(1)
return mask
```

不过，由于 `src_key_padding_mask` 参数正好与 `length_to_mask` 函数生成的结果相反（无自注意力部分为 True），因此还需要取反，即 `length_to_mask(lengths) == False`。

另外，此处使用了位置编码（Position Encodings），所以还需要自行实现。当然也可以使用位置嵌入（Position Embeddings），这样只需调用 PyTorch 提供的 `nn.Embedding` 层即可。位置编码层的实现方式如下。

```
class PositionalEncoding(nn.Module):
    def __init__(self, d_model, dropout=0.1, max_len=512):
        super(PositionalEncoding, self).__init__()

        pe = torch.zeros(max_len, d_model)
        position = torch.arange(0, max_len, dtype=torch.float).unsqueeze(1)
        div_term = torch.exp(torch.arange(0, d_model, 2).float() * (-math.log
(10000.0) / d_model))
        pe[:, 0::2] = torch.sin(position * div_term) # 对偶数位置编码
        pe[:, 1::2] = torch.cos(position * div_term) # 对奇数位置编码
        pe = pe.unsqueeze(0).transpose(0, 1)
        self.register_buffer('pe', pe) # 不对位置编码层求梯度

    def forward(self, x):
        x = x + self.pe[:x.size(0), :] # 输入的词向量与位置编码相加
        return x
```

4.7 词性标注实战

本节介绍如何使用前面介绍的深度学习模型，实现一个词性标注系统，该系统也可以扩展实现其他的序列标注任务。

4.7.1 基于前馈神经网络的词性标注

首先介绍如何使用多层感知器实现词性标注。与情感分类类似，可以将词性标注任务看作多类别文本分类问题，即取目标词的上下文词作为输入，目标词的词性作为输出类别。由于上下文一般不取太大（如除目标词自身外，还可以左右各取一或两个词），而且上下文中的词所处位置对于目标词的词性判断也比较关键（如一个词在目标词的左侧还是右侧的意义并不相同），因此一般将上下文的词向量进行拼接，构成多层感知器的输入。这种方法又叫作基于窗口（Window）的方法。

与多层感知器类似，可以用另外一种前馈神经网络，即卷积神经网络实现词性标注。与多层感知器不同的是，可以使用卷积神经网络对更长的上下文进行表示。

从代码角度来讲，两种前馈神经网络实现的大部分代码与文本分类问题（如4.6节介绍的情感分类问题）的实现是相同的，只是数据处理稍有不同，因此在此不再赘述，读者可自行实现。

4.7.2 基于循环神经网络的词性标注

基于多层感知器的词性标注每次只能取有限的上下文作为模型的输入，而基于循环神经网络的模型可以使用更长的上下文，因此更适合序列标注问题。此处以 NLTK 提供的宾州树库（Penn Treebank）样例数据为例，介绍如何使用 LSTM 循环神经网络进行词性标注。

首先加载宾州树库的词性标注语料库，代码如下。

```python
def load_treebank():
    from nltk.corpus import treebank
    # sents存储全部经过标记化的句子
    # postags存储每个标记对应的词性标注结果
    sents, postags = zip(*(zip(*sent) for sent in treebank.tagged_sents()))

    # "<pad>"为预留的用于补齐序列长度的标记
    vocab = Vocab.build(sents, reserved_tokens=["<pad>"])

    # 字符串表示的词性标注标签，也需要使用词表映射为索引值
    tag_vocab = Vocab.build(postags)
```

```
# 前3,000句作为训练数据
train_data = [(vocab.convert_tokens_to_ids(sentence), tag_vocab.
convert_tokens_to_ids(tags)) for sentence, tags in zip(sents[:3000],
postags[:3000])]
# 其余的作为测试数据
test_data = [(vocab.convert_tokens_to_ids(sentence), tag_vocab.
convert_tokens_to_ids(tags)) for sentence, tags in zip(sents[3000:],
postags[3000:])]

return train_data, test_data, vocab, tag_vocab
```

然后，可以通过执行 num_class = len(pos_vocab) 获得类别数，即词性标签的个数。接下来还需要修改 collate_fn 函数。

```
def collate_fn(examples):
    lengths = torch.tensor([len(ex[0]) for ex in examples])
    inputs = [torch.tensor(ex[0]) for ex in examples]
    # 此处和文本分类问题不同，每个序列不只有一个答案，而是每个标记对应一个答案
    targets = [torch.tensor(ex[1]) for ex in examples]
    # 对输入序列和输出序列都进行补齐
    inputs = pad_sequence(inputs, batch_first=True, padding_value=vocab["<pad>
"])
    targets = pad_sequence(targets, batch_first=True, padding_value=vocab["<
pad>"])
    # 返回结果增加了最后一项，即mask项，用于记录哪些是序列实际的有效标记
    return inputs, lengths, targets, inputs != vocab["<pad>"]
```

模型部分基本与文本分类中的一致，除了以下代码中注释标注的两行。

```
class LSTM(nn.Module):
    def __init__(self, vocab_size, embedding_dim, hidden_dim, num_class):
        super(LSTM, self).__init__()
        self.embeddings = nn.Embedding(vocab_size, embedding_dim)
        self.lstm = nn.LSTM(embedding_dim, hidden_dim, batch_first=True)
        self.output = nn.Linear(hidden_dim, num_class)

    def forward(self, inputs, lengths):
        embeddings = self.embeddings(inputs)
        x_pack = pack_padded_sequence(embeddings, lengths, batch_first=True,
enforce_sorted=False)
        hidden, (hn, cn) = self.lstm(x_pack)
```

```
# pad_packed_sequence函数与pack_padded_sequence相反，是对打包的序列进行
# 解包，即还原成结尾经过补齐的多个序列
hidden, _ = pad_packed_sequence(hidden, batch_first=True)
# 在文本分类中，仅使用最后一个状态的隐含层（hc），而在序列标注中，需要
# 使用序列全部状态的隐含层（hidden）
outputs = self.output(hidden)
log_probs = F.log_softmax(outputs, dim=-1)
return log_probs
```

最后，在训练阶段和预测阶段，需要使用 mask 来保证仅对有效的标记求损失、对正确预测结果以及总的标记计数。即 `loss = nll_loss(log_probs[mask], targets[mask])`，`acc += (output.argmax(dim=-1) == targets)[mask].sum().item()` 和 `total += mask.sum().item()`。

4.7.3 基于 Transformer 的词性标注

基于 Transformer 实现词性标注相当于将基于 Transformer 实现的情感分类与基于 LSTM 实现的词性标注相融合。其中，`collate_fn` 函数与 LSTM 词性标注中的相同。`Transformer` 层的实现与 Transformer 情感分类基本相同，只有在 `forward` 函数中需要取序列中每个输入对应的隐含层并计算概率，而不是第 1 个输入的隐含层（代表整个序列）。具体修改如下。

```
def forward(self, inputs, lengths):
    inputs = torch.transpose(inputs, 0, 1)
    hidden_states = self.embeddings(inputs)
    hidden_states = self.position_embedding(hidden_states)
    attention_mask = length_to_mask(lengths) == False
    hidden_states = self.transformer(hidden_states, src_key_padding_mask=
attention_mask).transpose(0, 1) # 最后的转置操作将数据还原为batch_first
    logits = self.output(hidden_states)
    # 取序列中每个输入的隐含层。而在情感分类中，首先需要执行hidden_states =
    # hidden_states[0, :, :]，即取第1个输入的隐含层
    log_probs = F.log_softmax(logits, dim=-1)
    return log_probs
```

4.8 小结

本章主要介绍了四种在自然语言处理中常用的神经网络模型，包括多层感知器模型、卷积神经网络、循环神经网络和以 Transformer 为代表的注意力模型，并给出了每种模型的 PyTorch 调用代码。虽然模型各异，但是它们的训练步骤基本

是一致的，因此本章介绍了统一的模型训练过程。最后，以情感分类和词性标注两个有代表性的任务为例，介绍了文本分类和序列标注两类自然语言处理中的典型任务，并详细说明了如何使用前面介绍的四种模型解决这两类任务。有了本章介绍的基础知识，读者就可以解决一些简单的自然语言处理任务，但是如何进一步提高系统的准确率，还需要使用本书后续章节将要介绍的预训练模型。

习题

4.1 试证明 Sigmoid 函数 $y = \frac{1}{1+e^{-z}}$ 的导数为 $y' = y(1-y)$。

4.2 式 (4-5) 中，如何解决 z_i 过大，导致 e^{z_i} 数值溢出的问题？

4.3 若去掉式 (4-11) 中的 ReLU 激活函数，该多层感知器是否还能处理异或问题？为什么？

4.4 在使用卷积神经网络时，如何解决有用特征长度大于卷积核宽度的问题？

4.5 在循环神经网络中，各时刻共享权重的机制有何优缺点？

4.6 在处理长距离依赖关系时，原始的循环神经网络与长短时记忆网络（LSTM）在机制上有何本质的区别？

4.7 在 Transformer 中，使用绝对位置的词向量或编码有何缺点？针对该缺点有何解决方案？

4.8 实际运行本章处理情感分类和词性标注问题的代码，并对比各种模型的准确率，然后尝试使用多种方法提高每种模型的准确率。

## 第 5 章

静态词向量预训练模型

　　文本的有序性以及词与词之间的共现信息为自然语言处理提供了天然的自监督学习信号，使得系统无须额外人工标注也能够从文本中习得知识。本章将介绍几种静态词向量的预训练技术，主要包括基于语言模型和基于词共现两类方法，展示如何从未标注文本中通过自监督学习获取单词级别的语义表示，并提供常用模型的具体代码实现。

5.1 神经网络语言模型

5.1.1 概述

本书 2.2.1 节介绍了语言模型的基本概念，以及经典的基于离散符号表示的 N 元语言模型（N-gram Language Model）。从语言模型的角度来看，N 元语言模型存在明显的缺点。首先，模型容易受到数据稀疏的影响，一般需要对模型进行平滑处理；其次，无法对长度超过 N 的上下文依赖关系进行建模。神经网络语言模型（Neural Network Language Model）在一定程度上克服了这些问题。一方面，通过引入词的分布式表示，也就是词向量（2.1.3节），大大缓解了数据稀疏带来的影响；另一方面，利用更先进的神经网络模型结构（如循环神经网络、Transformer 等），可以对长距离上下文依赖进行有效的建模。

正因为这些优异的特性，加上语言模型任务本身无须人工标注数据的优势，神经网络语言模型几乎已经替代 N 元语言模型，成为现代自然语言处理中最重要的基础技术之一；同时，也是本书重点关注的自然语言预训练技术的核心。本节将从最基本的前馈神经网络语言模型出发，介绍如何在大规模无标注文本数据上进行静态词向量的预训练；然后，介绍基于循环神经网络的语言模型，通过引入更丰富的长距离历史信息，进一步提升静态词向量的表示能力。

5.1.2 预训练任务

给定一段文本 $w_1 w_2 \cdots w_n$，语言模型的基本任务是根据历史上下文对下一时刻的词进行预测，也就是计算条件概率 $P(w_t | w_1 w_2 \cdots w_{t-1})$。为了构建语言模型，可以将其转化为以词表为类别标签集合的分类问题，其输入为历史词序列 $w_1 w_2 \cdots w_{t-1}$（也记作 $w_{1:t-1}$），输出为目标词 w_t。然后就可以从无标注的文本语料中构建训练数据集，并通过优化该数据集上的分类损失（如交叉熵损失或负对数似然损失，见 4.5 节）对模型进行训练。由于监督信号来自数据自身，因此这种学习方式也被称为自监督学习（Self-supervised Learning）。

在讨论模型的具体实现方式之前，首先面临的一个问题是：如何处理动态长度的历史词序列（模型输入）？一个直观的想法是使用词袋表示，但是这种表示方式忽略了词的顺序信息，语义表达能力非常有限。本节将介绍前馈神经网络语言模型（Feed-forward Neural Network Language Model）以及循环神经网络语言模型（Recurrent Neural Network Language Model，RNNLM），分别从数据和模型的角度解决这一问题。

1. 前馈神经网络语言模型

前馈神经网络语言模型[4]利用了传统 N 元语言模型中的马尔可夫假设（Markov Assumption）——对下一个词的预测只与历史中最近的 $n-1$ 个词相关。从形式上看：

$$P(w_t|w_{1:t-1}) = P(w_t|w_{t-n+1:t-1}) \tag{5-1}$$

因此，模型的输入变成了长度为 $n-1$ 的定长词序列 $w_{t-n+1:t-1}$，模型的任务也转化为对条件概率 $P(w_t|w_{t-n+1:t-1})$ 进行估计。

前馈神经网络由输入层、词向量层、隐含层和输出层构成。在前馈神经网络语言模型中，词向量层首先对输入层长为 $n-1$ 的历史词序列 $w_{t-n+1:t-1}$ 进行编码，将每个词表示为一个低维的实数向量，即词向量；然后，隐含层对词向量层进行线性变换，并使用激活函数实现非线性映射；最后，输出层通过线性变换将隐含层向量映射至词表空间，再通过 Softmax 函数得到在词表上的归一化的概率分布，如图 5-1 所示。

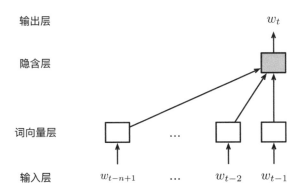

图 5-1　前馈神经网络语言模型示意图

（1）输入层。模型的输入层由当前时刻 t 的历史词序列 $w_{t-n+1:t-1}$ 构成，主要为离散的符号表示。在具体实现中，既可以使用每个词的独热编码（One-Hot Encoding），也可以直接使用每个词在词表中的位置下标。

（2）词向量层。词向量层将输入层中的每个词分别映射至一个低维、稠密的实值特征向量。词向量层也可以理解为一个查找表（Look-up Table），获取词向量的过程，也就是根据词的索引从查找表中找出对应位置的向量的过程。

$$\boldsymbol{x} = [\boldsymbol{v}_{w_{t-n+1}}; \cdots; \boldsymbol{v}_{w_{t-2}}; \boldsymbol{v}_{w_{t-1}}] \tag{5-2}$$

式中，$\boldsymbol{v}_w \in \mathbb{R}^d$ 表示词 w 的 d 维词向量（$d \ll |\mathbb{V}|$，$\mathbb{V}$ 为词表）；$\boldsymbol{x} \in \mathbb{R}^{(n-1)d}$ 表示历史序列中所有词向量拼接之后的结果。若定义词向量矩阵为 $\boldsymbol{E} \in \mathbb{R}^{d \times |\mathbb{V}|}$，那

么 $\boldsymbol{v}_w$ 即为 $\boldsymbol{E}$ 中与 w 对应的列向量，也可以表示为 $\boldsymbol{E}$ 与 w 的独热编码 $\boldsymbol{e}_w$ 之间的点积。

（3）隐含层。模型的隐含层对词向量层 $\boldsymbol{x}$ 进行线性变换与激活。令 $\boldsymbol{W}^{\text{hid}} \in \mathbb{R}^{m \times (n-1)d}$ 为输入层到隐含层之间的线性变换矩阵，$\boldsymbol{b}^{\text{hid}} \in \mathbb{R}^m$ 为偏置项，m 为隐含层维度。隐含层可以表示为：

$$\boldsymbol{h} = f(\boldsymbol{W}^{\text{hid}}\boldsymbol{x} + \boldsymbol{b}^{\text{hid}}) \tag{5-3}$$

式中，f 是激活函数。常用的激活函数有 Sigmoid、tanh 和 ReLU 等，参考第 4 章的介绍。

（4）输出层。模型的输出层对 $\boldsymbol{h}$ 做线性变换，并利用 Softmax 函数进行归一化，从而获得词表 $\mathbb{V}$ 空间内的概率分布。令 $\boldsymbol{W}^{\text{out}} \in \mathbb{R}^{|\mathbb{V}| \times m}$ 为隐含层到输出层之间的线性变换矩阵，相应的偏置项为 $\boldsymbol{b}^{\text{out}}$。输出层可由下式计算：

$$\boldsymbol{y} = \text{Softmax}(\boldsymbol{W}^{\text{out}}\boldsymbol{h} + \boldsymbol{b}^{\text{out}}) \tag{5-4}$$

综上所述，前馈神经网络语言模型的自由参数包含词向量矩阵 $\boldsymbol{E}$，词向量层与隐含层之间的权值矩阵 $\boldsymbol{W}^{\text{hid}}$ 及偏置项 $\boldsymbol{b}^{\text{hid}}$，隐含层与输出层之间的权值矩阵 $\boldsymbol{W}^{\text{out}}$ 与偏置项 $\boldsymbol{b}^{\text{out}}$，可以记为：

$$\boldsymbol{\theta} = \{\boldsymbol{E}, \boldsymbol{W}^{\text{hid}}, \boldsymbol{b}^{\text{hid}}, \boldsymbol{W}^{\text{out}}, \boldsymbol{b}^{\text{out}}\}$$

参数数量为 $|\mathbb{V}| \times d + m \times (n-1)d + m + |\mathbb{V}| \times m + |\mathbb{V}|$，即 $|\mathbb{V}|(1+m+d) + m(1+(n-1)d)$。由于 m 和 d 是常数，所以，模型的自由参数数量随词表大小呈线性增长，且 n 的增大并不会显著增加参数的数量。另外，词向量维度 d、隐含层维度 m 和输入序列长度 $n-1$ 等超参数的调优需要在开发集上进行。

模型训练完成后，矩阵 $\boldsymbol{E}$ 则为预训练得到的静态词向量。

2. 循环神经网络语言模型

在前馈神经网络语言模型中，对下一个词的预测需要回看多长的历史是由超参数 n 决定的。但是，不同的句子对历史长度 n 的期望往往是变化的。例如，对于句子"他 喜欢 吃 苹果"，根据"吃"容易推测出，下画线处的词有很大概率是一种食物。因此，只需要考虑较短的历史就足够了。而对于结构较为复杂的句子，如"他 感冒 了 ， 于是 下班 之后 去 了 医院"，则需要看到较长的历史（"感冒"）才能合理地预测出目标词"医院"。

循环神经网络语言模型[5] 正是为了处理这种不定长依赖而设计的一种语言模型。循环神经网络是用来处理序列数据的一种神经网络（4.3节），而自然语言正好满足这种序列结构性质。循环神经网络语言模型中的每一时刻都维护一个隐含状态，该状态蕴含了当前词的所有历史信息，且与当前词一起被作为下一时刻的输入。这个随时刻变化而不断更新的隐含状态也被称作记忆（Memory）。

图 5-2 展示了循环神经网络语言模型的基本结构。

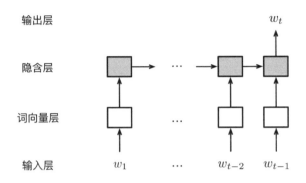

图 5-2　循环神经网络语言模型的基本结构

（1）输入层。与前馈神经网络语言模型不同，由于模型不再受限于历史上下文的长度，所以此时输入层可由完整的历史词序列构成，即 $w_{1:t-1}$。

（2）词向量层。与前馈神经网络语言模型类似，输入的词序列首先由词向量层映射至相应的词向量表示。那么，在 t 时刻的输入将由其前一个词 w_{t-1} 的词向量以及 $t-1$ 时刻的隐含状态 h_{t-1} 组成。令 w_0 为句子起始标记（如 "<bos>"），h_0 为初始隐含层向量（可使用 $\mathbf{0}$ 向量），则 t 时刻的输入可以表示为：

$$\boldsymbol{x}_t = [\boldsymbol{v}_{w_{t-1}}; \boldsymbol{h}_{t-1}] \tag{5-5}$$

（3）隐含层。隐含层的计算与前馈神经网络语言模型类似，由线性变换与激活函数构成。

$$\boldsymbol{h}_t = \tanh(\boldsymbol{W}^{\text{hid}}\boldsymbol{x}_t + \boldsymbol{b}^{\text{hid}}) \tag{5-6}$$

式中，$\boldsymbol{W}^{\text{hid}} \in \mathbb{R}^{m \times (d+m)}$；$\boldsymbol{b}^{\text{hid}} \in \mathbb{R}^m$。$\boldsymbol{W}^{\text{hid}}$ 实际上由两部分构成，即 $\boldsymbol{W}^{\text{hid}} = [\boldsymbol{U}; \boldsymbol{V}]$，$\boldsymbol{U} \in \mathbb{R}^{m \times d}$、$\boldsymbol{V} \in \mathbb{R}^{m \times m}$ 分别是 $\boldsymbol{v}_{w_{t-1}}$、$\boldsymbol{h}_{t-1}$ 与隐含层之间的权值矩阵。为了体现循环神经网络的递归特性，在书写时常常将两者区分开：

$$\boldsymbol{h}_t = \tanh(\boldsymbol{U}\boldsymbol{v}_{w_{t-1}} + \boldsymbol{V}\boldsymbol{h}_{t-1} + \boldsymbol{b}^{\text{hid}}) \tag{5-7}$$

（4）输出层。最后，在输出层计算 t 时刻词表上的概率分布：

$$\boldsymbol{y}_t = \text{Softmax}(\boldsymbol{W}^{\text{out}}\boldsymbol{h}_t + \boldsymbol{b}^{\text{out}}) \tag{5-8}$$

式中，$W^{out} \in \mathbb{R}^{|\mathbb{V}| \times m}$。

以上只是循环神经网络最基本的形式，当序列较长时，训练阶段会存在梯度弥散（Vanishing gradient）或者梯度爆炸（Exploding gradient）的风险。为了应对这一问题，以前的做法是在梯度反向传播的过程中按长度进行截断（Truncated Back-propagation Through Time），从而使得模型能够得到有效的训练，但是与此同时，也减弱了模型对于长距离依赖的建模能力。这种做法一直持续到 2015 年左右，之后被含有门控机制的循环神经网络，如长短时记忆网络（LSTM）（4.3节）代替。

5.1.3 模型实现

1. 数据准备

本章将使用 NLTK 中提供的 Reuters 语料库，该语料库被广泛用于文本分类任务，其中包含 10788 篇新闻类文档，每篇文档具有 1 个或多个类别。这里忽略数据中的文本类别信息，而只使用其中的文本数据进行词向量的训练。由于在语言模型的训练过程中需要引入一些预留的标记，例如句首标记、句尾标记，以及在构建批次（Batch）时用于补齐序列长度的标记（Padding token）等，因此首先定义以下常量：

```
BOS_TOKEN = "<bos>" # 句首标记
EOS_TOKEN = "<eos>" # 包尾标记
PAD_TOKEN = "<pad>" # 补齐标记
```

然后，加载 Reuters 语料库并构建数据集，同时建立词表，这里需要用到第 4 章的 Vocab 类。

```
def load_reuters():
    # 从NLTK中导入Reuters数据处理模块
    from nltk.corpus import reuters
    # 获取Reuters数据中的所有句子（已完成标记解析）
    text = reuters.sents()
    # （可选）将语料中的词转换为小写
    text = [[word.lower() for word in sentence] for sentence in text]
    # 构建词表，并传入预留标记
    vocab = Vocab.build(text, reserved_tokens=[PAD_TOKEN, BOS_TOKEN, EOS_TOKEN
])
    # 利用词表将文本数据转换为id表示
    corpus = [vocab.convert_tokens_to_ids(sentence) for sentence in text]
    return corpus, vocab
```

接下来，将分别给出前馈神经网络语言模型与循环神经网络语言模型的 Py-
Torch 实现。本章所有模型的实现都将按照"数据 + 模型 + 训练算法"的框架
组织。

2. 前馈神经网络语言模型

（1）数据。首先，创建前馈神经网络语言模型的数据处理类 `NGramDataset`。
该类将实现前馈神经网络语言模型的训练数据构建与存取功能。具体代码如下。

```python
# 从Dataset类（在torch.utils.data中定义）中派生出一个子类
class NGramDataset(Dataset):
    def __init__(self, corpus, vocab, context_size=2):
        self.data = []
        self.bos = vocab[BOS_TOKEN] # 句首标记id
        self.eos = vocab[EOS_TOKEN] # 句尾标记id
        for sentence in tqdm(corpus, desc="Dataset Construction"):
            # 插入句首、句尾标记符
            sentence = [self.bos] + sentence + [self.eos]
            # 如句子长度小于预定义的上下文大小，则跳过
            if len(sentence) < context_size:
                continue
            for i in range(context_size, len(sentence)):
                # 模型输入：长度为context_size的上文
                context = sentence[i-context_size:i]
                # 模型输出：当前词
                target = sentence[i]
                # 每个训练样本由(context, target)构成
                self.data.append((context, target))

    def __len__(self):
        return len(self.data)

    def __getitem__(self, i):
        return self.data[i]

    def collate_fn(self, examples):
        # 从独立样本集合中构建批次的输入输出，并转换为PyTorch张量类型
        inputs = torch.tensor([ex[0] for ex in examples], dtype=torch.long)
        targets = torch.tensor([ex[1] for ex in examples], dtype=torch.long)
        return (inputs, targets)
```

（2）模型。接下来，创建前馈神经网络语言模型类 FeedForwardNNLM，模型的参数主要包含词向量层、由词向量层到隐含层，由隐含层再到输出层的线性变换参数。具体代码如下。

```python
class FeedForwardNNLM(nn.Module):
    def __init__(self, vocab_size, embedding_dim, context_size, hidden_dim):
        super(FeedForwardNNLM, self).__init__()
        # 词向量层
        self.embeddings = nn.Embedding(vocab_size, embedding_dim)
        # 线性变换：词向量层->隐含层
        self.linear1 = nn.Linear(context_size * embedding_dim, hidden_dim)
        # 线性变换：隐含层->输出层
        self.linear2 = nn.Linear(hidden_dim, vocab_size)
        # 使用ReLU激活函数
        self.activate = F.relu

    def forward(self, inputs):
        # 将输入词序列映射为词向量，并通过view函数对映射后的词向量序列组成的
        # 三维张量进行重构，以完成词向量的拼接
        embeds = self.embeddings(inputs).view((inputs.shape[0], -1))
        hidden = self.activate(self.linear1(embeds))
        output = self.linear2(hidden)
        # 根据输出层（logits）计算概率分布并取对数，以便计算对数似然
        # 这里采用PyTorch库的log_softmax函数
        log_probs = F.log_softmax(output, dim=1)
        return log_probs
```

（3）训练。在数据与模型都构建完成后，可以对模型进行训练，并在训练完成后导出词向量矩阵。具体实现如下。

```python
# 超参数设置（示例）
embedding_dim = 128  # 词向量维度
hidden_dim = 256     # 隐含层维度
batch_size=1024      # 批次大小
context_size=3       # 输入上下文长度
num_epoch = 10       # 训练迭代次数

# 读取文本数据，构建FFNNLM训练数据集（N-grams）
corpus, vocab = load_reuters()
dataset = NGramDataset(corpus, vocab, context_size)
data_loader = get_loader(dataset, batch_size)
```

```python
# 负对数似然损失函数
nll_loss = nn.NLLLoss()
# 构建FFNNLM，并加载至相应设备
model = FeedForwardNNLM(len(vocab), embedding_dim, context_size, hidden_dim)
model.to(device)
# 使用Adam优化器
optimizer = optim.Adam(model.parameters(), lr=0.001)

model.train()
total_losses = []
for epoch in range(num_epoch):
    total_loss = 0
    for batch in tqdm(data_loader, desc=f"Training Epoch {epoch}"):
        inputs, targets = [x.to(device) for x in batch]
        optimizer.zero_grad()
        log_probs = model(inputs)
        loss = nll_loss(log_probs, targets)
        loss.backward()
        optimizer.step()
        total_loss += loss.item()
    print(f"Loss: {total_loss:.2f}")
    total_losses.append(total_loss)

# 将词向量（model.embeddings）保存至ffnnlm.vec文件
save_pretrained(vocab, model.embeddings.weight.data, "ffnnlm.vec")
```

其中，`save_pretrained` 函数用于保存词表以及训练得到的词向量。

```python
def save_pretrained(vocab, embeds, save_path):
    with open(save_path, "w") as writer:
        # 记录词向量大小
        writer.write(f"{embeds.shape[0]} {embeds.shape[1]}\n")
        for idx, token in enumerate(vocab.idx_to_token):
            vec = " ".join([f"{x}" for x in embeds[idx]])
            # 每一行对应一个单词以及由空格分隔的词向量
            writer.write(f"{token} {vec}\n")
```

将每轮迭代的模型损失绘制成曲线，如图 5-3 所示。可以看到，模型在训练集上的损失随着迭代轮次的增加而不断减小。需要注意的是，由于训练的目标是获取词向量而不是语言模型本身，所以在以上训练过程中，并不需要以模型达到收敛状态（损失停止下降）作为训练终止条件。在实际应用中，由于通常训练数据规模较大，在整个数据集上迭代一定次数之后，便可以获得质量较好的词向量。

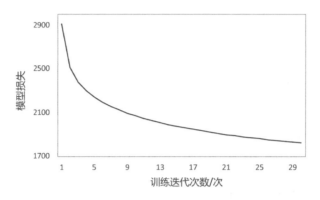

图 5-3　训练过程中模型损失的变化曲线

3. 循环神经网络语言模型

（1）数据。第一步仍然是创建循环神经网络语言模型的数据类 RnnlmDataset，实现训练数据的构建与存取。这里使用序列预测的方式构建训练样本。具体的，对于句子 $w_1 w_2 \cdots w_n$，循环神经网络的输入序列为 <bos> $w_1 w_2 \cdots w_n$，输出序列为 $w_1 w_2 \cdots w_n$ <eos>。与基于定长上下文的前馈神经网络语言模型不同，RNNLM 的输入序列长度是动态变化的，因此在构建批次时，需要对批次内样本进行补齐，使其长度一致。这里使用 PyTorch 库的 pad_sequence 函数对不定长的序列进行自动补全并构建样本批次，具体代码如下。

```python
class RnnlmDataset(Dataset):
    def __init__(self, corpus, vocab):
        self.data = []
        self.bos = vocab[BOS_TOKEN]
        self.eos = vocab[EOS_TOKEN]
        self.pad = vocab[PAD_TOKEN]
        for sentence in tqdm(corpus, desc="Dataset Construction"):
            # 模型输入序列: BOS_TOKEN, w_1, w_2, ..., w_n
            input = [self.bos] + sentence
            # 模型输出序列: w_1, w_2, ..., w_n, EOS_TOKEN
            target = sentence + [self.eos]
            self.data.append((input, target))

    def __len__(self):
```

```
            return len(self.data)

    def __getitem__(self, i):
        return self.data[i]

    def collate_fn(self, examples):
        # 从独立样本集合中构建批次输入输出
        inputs = [torch.tensor(ex[0]) for ex in examples]
        targets = [torch.tensor(ex[1]) for ex in examples]
        # 对批次内的样本进行长度补齐
        inputs = pad_sequence(inputs, batch_first=True, padding_value=self.pad
)
        targets = pad_sequence(targets,batch_first=True,padding_value=self.pad
)
        return (inputs, targets)
```

（2）模型。创建循环神经网络语言模型类 RNNLM。循环神经网络语言模型主要包含词向量层、循环神经网络（这里使用 LSTM）和输出层。具体代码如下。

```
class RNNLM(nn.Module):
    def __init__(self, vocab_size, embedding_dim, hidden_dim):
        super(RNNLM, self).__init__()
        # 词向量层
        self.embeddings = nn.Embedding(vocab_size, embedding_dim)
        # 循环神经网络：这里使用LSTM
        self.rnn = nn.LSTM(embedding_dim, hidden_dim, batch_first=True)
        # 输出层
        self.output = nn.Linear(hidden_dim, vocab_size)

    def forward(self, inputs):
        embeds = self.embeddings(inputs)
        # 计算每一时刻的隐含层表示
        hidden, _ = self.rnn(embeds)
        output = self.output(hidden)
        log_probs = F.log_softmax(output, dim=2)
        return log_probs
```

（3）训练。模型的训练过程与前馈神经网络语言模型的训练基本一致。由于输入输出序列可能较长，因此可以视情况调整批次大小（`batch_size`）。

```
# 读取Reuters文本数据，构建RNNLM训练数据集
corpus, vocab = load_reuters()
```

```
dataset = RnnlmDataset(corpus, vocab)
data_loader = get_loader(dataset, batch_size)

# 负对数似然损失函数，设置ignore_index参数，以忽略PAD_TOKEN处的损失
nll_loss = nn.NLLLoss(ignore_index=dataset.pad)
# 构建RNNLM，并加载至相应设备
model = RNNLM(len(vocab), embedding_dim, hidden_dim)
model.to(device)

# 使用Adam优化器
optimizer = optim.Adam(model.parameters(), lr=0.001)

model.train()
for epoch in range(num_epoch):
    total_loss = 0
    for batch in tqdm(data_loader, desc=f"Training Epoch {epoch}"):
        inputs, targets = [x.to(device) for x in batch]
        optimizer.zero_grad()
        log_probs = model(inputs)
        loss = nll_loss(log_probs.view(-1, log_probs.shape[-1]), targets.view
    (-1))
        loss.backward()
        optimizer.step()
        total_loss += loss.item()
    print(f"Loss: {total_loss:.2f}")

# 将词向量保存至rnnlm.vec文件
save_pretrained(vocab, model.embeddings.weight.data, "rnnlm.vec")
```

5.2 Word2vec 词向量

5.2.1 概述

从词向量学习的角度来看，基于神经网络语言模型的预训练方法存在一个明显的缺点，即当对 t 时刻词进行预测时，模型只利用了历史词序列作为输入，而损失了与"未来"上下文之间的共现信息。本节将介绍一类训练效率更高、表达能力更强的词向量预训练模型——Word2vec [6]，其中包括 CBOW（Continuous Bag-of-Words）模型以及 Skip-gram 模型。这两个模型由 Tomas Mikolov 等人于 2013 年提出，它们不再是严格意义上的语言模型，完全基于词与词之间的共现信息实

现词向量的学习。相应的开源工具 word2vec 被自然语言处理学术界和工业界广泛使用。

1. CBOW 模型

给定一段文本，CBOW 模型的基本思想是根据上下文对目标词进行预测。例如，对于文本 $\cdots w_{t-2} \; w_{t-1} \; \underline{w_t} \; w_{t+1} \; w_{t+2} \cdots$，CBOW 模型的任务是根据一定窗口大小内的上下文 $\mathcal{C}_t$（若取窗口大小为 5，则 $\mathcal{C}_t = \{w_{t-2}, w_{t-1}, w_{l+1}, w_{t+2}\}$）对 t 时刻的词 w_t 进行预测。与神经网络语言模型不同，CBOW 模型不考虑上下文中单词的位置或者顺序，因此模型的输入实际上是一个"词袋"而非序列，这也是模型取名为"Continuous Bag-of-Words"的原因。但是，这并不意味着位置信息毫无用处。相关研究[7] 表明，融入相对位置信息之后所得到的词向量在语法相关的自然语言处理任务（如词性标注、依存句法分析）上表现更好。这里只对其基本形式进行介绍。

CBOW 模型可以表示成图 5-4 所示的前馈神经网络结构。与一般的前馈神经网络相比，CBOW 模型的隐含层只是执行对词向量层取平均的操作，而没有线性变换以及非线性激活的过程。所以，也可以认为 CBOW 模型是没有隐含层的，这也是 CBOW 模型具有高训练效率的主要原因。

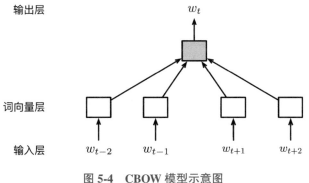

图 5-4　CBOW 模型示意图

（1）输入层。以大小为 5 的上下文窗口为例，在目标词 w_t 左右各取 2 个词作为模型的输入。输入层由 4 个维度为词表长度 $|\mathbb{V}|$ 的独热表示向量构成。

（2）词向量层。输入层中每个词的独热表示向量经由矩阵 $\boldsymbol{E} \in \mathbb{R}^{d \times |\mathbb{V}|}$ 映射至词向量空间：

$$\boldsymbol{v}_{w_i} = \boldsymbol{E} \boldsymbol{e}_{w_i} \tag{5-9}$$

w_i 对应的词向量即为矩阵 $\boldsymbol{E}$ 中相应位置的列向量，$\boldsymbol{E}$ 则为由所有词向量构成的矩阵或查找表。令 $\mathcal{C}_t = \{w_{t-k}, \cdots, w_{t-1}, w_{t+1}, \cdots, w_{t+k}\}$ 表示 w_t 的上下文

单词集合，对 $\mathcal{C}_t$ 中所有词向量取平均，就得到了 w_t 的上下文表示：

$$\boldsymbol{v}_{\mathcal{C}_t} = \frac{1}{|\mathcal{C}_t|} \sum_{w \in \mathcal{C}_t} \boldsymbol{v}_w \tag{5-10}$$

（3）输出层。输出层根据上下文表示对目标词进行预测（分类），与前馈神经网络语言模型基本一致，唯一的不同在于丢弃了线性变换的偏置项。令 $\boldsymbol{E}' \in \mathbb{R}^{|\mathbb{V}| \times d}$ 为隐含层到输出层的权值矩阵，记 $\boldsymbol{v}'_{w_i}$ 为 $\boldsymbol{E}'$ 中与 w_i 对应的行向量，那么输出 w_t 的概率可由下式计算：

$$P(w_t|\mathcal{C}_t) = \frac{\exp(\boldsymbol{v}_{\mathcal{C}_t} \cdot \boldsymbol{v}'_{w_t})}{\sum_{w' \in \mathbb{V}} \exp(\boldsymbol{v}_{\mathcal{C}_t} \cdot \boldsymbol{v}'_{w'})} \tag{5-11}$$

在 CBOW 模型的参数中，矩阵 $\boldsymbol{E}$ 和 $\boldsymbol{E}'$ 均可作为词向量矩阵，它们分别描述了词表中的词在作为条件上下文或目标词时的不同性质。在实际中，通常只用 $\boldsymbol{E}$ 就能够满足应用需求，但是在某些任务中，对两者进行组合得到的向量可能会取得更好的表现。

2. Skip-gram 模型

绝大多数词向量学习模型本质上都是在建立词与其上下文之间的联系。CBOW 模型使用上下文窗口中词的集合作为条件输入预测目标词，即 $P(w_t|\mathcal{C}_t)$，其中 $\mathcal{C}_t = \{w_{t-k}, \cdots, w_{t-1}, w_{t+1}, \cdots, w_{t+k}\}$。而 Skip-gram 模型在此基础之上作了进一步的简化，使用 $\mathcal{C}_t$ 中的每个词作为独立的上下文对目标词进行预测。因此，Skip-gram 模型建立的是词与词之间的共现关系，即 $P(w_t|w_{t+j})$，其中 $j \in \{\pm1, \cdots, \pm k\}$。原文献[6] 对于 Skip-gram 模型的描述是根据当前词 w_t 预测其上下文中的词 w_{t+j}，即 $P(w_{t+j}|w_t)$。这两种形式是等价的，本章采用后一种形式对 Skip-gram 模型进行解释与分析。

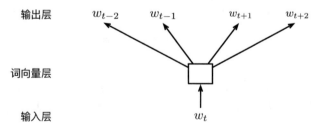

图 5-5　Skip-gram 模型示意图

仍然以 $k = 2$ 为例，Skip-gram 模型可以表示为图 5-5 的结构，其中输入层是当前时刻 w_t 的独热编码，通过矩阵 $\boldsymbol{E}$ 投射至隐含层。此时，隐含层向量即为 w_t 的词向量 $\boldsymbol{v}_{w_t} = \boldsymbol{E}_{w_t}^\top$。根据 $\boldsymbol{v}_{w_t}$，输出层利用线性变换矩阵 $\boldsymbol{E}'$ 对上下文窗口内的词进行独立的预测：

$$P(c|w_t) = \frac{\exp(\boldsymbol{v}_{w_t} \cdot \boldsymbol{v}'_c)}{\sum_{w' \in \mathbb{V}} \exp(\boldsymbol{v}_{w_t} \cdot \boldsymbol{v}'_{w'})} \tag{5-12}$$

式中，$c \in \{w_{t-2}, w_{t-1}, w_{t+1}, w_{t+2}\}$。

与 CBOW 模型类似，Skip-gram 模型中的权值矩阵 $\boldsymbol{E}$ 与 $\boldsymbol{E}'$ 均可作为词向量矩阵使用。

3. 参数估计

与神经网络语言模型类似，可以通过优化分类损失对 CBOW 模型和 Skip-gram 模型进行训练，需要估计的参数为 $\boldsymbol{\theta} = \{\boldsymbol{E}, \boldsymbol{E}'\}$。例如，给定一段长为 T 的词序列 $w_1 w_2 \cdots w_T$，CBOW 模型的负对数似然损失函数为：

$$\mathcal{L}(\boldsymbol{\theta}) = -\sum_{t=1}^{T} \log P(w_t | \mathcal{C}_t) \tag{5-13}$$

式中，$\mathcal{C}_t = \{w_{t-k}, \cdots, w_{t-1}, w_{t+1}, \cdots, w_{t+k}\}$。

Skip-gram 模型的负对数似然损失函数为：

$$\mathcal{L}(\boldsymbol{\theta}) = -\sum_{t=1}^{T} \sum_{-k \leqslant j \leqslant k, j \neq 0} \log P(w_{t+j} | w_t) \tag{5-14}$$

5.2.2　负采样

目前介绍的词向量预训练模型可以归纳为对目标词的条件预测任务，如根据上下文预测当前词（CBOW 模型）或者根据当前词预测上下文（Skip-gram 模型）。当词表规模较大且计算资源有限时，这类模型的训练过程会受到输出层概率归一化（Normalization）计算效率的影响。负采样方法则提供了一种新的任务视角：给定当前词与其上下文，最大化两者共现的概率。这样一来，问题就被简化为对于 (w, c) 的二元分类问题（共现或者非共现），从而规避了大词表上的归一化计算。令 $P(D = 1|w, c)$ 表示 c 与 w 共现的概率：

$$P(D = 1|w, c) = \sigma(\boldsymbol{v}_w \cdot \boldsymbol{v}'_c) \tag{5-15}$$

那么，两者不共现的概率则为：

$$\begin{aligned} P(D = 0|w, c) &= 1 - P(D = 1|w, c) \\ &= \sigma(-\boldsymbol{v}_w \cdot \boldsymbol{v}'_c) \end{aligned} \tag{5-16}$$

负采样算法适用于不同的 (w, c) 定义形式。例如，在 Skip-gram 模型中，$w = w_t, c = w_{t+j}$。若使用负采样方法估计，(w_t, w_{t+j}) 则为满足共现条件的一对正样本，对应的类别 $D = 1$。与此同时，对 c 进行若干次负采样，得到 K 个不出现在 w_t 上下文窗口内的词语，记为 $\tilde{w}_i(i = 1, \cdots, K)$。对于 $(w_t, \tilde{w}_i)$，其类别 $D = 0$。

将式 (5-14) 中的对数似然 $\log P(w_{t+j}|w_t)$ 替换为如下形式：

$$\log \sigma(\boldsymbol{v}_{w_t} \cdot \boldsymbol{v}'_{w_{t+j}}) + \sum_{i=1}^{K} \log \sigma(-\boldsymbol{v}_{w_t} \cdot \boldsymbol{v}'_{\tilde{w}_i}) \tag{5-17}$$

就得到了基于负采样方法的 Skip-gram 模型损失函数。其中，$\{\tilde{w}_i|i = 1, 2, \cdots, K\}$ 根据分布 $P_n(w)$ 采样得到，即 $\tilde{w}_i \sim P_n(w)$。假设 $P_1(w)$ 表示从训练语料中统计得到的 Unigram 分布，目前被证明具有较好实际效果的一种负采样分布则为 $P_n(w) \propto P_1(w)^{3/4}$。

在 CBOW 模型中，通过对 w_t 进行负采样，同样能够获得对应于正样本 $(\mathcal{C}_t, w_t)$ 的负样本集合，进而采用同样的方法构建损失函数并进行参数估计。

5.2.3 模型实现

本节将给出 CBOW 模型与 Skip-gram 模型的 PyTorch 实现。所有实现仍然沿用"数据 + 模型 + 训练算法"的框架。其中，CBOW 与 Skip-gram 模型（非负采样）的训练算法与前面介绍的神经网络语言模型基本一致，这里不再赘述，只给出其数据类与模型类的实现方法。

1. CBOW 模型

（1）数据。首先定义 CBOW 模型的数据构建与存取模块 CbowDataset。CBOW 模型的输入为一定上下文窗口内的词（集合），输出为当前词。

```
class CbowDataset(Dataset):
    def __init__(self, corpus, vocab, context_size=2):
        self.data = []
        self.bos = vocab[BOS_TOKEN]
        self.eos = vocab[EOS_TOKEN]
        for sentence in tqdm(corpus, desc="Dataset Construction"):
            sentence = [self.bos] + sentence + [self.eos]
            # 如句子长度不足以构建（上下文、目标词）训练样本，则跳过
            if len(sentence) < context_size * 2 + 1:
                continue
            for i in range(context_size, len(sentence) - context_size):
                # 模型输入：左右分别取context_size长度的上下文
                context = sentence[i-context_size:i] + sentence[i+1:i+
context_size+1]
                # 模型输出：当前词
```

```
            target = sentence[i]
            self.data.append((context, target))
```

（2）模型。CBOW 模型结构与前馈神经网络较为接近，区别在于隐含层完全线性化，只需要对输入层向量取平均。CbowModel 类的实现如下。

```
class CbowModel(nn.Module):
    def __init__(self, vocab_size, embedding_dim):
        super(CbowModel, self).__init__()
        # 词向量层
        self.embeddings = nn.Embedding(vocab_size, embedding_dim)
        # 输出层
        self.output = nn.Linear(embedding_dim, vocab_size, bias=False)

    def forward(self, inputs):
        embeds = self.embeddings(inputs)
        # 计算隐含层：对上下文词向量取平均
        hidden = embeds.mean(dim=1)
        output = self.output(hidden)
        log_probs = F.log_softmax(output, dim=1)
        return log_probs
```

2. Skip-gram 模型

（1）数据。Skip-gram 模型的数据输入输出与 CBOW 模型接近，主要区别在于输入输出都是单个词，即在一定上下文窗口大小内共现的词对。

```
class SkipGramDataset(Dataset):
    def __init__(self, corpus, vocab, context_size=2):
        self.data = []
        self.bos = vocab[BOS_TOKEN]
        self.eos = vocab[EOS_TOKEN]
        for sentence in tqdm(corpus, desc="Dataset Construction"):
            sentence = [self.bos] + sentence + [self.eos]
            for i in range(1, len(sentence)-1):
                # 模型输入：当前词
                w = sentence[i]
                # 模型输出：一定上下文窗口大小内共现的词对
                left_context_index = max(0, i - context_size)
                right_context_index = min(len(sentence), i + context_size)
                context = sentence[left_context_index:i] + sentence[i+1:
    right_context_index+1]
```

```
                    self.data.extend([(w, c) for c in context])
```

（2）**模型**。Skip-gram 模型的实现代码如下。

```
class SkipGramModel(nn.Module):
    def __init__(self, vocab_size, embedding_dim):
        super(SkipGramModel, self).__init__()
        self.embeddings = nn.Embedding(vocab_size, embedding_dim)
        self.output = nn.Linear(embedding_dim, vocab_size, bias=False)


    def forward(self, inputs):
        embeds = self.embeddings(inputs)
        # 根据当前词的词向量，对上下文进行预测（分类）
        output = self.output(embeds)
        log_probs = F.log_softmax(output, dim=1)
        return log_probs
```

3. 基于负采样的 Skip-gram 模型

（1）**数据**。在基于负采样的 Skip-gram 模型中，对于每个训练（正）样本，需要根据某个负采样概率分布生成相应的负样本，同时需要保证负样本不包含当前上下文窗口内的词。一种实现方式是，在构建训练数据的过程中就完成负样本的生成，这样在训练时直接读取负样本即可。这样做的优点是训练过程无须再进行负采样，因而效率较高；缺点是每次迭代使用的是同样的负样本，缺乏多样性。这里采用在训练过程中实时进行负采样的实现方式，通过数据类 SGNSDataset 的 collate_fn 函数完成负采样。

```
class SGNSDataset(Dataset):
    def __init__(self, corpus, vocab, context_size=2, n_negatives=5, ns_dist=
    None):
        self.data = []
        self.bos = vocab[BOS_TOKEN]
        self.eos = vocab[EOS_TOKEN]
        self.pad = vocab[PAD_TOKEN]
        for sentence in tqdm(corpus, desc="Dataset Construction"):
            sentence = [self.bos] + sentence + [self.eos]
            for i in range(1, len(sentence)-1):
                # 模型输入：(w, context)；输出为0/1，表示context是否为负样本
                w = sentence[i]
                left_context_index = max(0, i - context_size)
                right_context_index = min(len(sentence), i + context_size)
```

```
                context = sentence[left_context_index:i] + sentence[i+1:
    right_context_index+1]
                context += [self.pad] * (2 * context_size - len(context))
                self.data.append((w, context))

            # 负样本数量
            self.n_negatives = n_negatives
            # 负采样分布：若参数ns_dist为None，则使用均匀分布（从词表中均匀采样）
            self.ns_dist = ns_dist if ns_dist else torch.ones(len(vocab))

    def __len__(self):
        return len(self.data)


    def __getitem__(self, i):
        return self.data[i]


    def collate_fn(self, examples):
        words = torch.tensor([ex[0] for ex in examples], dtype=torch.long)
        contexts = torch.tensor([ex[1] for ex in examples], dtype=torch.long)
        batch_size, context_size = contexts.shape
        neg_contexts = []
        # 对批次内的样本分别进行负采样
        for i in range(batch_size):
            # 保证负样本不包含当前样本中的context
            ns_dist = self.ns_dist.index_fill(0, contexts[i], .0)
            neg_contexts.append(torch.multinomial(ns_dist, self.n_negatives *
    context_size, replacement=True))
        neg_contexts = torch.stack(neg_contexts, dim=0)
        return words, contexts, neg_contexts
```

（2）模型。在模型类中维护两个词向量层 w_embeddings 和 c_embeddings，分别用于词与上下文的向量表示。

```
class SGNSModel(nn.Module):
    def __init__(self, vocab_size, embedding_dim):
        super(SGNSModel, self).__init__()
        # 词向量
        self.w_embeddings = nn.Embedding(vocab_size, embedding_dim)
        # 上下文向量
        self.c_embeddings = nn.Embedding(vocab_size, embedding_dim)
```

```
    def forward_w(self, words):
        w_embeds = self.w_embeddings(words)
        return w_embeds


    def forward_c(self, contexts):
        c_embeds = self.c_embeddings(contexts)
        return c_embeds
```

（3）训练。首先，编写函数从训练语料中统计 Unigram 出现次数并计算概率分布。

```
def get_unigram_distribution(corpus, vocab_size):
    # 从给定语料中计算Unigram概率分布
    token_counts = torch.tensor([0] * vocab_size)
    total_count = 0
    for sentence in corpus:
        total_count += len(sentence)
        for token in sentence:
            token_counts[token] += 1
    unigram_dist = torch.div(token_counts.float(), total_count)
    return unigram_dist
```

接下来是具体的训练过程，这里根据式 (5-17) 来计算总体损失函数，与前文神经网络语言模型直接使用负对数似然损失有所区别。[1]

```
# 设置超参数（示例）
embedding_dim = 128
context_size = 3
batch_size = 1024
n_negatives = 5 # 负样本数量
num_epoch = 10


# 读取文本数据
corpus, vocab = load_reuters()
# 计算Unigram概率分布
unigram_dist = get_unigram_distribution(corpus, len(vocab))
# 根据Unigram概率分布计算负采样分布: p(w)**0.75
negative_sampling_dist = unigram_dist ** 0.75
negative_sampling_dist /= negative_sampling_dist.sum()
```

---

[1] 另一种实现方式是事先构建好所有的正样本与负样本集合，并以二元分类模型的方式进行训练。尽管这种实现方式更为简单，但是其负样本的多样性相比于本节所采用的实时采样方法要低。

```python
# 构建SGNS训练数据集
dataset = SGNSDataset(
    corpus,
    vocab,
    context_size=context_size,
    n_negatives=n_negatives,
    ns_dist=negative_sampling_dist
)
data_loader = get_loader(dataset, batch_size)

model = SGNSModel(len(vocab), embedding_dim)
model.to(device)
optimizer = optim.Adam(model.parameters(), lr=0.001)

model.train()
for epoch in range(num_epoch):
    total_loss = 0
    for batch in tqdm(data_loader, desc=f"Training Epoch {epoch}"):
        words, contexts, neg_contexts = [x.to(device) for x in batch]
        optimizer.zero_grad()
        batch_size = words.shape[0]
        # 分别提取批次内词、上下文和负样本的向量表示
        word_embeds = model.forward_w(words).unsqueeze(dim=2)
        context_embeds = model.forward_c(contexts)
        neg_context_embeds = model.forward_c(neg_contexts)
        # 正样本的分类（对数）似然
        context_loss = F.logsigmoid(torch.bmm(context_embeds, word_embeds).
    squeeze(dim=2))
        context_loss = context_loss.mean(dim=1)
        # 负样本的分类（对数）似然
        neg_context_loss = F.logsigmoid(torch.bmm(neg_context_embeds,
    word_embeds).squeeze(dim=2).neg())
        neg_context_loss = neg_context_loss.view(batch_size, -1, n_negatives).
    sum(dim=2)
        neg_context_loss = neg_context_loss.mean(dim=1)
        # 总体损失
        loss = -(context_loss + neg_context_loss).mean()
        loss.backward()
        optimizer.step()
        total_loss += loss.item()
```

```
    print(f"Loss: {total_loss:.2f}")
```

```
# 合并词向量矩阵与上下文向量矩阵，作为最终的预训练词向量
combined_embeds = model.w_embeddings.weight + model.c_embeddings.weight
# 将词向量保存至sgns.vec文件
save_pretrained(vocab, combined_embeds.data, "sgns.vec")
```

5.3 GloVe 词向量

5.3.1 概述

无论是基于神经网络语言模型还是 Word2vec 的词向量预训练方法，本质上都是利用文本中词与词在局部上下文中的共现信息作为自监督学习信号。除此之外，另一类常用于估计词向量的方法是基于矩阵分解的方法，例如潜在语义分析（2.1节）等。这类方法首先对语料进行统计分析，并获得含有全局统计信息的"词–上下文"共现矩阵，然后利用奇异值分解（Singular Value Decomposition, SVD）对该矩阵进行降维，进而得到词的低维表示。然而，传统的矩阵分解方法得到的词向量不具备良好的几何性质，因此，文献 [8] 结合词向量以及矩阵分解的思想，提出了 GloVe（Global Vectors for Word Representation）模型。

5.3.2 预训练任务

GloVe 模型的基本思想是利用词向量对"词–上下文"共现矩阵进行预测（或者回归），从而实现隐式的矩阵分解。首先，构建共现矩阵 M，其中 $M_{w,c}$ 表示词 w 与上下文 c 在受限窗口大小内的共现次数。GloVe 模型在构建 M 的过程中进一步考虑了 w 与 c 的距离，认为距离较远的 (w, c) 对于全局共现次数的贡献较小，因此采用以下基于共现距离进行加权的计算方式：

$$M_{w,c} = \sum_i \frac{1}{d_i(w,c)} \tag{5-18}$$

式中，$d_i(w,c)$ 表示在第 i 次共现发生时，w 与 c 之间的距离。

在获得矩阵 M 之后，利用词与上下文向量表示对 M 中的元素（取对数）进行回归计算。具体形式为：

$$\boldsymbol{v}_w^\top \boldsymbol{v}_c' + b_w + b_c' = \log M_{w,c} \tag{5-19}$$

式中，$\boldsymbol{v}_w$、$\boldsymbol{v}_c'$ 分别表示 w 与 c 的向量表示；b_w 与 b_c' 分别表示相应的偏置项。对以上回归问题进行求解，即可获得词与上下文的向量表示。

5.3.3 参数估计

令 $\boldsymbol{\theta} = \{\boldsymbol{E}, \boldsymbol{E}', \boldsymbol{b}, \boldsymbol{b}'\}$ 表示 GloVe 模型中所有可学习的参数，$\mathbb{D}$ 表示训练语料中所有共现的 (w, c) 样本集合。GloVe 模型通过优化以下加权回归损失函数进行学习：

$$\mathcal{L}(\boldsymbol{\theta}; \boldsymbol{M}) = \sum_{(w,c) \in \mathbb{D}} f(M_{w,c})(\boldsymbol{v}_w^\top \boldsymbol{v}_c' + b_w + b_c' - \log M_{w,c})^2 \tag{5-20}$$

式中，$f(M_{w,c})$ 表示每一个 (w, c) 样本的权重。样本的权重与其共现次数相关。首先，共现次数很少的样本通常被认为含有较大的噪声，所蕴含的有用信息相对于频繁共现的样本也更少，因此希望给予较低的权重；其次，对于高频共现的样本，也需要避免给予过高的权重。因此，GloVe 采用了以下的分段函数进行加权：

$$f(M_{w,c}) = \begin{cases} (M_{w,c}/m^{\max})^\alpha, & \text{如果 } M_{w,c} \leqslant m^{\max} \\ 1, & \text{否则} \end{cases} \tag{5-21}$$

当 $M_{w,c}$ 不超过某个阈值（$m^{\max}$）时，$f(M_{w,c})$ 的值随 $M_{w,c}$ 递增且小于或等于 1，其增长速率由 α 控制；而当 $M_{w,c} > m^{\max}$ 时，$f(M_{w,c})$ 恒为 1。

5.3.4 模型实现

（1）数据。构建数据处理模块，该模块需要完成共现矩阵的构建与存取，具体实现如下。

```
class GloveDataset(Dataset):
    def __init__(self, corpus, vocab, context_size=2):
        # 记录词与上下文在给定语料中的共现次数
        self.cooccur_counts = defaultdict(float)
        self.bos = vocab[BOS_TOKEN]
        self.eos = vocab[EOS_TOKEN]
        for sentence in tqdm(corpus, desc="Dataset Construction"):
            sentence = [self.bos] + sentence + [self.eos]
            for i in range(1, len(sentence)-1):
                w = sentence[i]
                left_contexts = sentence[max(0, i - context_size):i]
                right_contexts = sentence[i+1:min(len(sentence), i +
context_size)+1]
                # 共现次数随距离衰减: 1/d(w, c)
                for k, c in enumerate(left_contexts[::-1]):
                    self.cooccur_counts[(w, c)] += 1 / (k + 1)
                for k, c in enumerate(right_contexts):
```

```
                    self.cooccur_counts[(w, c)] += 1 / (k + 1)
        self.data = [(w, c, count) for (w, c), count in self.cooccur_counts.
    items()]

    def __len__(self):
        return len(self.data)

    def __getitem__(self, i):
        return self.data[i]

    def collate_fn(self, examples):
        words = torch.tensor([ex[0] for ex in examples])
        contexts = torch.tensor([ex[1] for ex in examples])
        counts = torch.tensor([ex[2] for ex in examples])
        return (words, contexts, counts)
```

（2）模型。GloVe 模型与基于负采样的 Skip-gram 模型类似，唯一的区别在于增加了两个偏置向量，具体代码如下。

```
class GloveModel(nn.Module):
    def __init__(self, vocab_size, embedding_dim):
        super(GloveModel, self).__init__()
        # 词向量及偏置向量
        self.w_embeddings = nn.Embedding(vocab_size, embedding_dim)
        self.w_biases = nn.Embedding(vocab_size, 1)
        # 上下文向量及偏置向量
        self.c_embeddings = nn.Embedding(vocab_size, embedding_dim)
        self.c_biases = nn.Embedding(vocab_size, 1)

    def forward_w(self, words):
        w_embeds = self.w_embeddings(words)
        w_biases = self.w_biases(words)
        return w_embeds, w_biases

    def forward_c(self, contexts):
        c_embeds = self.c_embeddings(contexts)
        c_biases = self.c_biases(contexts)
        return c_embeds, c_biases
```

（3）训练。在训练过程中，根据式 (5-20) 计算回归损失函数。具体代码如下。

```
# 超参数设置：样本权重计算
```

```python
m_max = 100
alpha = 0.75
# 构建GloVe训练数据集
corpus, vocab = load_reuters()
dataset = GloveDataset(
    corpus,
    vocab,
    context_size=context_size
)
data_loader = get_loader(dataset, batch_size)

model = GloveModel(len(vocab), embedding_dim)
model.to(device)
optimizer = optim.Adam(model.parameters(), lr=0.001)

model.train()
for epoch in range(num_epoch):
    total_loss = 0
    for batch in tqdm(data_loader, desc=f"Training Epoch {epoch}"):
        words, contexts, counts = [x.to(device) for x in batch]
        # 提取批次内词、上下文的向量表示及偏置向量
        word_embeds, word_biases = model.forward_w(words)
        context_embeds, context_biases = model.forward_c(contexts)
        # 回归目标值
        log_counts = torch.log(counts)
        # 样本权重
        weight_factor = torch.clamp(torch.pow(counts / m_max, alpha), max=1.0)
        optimizer.zero_grad()
        # 计算批次内每个样本的L2损失
        loss = (torch.sum(word_embeds * context_embeds, dim=1) + word_biases +
    context_biases - log_counts) ** 2
        # 样本加权损失
        wavg_loss = (weight_factor * loss).mean()
        wavg_loss.backward()
        optimizer.step()
        total_loss += wavg_loss.item()
    print(f"Loss: {total_loss:.2f}")

# 合并词向量矩阵与上下文向量矩阵，作为最终的预训练词向量
combined_embeds = model.w_embeddings.weight + model.c_embeddings.weight
```

```
# 将词向量保存至glove.vec文件
save_pretrained(vocab, combined_embeds.data, "glove.vec")
```

5.4 评价与应用

对于不同的学习方法得到的词向量，通常可以根据其对词义相关性或者类比推理性的表达能力进行评价，这种方式属于**内部任务评价方法**（Intrinsic Evaluation）。在实际任务中，则需要根据下游任务的性能指标判断，也称为**外部任务评价方法**（Extrinsic Evaluation）。这里首先介绍两种常用的内部任务评价方法，然后以情感分类任务为例，介绍如何将预训练词向量应用于下游任务。

5.4.1 词义相关性

对词义相关性的度量是词向量的重要性质之一。可以根据词向量对词义相关性的表达能力衡量词向量的好坏。

利用词向量低维、稠密、连续的特性，可以方便地度量任意两个词之间的相关性。例如，给定词 w_a 与 w_b，它们在词向量空间内的余弦相似度就可以作为其词义相关性的度量：

$$\text{sim}(w_a, w_b) = \cos(\boldsymbol{v}_{w_a}, \boldsymbol{v}_{w_b}) = \frac{\boldsymbol{v}_{w_a} \cdot \boldsymbol{v}_{w_b}}{\|\boldsymbol{v}_{w_a}\|\|\boldsymbol{v}_{w_b}\|} \tag{5-22}$$

基于该相关性度量，定义以下函数实现 K 近邻（K-Nearest Neighbors，KNN）查询。

```
def knn(W, x, k):
    # 计算查询向量x与矩阵W中每一个行向量之间的余弦相似度，
    # 并返回相似度最高的k个向量
    similarities = torch.matmul(x, W.transpose(1, 0)) / (torch.norm(W, dim=1)
    * torch.norm(x) + 1e-9)
    knn = similarities.topk(k=k)
    return knn.values.tolist(), knn.indices.tolist()
```

利用该函数，可实现在词向量空间内进行近义词检索。

```
def find_similar_words(embeds, vocab, query, k=5):
    # 由于查询词也存在于词向量空间内，而它与自己的相似度值最高（1.0），
    # 所以这里取k+1个近邻
    knn_values, knn_indices = knn(embeds, embeds[vocab[query]], k+1)
    knn_words = vocab.convert_ids_to_tokens(knn_indices)
    print(f"Query word: {query}")
```

```
for i in range(k):
    print(f"cosine similarity={knn_values[i+1]:.4f}: {knn_words[i+1]}")
```

这里使用斯坦福大学发布的 GloVe 预训练词向量，该词向量是在大规模文本数据上使用 GloVe 算法训练得到，也是目前被广泛使用的预训练词向量之一。下载好词向量之后，使用 load_pretrained 函数进行加载，并返回词表与词向量对象。

```
def load_pretrained(load_path):
    with open(load_path, "r") as fin:
        # 第一行为词向量大小
        n, d = map(int, fin.readline().split())
        tokens = []
        embeds = []
        for line in fin:
            line = line.rstrip().split(' ')
            token, embed = line[0], list(map(float, line[1:]))
            tokens.append(token)
            embeds.append(embed)
        vocab = Vocab(tokens)
        embeds = torch.tensor(embeds, dtype=torch.float)
    return vocab, embeds
```

```
>>> pt_vocab, pt_embeds = load_pretrained("glove.vec")
```

在 GloVe 词向量空间内以 "august" "good" 为查询词进行近义词检索，可以得到以下结果。

```
>>> find_similar_words(pt_embeds, pt_vocab, "august", k=3)
Query word: august
cosine similarity=0.8319: september
cosine similarity=0.8030: july
cosine similarity=0.7651: june

>>> find_similar_words(pt_embeds, pt_vocab, "good", k=3)
Query word: good
cosine similarity=0.7299: bad
cosine similarity=0.6923: funny
cosine similarity=0.6845: tough
```

可见，词向量准确地反映了词义的相关性。

与此同时，还可以利用含有词义相关性的人工标注作为黄金标准，对词向量进行定量的评价。以目前常用的评价数据集——WordSim353 为例：该数据集包含 353 个英文词对，每个词对由 16 位标注者给出 $[0, 10]$ 区间内的一个数值，最后取平均值作为该词对的词义相似度，如表 5-1 所示。由词向量计算得到的相似度值与人工标注值之间的相关系数（如 Spearman 或者 Pearson 相关系数）即可作为词向量评价的标准。

表 5-1　WordSim353 数据集中的词义相似度标注示例

单词 1	单词 2	相似度
love	sex	6.77
stock	jaguar	0.92
money	cash	9.15
development	issue	3.97
lad	brother	4.46

5.4.2　类比性

词的类比性（Word analogy）是对于词向量的另一种常用的内部任务评价方法。对词向量在向量空间内的分布进行分析可以发现，对于语法或者语义关系相同的两个词对 (w_a, w_b) 与 (w_c, w_d)，它们的词向量在一定程度上满足：$v_{w_b} - v_{w_a} \approx v_{w_d} - v_{w_c}$ 的几何性质。例如，在图 5-6 的示例中有以下类比关系：

$$v_{\text{WOMAN}} - v_{\text{MAN}} \approx v_{\text{QUEEN}} - v_{\text{KING}}$$

$$v_{\text{QUEENS}} - v_{\text{QUEEN}} \approx v_{\text{KINGS}} - v_{\text{KING}}$$

(5-23)

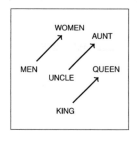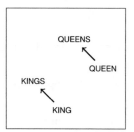

图 5-6　词向量空间内的语义和语法类比推理性质示例

这两个例子分别从词义和词法两个角度展示了词向量的类比性。根据这一性质，可以进行词与词之间的关系推理，从而回答诸如 "w_a 之于 w_b，相当于 w_c 之于 $\underline{?}$" 的问题。对于下画线处的词，可以利用下式在词向量空间内进行搜索得到：

$$w_d = \arg\min_w (\cos(v_w, v_{w_c} + v_{w_b} - v_{w_a}))$$

(5-24)

利用前文的 knn 函数，可以方便地实现这一功能。具体代码如下：

```
def find_analogy(embeds, vocab, word_a, word_b, word_c):
    vecs = embeds[vocab.convert_tokens_to_ids([word_a, word_b, word_c])]
    x = vecs[2] + vecs[1] - vecs[0]
    knn_values, knn_indices = knn(embeds, x, k=1)
    analogies = vocab.convert_ids_to_tokens(knn_indices)
    print(f">>> Query: {word_a}, {word_b}, {word_c}")
    print(f"{analogies}")
```

一般来说，词向量在以上评价方法中的表现与训练数据的来源及规模、词向量的维度等因素密切相关。在实际应用中，需要根据词向量在具体任务中的表现来选择。

5.4.3 应用

预训练词向量可以作为词的特征表示直接用于下游任务，也可以作为模型参数在下游任务的训练过程中进行精调（Fine-tuning）。在通常情况下，两种方式都能够有效地提升模型的泛化能力。

第 4 章介绍了如何构建不同类型的神经网络模型，如多层感知器、循环神经网络等，来完成情感分析以及词性标注等自然语言处理任务。这些模型均使用了随机初始化的词向量层实现由离散词表示到连续向量表示的转换。为了利用已预训练好的词向量，只需要对词向量层的初始化过程进行简单的修改。以基于多层感知器模型的情感分类模型为例，具体代码如下。

```
class MLP(nn.Module):
    def __init__(self, vocab, pt_vocab, pt_embeddings, hidden_dim, num_class):
        super(MLP, self).__init__()
        # 与预训练词向量维度保持一致
        embedding_dim = pt_embeddings.shape[1]
        # 词向量层
        vocab_size = len(vocab)
        self.embeddings = nn.EmbeddingBag(vocab_size, embedding_dim)
        self.embeddings.weight.data.uniform_(-0.1, 0.1)
        # 使用预训练词向量对词向量层进行初始化
        for idx, token in enumerate(vocab.idx_to_token):
            pt_idx = pt_vocab[token]
            # 只初始化预训练词典中存在的词
            # 对于未出现在预训练词典中的词，保留其随机初始化向量
            if pt_idx != pt_vocab.unk:
                self.embeddings.weight[idx].data.copy_(pt_embeddings[pt_idx])
```

```
# 线性变换：词向量层->隐含层
self.fc1 = nn.Linear(embedding_dim, hidden_dim)
# 线性变换：隐含层->输出层
self.fc2 = nn.Linear(hidden_dim, num_class)
# 使用ReLU激活函数
self.activate = F.relu
```

由于下游任务训练数据的词表与预训练词向量的词表通常有所不同，因此，这里只初始化在预训练词表中存在的词，对于其他词则仍然保留其随机初始化向量，并在后续训练过程中精调。此外，读者也可以尝试其他的初始化方式。例如，可以根据预训练词向量确定词表，而对于其他词统一使用"<unk>"标记代替。在目标任务的训练过程中，有的情况下"冻结"词向量参数会取得更好的效果（可以通过设置 requires_gradient=False 来实现）。此时词向量被作为特征使用。

对于其他模型（如LSTM、Transformer等）的修改与之类似，请读者自行实现。

为了观察使用预训练词向量进行初始化带来的变化，在此沿用第4章采用的NLTK sentence_polarity 数据进行实验，这里使用正负各 1,000 个样本。图 5-7 展示了其与使用随机初始化词向量层的模型在训练过程中损失函数的变化曲线。通过两者的对比可以看出，预训练词向量能够显著加快模型训练时的收敛速度。在10轮迭代之后，模型在测试集上的准确率为 70%，相比于使用随机初始化词向量层的模型（67%），也取得了较为显著的提升。

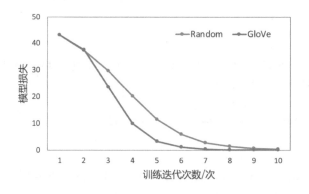

图 5-7　两种模型训练过程中模型损失的变化曲线

5.5　小结

本章主要介绍了静态词向量的预训练技术，包括基于神经网络语言模型以及基于词共现两类方法。同时也提供了主要模型的代码实现，供读者尝试。另外，本章介绍了基于词义相关性和词类比性两种对于静态词向量的内部任务评价方法，并以情感分类为例，介绍了如何使用预训练词向量作为特征提升下游任务的性能。

习题

5.1 实际运行本章提供的不同词向量学习模型代码，观察不同超参数的设置对于词向量性能的影响。

5.2 在基于负采样的 Skip-gram 模型中，试分析不同上下文窗口大小对于词向量的影响，分别在情感分类以及词性标注任务上进行验证。

5.3 下载预训练 GloVe 词向量，利用 t-SNE 对其进行可视化分析。

5.4 分别从词表示以及实际应用两个角度分析静态词向量的优缺点。并针对其缺点，思考并提出一种合理的解决方案。

5.5 提出一种针对低频词的词向量学习改进方案。

5.6 将预训练词向量用于目标任务时，在什么情形下，"冻结"词向量比精调词向量更合理？在情感分类任务上进行验证。

## 第 6 章

动态词向量预训练模型

近年来，动态词向量（或上下文相关的词向量）逐渐成为词表示研究与应用的新热点。它相比于静态词向量有什么具体的优势？其动态性又是如何获得的？本章首先介绍动态词向量的提出动机与基本思想；然后重点介绍以 ELMo 模型为代表的动态词向量学习方法，并给出相应的代码实现；最后，介绍动态词向量在自然语言处理实际任务中的应用。

6.1 词向量——从静态到动态

如前文所述，词向量的学习主要利用了语料库中词与词之间的共现信息，其背后的核心思想是分布式语义假设。在目前介绍的静态词向量学习算法中，无论是基于局部上下文预测的 Word2vec 算法，还是基于显式全局共现信息的 GloVe 回归算法，其本质都是将一个词在整个语料库中的共现上下文信息聚合至该词的向量表示中。因此，在一个给定的语料库上训练得到的词向量可以认为是"静态"的，即：对于任意一个词，其向量表示是恒定的，不随其上下文的变化而变化。

然而，在自然语言中，同一个词在不同的上下文或语境下可能呈现出多种不同的词义、语法性质或者属性。以"下场"一词为例，其在句子"他 亲自 下场 参加 比赛"和"竟 落得 这样 的 下场"中的词义截然不同，而且具有不同的词性（前者为动词，后者为名词）。一词多义是自然语言中普遍存在的语言现象，也是自然语言在发展变化过程中的自然结果。在静态词向量表示中，由于词的所有上下文信息都被压缩、聚合至单个向量表示内，因此难以刻画一个词在不同上下文或不同语境下的不同词义信息。

为了解决这一问题，研究人员提出了上下文相关的词向量（Contextualized Word Embedding）。顾名思义，在这种表示方法中，一个词的向量将由其当前所在的上下文计算获得，因此是随上下文而动态变化的。在本书中，也将其称为动态词向量（Dynamic Word Embedding）。在动态词向量表示下，前面例子中的"下场"在两句话中将分别得到两个不同的词向量表示。需要注意的是，动态词向量仍然严格满足分布式语义假设。

在一个文本序列中，每个词的动态词向量实际上是对该词的上下文进行语义组合后的结果。而对于文本这种序列数据而言，循环神经网络恰好提供了一种有效的语义组合方式。本书的第 4 章与第 5 章分别介绍了循环神经网络，以及在序列数据建模中的应用。在这些应用中，既有利用循环神经网络最后时刻的隐含层表示作为整个文本片段（句子）的向量表示，以进行文本分类；也有利用每一时刻的隐含层表示进行序列标注（如词性标注）。这意味着，循环神经网络模型中每一时刻（位置）的隐含层表示恰好可以作为该时刻词在当前上下文条件下的向量表示，即动态词向量。同时，循环神经网络可以通过语言模型任务进行自监督学习，而无须任何额外的数据标注。基于该思想，Matthew Peters 等人在文献 [9] 中提出语言模型增强的序列标注模型 TagLM。该模型利用预训练循环神经网络语言模型的隐含层表示作为额外的词特征，显著地提升了序列标注任务的性能。随后，他们进一步完善了这项研究，并提出深度上下文相关词向量的思想以及预训练模型 ELMo（Embeddings from Language Models）[10]。在包括自动问答、文本蕴含和信息抽取等多项自然语言处理任务上的实验表明，ELMo 能够直接有效地为当时最好的模型带来显著的提升。同时，ELMo 模型还被推广至多语言场景，在 CoNLL-2018 国际多语言通用依存句法分析的评测任务中取得了优异的表现[11]。

　　在特定的条件下，也可以利用更丰富的监督信号训练循环神经网络。例如，当存在一定规模的双语平行语料时，可以利用基于序列到序列的机器翻译方法训练循环神经网络。在训练完成后，便可以利用翻译模型的编码器对源语言进行编码以获取动态词向量。文献 [12] 提出的 CoVe 模型采用了这种预训练方法。但是，双语平行语料的获取难度相比单语数据更高，且覆盖的领域也相对有限，因此通用性有所欠缺。

　　本章将主要介绍基于语言模型的动态词向量预训练方法，以及在自然语言处理任务中的典型应用。

6.2 基于语言模型的动态词向量预训练

6.2.1 双向语言模型

　　对于给定的一段输入文本 $w_1 w_2 \cdots w_n$，双向语言模型从前向（从左到右）和后向（从右到左）两个方向同时建立语言模型。这样做的好处在于，对于文本中任一时刻的词 w_t，可以同时获得其分别基于左侧上下文信息和右侧上下文信息的表示。

　　具体地，模型首先对每个词单独编码。这一过程是上下文无关的，主要利用了词内部的字符序列信息。基于编码后的词表示序列，模型使用两个不同方向的多层长短时记忆网络（LSTM）分别计算每一时刻词的前向、后向隐含层表示，也就是上下文相关的词向量表示。利用该表示，模型预测每一时刻的目标词。对于前向语言模型，t 时刻的目标词是 w_{t+1}；对于后向语言模型，目标词是 w_{t-1}。

　　（1）输入表示层。ELMo 模型采用基于字符组合的神经网络表示输入文本中的每个词，目的是减小未登录词（Out-Of-Vocabulary，OOV）对模型的影响。图 6-1 展示了输入表示层的基本结构。

　　首先，字符向量层将输入层中的每个字符（含额外添加的起止符）转换为向量表示。假设 w_t 由字符序列 $c_1 c_2 \cdots c_l$ 构成，对于其中的每个字符 c_i，可以表示为：

$$\boldsymbol{v}_{c_i} = \boldsymbol{E}^{\text{char}} \boldsymbol{e}_{c_i} \tag{6-1}$$

式中，$\boldsymbol{E}^{\text{char}} \in \mathbb{R}^{d^{\text{char}} \times |\mathbb{V}^{\text{char}}|}$ 表示字符向量矩阵；$\mathbb{V}^{\text{char}}$ 表示所有字符集合；d^{char} 表示字符向量维度；$\boldsymbol{e}_{c_i}$ 表示字符 c_i 的独热编码。

　　记 w_t 中所有字符向量组成的矩阵为 $\boldsymbol{C}_t \in \mathbb{R}^{d^{\text{char}} \times l}$，即 $\boldsymbol{C}_t = [\boldsymbol{v}_{c_1}; \boldsymbol{v}_{c_2}; \cdots; \boldsymbol{v}_{c_l}]$。接下来，利用卷积神经网络对字符级向量表示序列进行语义组合（Semantic Composition）。这里使用一维卷积神经网络，将字符向量的维度 d^{char} 作为输入通道的

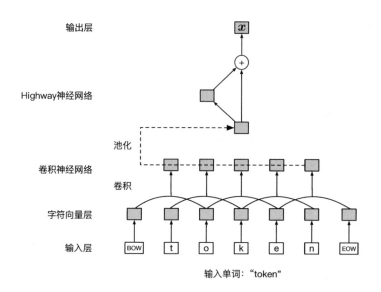

图 6-1　基于字符卷积神经网络和 Highway 神经网络的输入表示层示意图

个数，记为 N^{in}，输出向量的维度作为输出通道的个数，记为 N^{out}。另外，通过使用多个不同大小（宽度）的卷积核，可以利用不同粒度的字符级上下文信息，并得到相应的隐含层向量表示，这些隐含层向量的维度由每个卷积核对应的输出通道个数确定。拼接这些向量，就得到了每一位置的卷积输出。然后，池化操作隐含层所有位置的输出向量，就可以得到对于词 w_t 的定长向量表示，记为 $\boldsymbol{f}_t$。假设使用宽度分别为 {1, 2, 3, 4, 5, 6, 7} 的 7 个一维卷积核，对应的输出通道数量分别为 {32, 32, 64, 128, 256, 512, 1024}，那么输出向量 $\boldsymbol{f}_t$ 的维度为 2048。关于一维卷积神经网络更详细的解释，可以参考本书 4.2 节。

接着，模型使用两层 Highway 神经网络对卷积神经网络输出作进一步变换，得到最终的词向量表示 $\boldsymbol{x}_t$。Highway 神经网络在输入与输出之间直接建立"通道"，使得输出层可以直接将梯度回传至输入层，从而避免因网络层数过多而带来的梯度爆炸或弥散的问题。单层 Highway 神经网络的具体计算方式如下：

$$\boldsymbol{x}_t = \boldsymbol{g} \odot \boldsymbol{f}_t + (\boldsymbol{1} - \boldsymbol{g}) \odot \mathrm{ReLU}(\boldsymbol{W} \boldsymbol{f}_t + \boldsymbol{b}) \tag{6-2}$$

式中，$\boldsymbol{g}$ 为门控向量，其以 $\boldsymbol{f}_t$ 为输入，经线性变换后通过 Sigmoid 函数（σ）计算得到：

$$\boldsymbol{g} = \sigma(\boldsymbol{W}^{g} \boldsymbol{f}_t + \boldsymbol{b}^{g}) \tag{6-3}$$

式中，$\boldsymbol{W}^{g}$ 与 $\boldsymbol{b}^{g}$ 为门控网络中的线性变换矩阵与偏置向量。可见，Highway 神经网络的输出实际上是输入层与隐含层的线性插值结果。当然，通常模型的结构是根据实验调整和确定的，读者也可以自行尝试其他的模型结构。例如，可以使用字符级双向 LSTM 网络编码单词内字符串序列。

接下来，在由上述过程得到的上下文无关词向量的基础之上，利用双向语言模型分别编码前向与后向上下文信息，从而得到每一时刻的动态词向量表示。

（2）前向语言模型。在前向语言模型中，对于任一时刻目标词的预测，都只依赖于该时刻左侧的上下文信息或者历史。这里使用基于多层堆叠的长短时记忆网络语言模型（见 5.1 节）。将模型中多层堆叠 LSTM 的参数记为 $\overrightarrow{\boldsymbol{\theta}}^{\text{lstm}}$，Softmax 输出层参数记为 $\boldsymbol{\theta}^{\text{out}}$。则模型可以表示为：

$$P(w_1 w_2 \cdots w_n) = \prod_{t=1}^{n} P(w_t | \boldsymbol{x}_{1:t-1}; \overrightarrow{\boldsymbol{\theta}}^{\text{lstm}}, \boldsymbol{\theta}^{\text{out}}) \tag{6-4}$$

（3）后向语言模型。与前向语言模型相反，后向语言模型只考虑某一时刻右侧的上下文信息。可以表示为：

$$P(w_1 w_2 \cdots w_n) = \prod_{t=1}^{n} P(w_t | \boldsymbol{x}_{t+1:n}; \overleftarrow{\boldsymbol{\theta}}^{\text{lstm}}, \boldsymbol{\theta}^{\text{out}}) \tag{6-5}$$

式中，$\overleftarrow{\boldsymbol{\theta}}^{\text{lstm}}$ 表示后向 LSTM 网络编码部分的参数。

需要注意的是，前向语言模型与后向语言模型共享了输出层参数（$\boldsymbol{\theta}^{\text{out}}$）。通过最大化前向语言模型与后向语言模型的似然函数，就可以完成 ELMo 模型的预训练过程。

6.2.2　ELMo 词向量

在双向语言模型预训练完成后，模型的编码部分（包括输入表示层以及多层堆叠 LSTM）便可以用来计算任意文本的动态词向量表示。最自然的做法是使用两个 LSTM 的最后一层隐含层输出作为词的动态向量表示。然而，在 ELMo 模型中，不同层次的隐含层向量蕴含了不同层次或粒度的文本信息。例如，越接近顶层的 LSTM 隐含层表示通常编码了更多的语义信息，而接近底层的隐含层表示（包括输入表示 $\boldsymbol{x}$）更偏重于词法、句法信息。不同的下游任务，对词表示的需求程度有所不同。例如，对于阅读理解、自动问答这类任务，对语义信息的需求较高；而对于命名实体识别等任务，词法、句法信息更重要。因此，ELMo 采取对不同层次的向量表示进行加权平均的机制，为不同的下游任务提供更多的组合自由度。令 $\mathbb{R}_t$ 表示 $\boldsymbol{w}_t$ 的所有中间层状态向量表示构成的集合，则：

$$\mathbb{R}_t = \{\boldsymbol{x}_t, \boldsymbol{h}_{t,j} | j = 1, \cdots, L\} \tag{6-6}$$

式中，$\boldsymbol{h}_{t,j} = [\overleftarrow{\boldsymbol{h}}_{t,j}; \overrightarrow{\boldsymbol{h}}_{t,j}]$ 表示两个多层堆叠 LSTM 中每一层的前向、后向隐含层输出拼接后得到的向量。

令 $\boldsymbol{h}_{t,0} = \boldsymbol{x}_t$，则 ELMo 词向量可表示为：

$$\mathrm{ELMo}_t = f(\mathbb{R}_t, \varPsi) = \gamma^{\mathrm{task}} \sum_{j=0}^{L} s_j^{\mathrm{task}} \boldsymbol{h}_{t,j} \tag{6-7}$$

式中，$\varPsi = \{\boldsymbol{s}^{\mathrm{task}}, \gamma^{\mathrm{task}}\}$ 为计算 ELMo 向量所需的额外参数；$\boldsymbol{s}^{\mathrm{task}}$ 表示每个向量的权重，反映每一层向量对于目标任务的重要性，可由一组参数根据 Softmax 函数归一化计算得到，该权重向量可在下游任务的训练过程中学习；γ^{task} 系数同样与下游任务相关，当 ELMo 向量与其他向量共同作用时，可以适当地缩放 ELMo 向量。将 ELMo 向量作为词特征用于下游任务时，编码器的参数将被"冻结"，不参与更新。

综上所述，ELMo 向量表示具有以下三个特点。

- 动态（上下文相关）：词的 ELMo 向量表示由其当前上下文决定；
- 健壮（Robust）：ELMo 向量表示使用字符级输入，对于未登录词具有强健壮性；
- 层次：ELMo 词向量由深度预训练模型中各个层次的向量表示进行组合，为下游任务提供了较大的使用自由度。

图 6-2 展示了 ELMo 模型的整体结构。

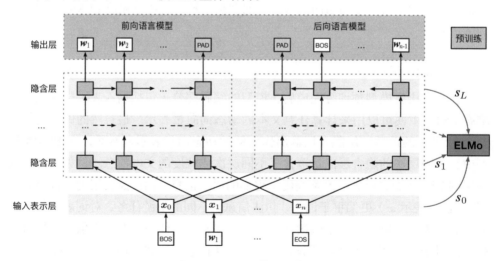

图 6-2　ELMo 模型示意图

6.2.3　模型实现

（1）数据准备。读取文本数据。假设已经收集好了一定规模的生文本数据，并使用第 3 章介绍的文本预处理方法完成了数据清洗与分词等预处理工作。得到

的语料文件中每一行是一段独立的文本，且词与词之间由空格符分隔。由于模型
用到了字符级输入，因此需要同时构建词级别与字符级别的训练语料，并建立相
应的词表。

```python
def load_corpus(path, max_tok_len=None, max_seq_len=None):
    """
    从生文本语料中加载数据并构建词表
    max_tok_len: 词的长度（字符数目）上限
    max_seq_len: 序列长度（词数）上限
    """
    text = []
    # 字符集，首先加入预定义特殊标记，包括句首、句尾、补齐标记、词首和词尾
    charset = {BOS_TOKEN, EOS_TOKEN, PAD_TOKEN, BOW_TOKEN, EOW_TOKEN}
    with open(path, "r") as f:
        for line in tqdm(f):
            tokens = line.rstrip().split(" ")
            # 截断长序列
            if max_seq_len is not None and len(tokens) + 2 > max_seq_len:
                tokens = line[:max_seq_len-2]
            sent = [BOS_TOKEN]
            for token in tokens:
                # 截断字符数目过多的词
                if max_tok_len is not None and len(token) + 2 > max_tok_len:
                    token = token[:max_tok_len-2]
                sent.append(token)
                for ch in token:
                    charset.add(ch)
            sent.append(EOS_TOKEN)
            text.append(sent)

    # 构建词表
    vocab_w = Vocab.build(text, min_freq=2, reserved_tokens=[PAD_TOKEN,
    BOS_TOKEN, EOS_TOKEN])
    # 构建字符级词表
    vocab_c = Vocab(tokens=list(charset))

    # 构建词级别语料
    corpus_w = [vocab_w.convert_tokens_to_ids(sent) for sent in text]
    # 构建字符级别语料
    corpus_c = []
    bow = vocab_c[BOW_TOKEN]
```

```
    eow = vocab_c[EOW_TOKEN]
    for i, sent in enumerate(text):
        sent_c = []
        for token in sent:
            if token == BOS_TOKEN or token == EOS_TOKEN:
                token_c = [bow, vocab_c[token], eow]
            else:
                token_c = [bow] + vocab_c.convert_tokens_to_ids(token) + [eow]
            sent_c.append(token_c)
        corpus_c.append(sent_c)

    return corpus_w, corpus_c, vocab_w, vocab_c
```

接下来，构建用于双向语言模型的数据类 BiLMDataset。该类需要完成两个重要的功能，分别为：

- 补齐（Padding）字符序列以及词序列，从而构建训练批次（Mini-batch）;
- 获取双向语言模型的输入、输出。对于输入序列 <bos>$w_1 w_2 \cdots w_n$<eos>，前向语言模型的目标输出序列为 $w_1 w_2 \cdots$<eos><pad>，即输入序列左移一位；后向语言模型输出序列为 <pad><bos>$w_1 \cdots w_n$，即输入序列右移一位；其中在 <pad> 处不进行预测。

这里仍然通过 collate_fn 函数完成这两个功能。具体实现如下。

```
class BiLMDataset(Dataset):
    def __init__(self, corpus_w, corpus_c, vocab_w, vocab_c):
        super(BiLMDataset, self).__init__()
        self.pad_w = vocab_w[PAD_TOKEN]
        self.pad_c = vocab_c[PAD_TOKEN]

        self.data = []
        for sent_w, sent_c in zip(corpus_w, corpus_c):
            self.data.append((sent_w, sent_c))

    def __len__(self):
        return len(self.data)


    def __getitem__(self, i):
        return self.data[i]


    def collate_fn(self, examples):
        # 当前批次中各样本序列的长度
```

```
        seq_lens = torch.LongTensor([len(ex[0]) for ex in examples])

        # 词级别输入: batch_size * max_seq_len
        inputs_w = [torch.tensor(ex[0]) for ex in examples]
        # 对batch内的样本进行长度补齐
        inputs_w = pad_sequence(inputs_w, batch_first=True, padding_value=self
.pad_w)

        # 计算当前批次中的最大序列长度以及单词的最大字符数目
        batch_size, max_seq_len = inputs_w.shape
        max_tok_len = max([max([len(tok) for tok in ex[1]]) for ex in examples
])

        # 字符级别输入: batch_size * max_seq_len * max_tok_len
        inputs_c = torch.LongTensor(batch_size, max_seq_len, max_tok_len).
fill_(self.pad_c)
        for i, (sent_w, sent_c) in enumerate(examples):
            for j, tok in enumerate(sent_c):
                inputs_c[i][j][:len(tok)] = torch.LongTensor(tok)

        # 前向、后向语言模型的目标输出序列
        targets_fw = torch.LongTensor(inputs_w.shape).fill_(self.pad_w)
        targets_bw = torch.LongTensor(inputs_w.shape).fill_(self.pad_w)
        for i, (sent_w, sent_c) in enumerate(examples):
            targets_fw[i][:len(sent_w)-1] = torch.LongTensor(sent_w[1:])
            targets_bw[i][1:len(sent_w)] = torch.LongTensor(sent_w[:len(sent_w
)-1])

        return inputs_w, inputs_c, seq_lens, targets_fw, targets_bw
```

（2）双向语言模型。ELMo 模型的核心是双向语言模型，其编码器部分主要包括基于字符的输入表示层以及前向、后向 LSTM 层。以下对各个组件分别进行实现。

输入表示层依赖的 Highway 神经网络由多个非线性层构成，每一层的表示是当前隐含层输出层与输入层线性插值后的结果，插值系数根据门控网络确定。

```
class Highway(nn.Module):
    def __init__(self, input_dim, num_layers, activation=F.relu):
        super(Highway, self).__init__()
        self.input_dim = input_dim
```

```python
    self.layers = torch.nn.ModuleList(
        [nn.Linear(input_dim, input_dim * 2) for _ in range(num_layers)]
    )
    self.activation = activation
    for layer in self.layers:
        layer.bias[input_dim:].data.fill_(1)

def forward(self, inputs):
    curr_inputs = inputs
    for layer in self.layers:
        projected_inputs = layer(curr_inputs)
        # 输出向量的前半部分作为当前隐含层的输出
        hidden = self.activation(projected_inputs[:, 0:self.input_dim])
        # 后半部分用于计算门控向量
        gate = torch.sigmoid(projected_inputs[:, self.input_dim:])
        # 线性插值
        curr_inputs = gate * curr_inputs + (1 - gate) * hidden
    return curr_inputs
```

基于字符卷积的词表示层 ConvTokenEmbedder 代码如下。

```python
class ConvTokenEmbedder(nn.Module):
    """
    vocab_c: 字符级词表
    char_embedding_dim: 字符向量维度
    char_conv_filters: 卷积核大小
    num_highways: Highway网络层数
    """
    def __init__(self, vocab_c, char_embedding_dim, char_conv_filters,
    num_highways, output_dim, pad="<pad>"):
        super(ConvTokenEmbedder, self).__init__()
        self.vocab_c = vocab_c

        self.char_embeddings = nn.Embedding(
            len(vocab_c),
            char_embedding_dim,
            padding_idx=vocab_c[pad]
        )
        self.char_embeddings.data.uniform(-0.25, 0.25)

        # 为每个卷积核分别构建卷积神经网络
```

```python
    # 这里使用一维卷积操作
    self.convolutions = nn.ModuleList()
    for kernel_size, out_channels in char_conv_filters:
        conv = torch.nn.Conv1d(
            in_channels=char_embedding_dim,  # 使用向量维度作为输入通道数
            out_channels=out_channels,        # 输出向量维度
            kernel_size=kernel_size,
            bias=True
        )
        self.convolutions.append(conv)

    # 由多个卷积网络得到的向量表示拼接后的维度
    self.num_filters = sum(f[1] for f in char_conv_filters)
    self.num_highways = num_highways
    self.highways = Highway(self.num_filters, self.num_highways,
activation=F.relu)

    # 由于ELMo向量表示是多层表示的插值结果，因此需要保证各层向量表示的维度一
致
    self.projection = nn.Linear(self.num_filters, output_dim, bias=True)

def forward(self, inputs):
    batch_size, seq_len, token_len = inputs.shape
    inputs = inputs.view(batch_size * seq_len, -1)
    char_embeds = self.char_embeddings(inputs)
    char_embeds = char_embeds.transpose(1, 2)

    conv_hiddens = []
    for i in range(len(self.convolutions)):
        conv_hidden = self.convolutions[i](char_embeds)
        conv_hidden, _ = torch.max(conv_hidden, dim=-1)
        conv_hidden = F.relu(conv_hidden)
        conv_hiddens.append(conv_hidden)

    # 将不同卷积核下得到的向量表示进行拼接
    token_embeds = torch.cat(conv_hiddens, dim=-1)
    token_embeds = self.highways(token_embeds)
    token_embeds = self.projection(token_embeds)
    token_embeds = token_embeds.view(batch_size, seq_len, -1)
```

```
            return token_embeds
```

接下来，创建双向 LSTM 编码器，获得序列每一时刻、每一层的前向表示和后向表示。虽然通过 PyTorch 内建的 LSTM 类可以方便地构建多层的双向 LSTM 网络，但是目前的接口不支持提取中间层的表示。因此，这里通过手动堆叠多个单层 LSTM 来实现。

```python
class ELMoLstmEncoder(nn.Module):
    def __init__(self, input_dim, hidden_dim, num_layers):
        super(ELMoLstmEncoder, self).__init__()
        # 保证LSTM各中间层及输出层具有和输入表示层相同的维度
        self.projection_dim = input_dim
        self.num_layers = num_layers

        # 前向LSTM（多层）
        self.forward_layers = nn.ModuleList()
        # 前向LSTM投射层: hidden_dim -> self.projection_dim
        self.forward_projections = nn.ModuleList()
        # 后向LSTM列表（多层）
        self.backward_layers = nn.ModuleList()
        # 后向LSTM投射层: hidden_dim -> self.projection_dim
        self.backward_projections = nn.ModuleList()

        lstm_input_dim = input_dim
        for _ in range(num_layers):
            # 单层前向LSTM以及投射层
            forward_layer = nn.LSTM(lstm_input_dim, hidden_dim, num_layers=1,
batch_first=True)
            forward_projection = nn.Linear(hidden_dim, self.projection_dim,
bias=True)
            # 单层后向LSTM以及投射层
            backward_layer = nn.LSTM(lstm_input_dim, hidden_dim, num_layers=1,
 batch_first=True)
            backward_projection = nn.Linear(hidden_dim, self.projection_dim,
bias=True)

            lstm_input_dim = self.projection_dim

            self.forward_layers.append(forward_layer)
            self.forward_projections.append(forward_projection)
            self.backward_layers.append(backward_layer)
```

```
            self.backward_projections.append(backward_projection)

def forward(self, inputs, lengths):
    batch_size, seq_len, input_dim = inputs.shape
    # 根据前向输入批次以及批次中序列长度信息，构建后向输入批次
    # 倒置序列索引，如[19, 7, 8, 0, 0, 0] -> [8, 7, 19, 0, 0, 0]
    rev_idx = torch.arange(seq_len).unsqueeze(0).repeat(batch_size, 1)
    for i in range(lengths.shape[0]):
        rev_idx[i,:lengths[i]] = torch.arange(lengths[i]-1, -1, -1)
    rev_idx = rev_idx.unsqueeze(2).expand_as(inputs)
    rev_idx = rev_idx.to(inputs.device) # 加载至与inputs相同的设备
    rev_inputs = inputs.gather(1, rev_idx)

    # 前向、后向LSTM输入
    forward_inputs, backward_inputs = inputs, rev_inputs
    # 用于保存每一层前向、后向隐含层状态
    stacked_forward_states, stacked_backward_states = [], []

    for layer_index in range(self.num_layers):
        packed_forward_inputs = pack_padded_sequence(
            forward_inputs, lengths.cpu(), batch_first=True,
enforce_sorted=False)
        packed_backward_inputs = pack_padded_sequence(
            backward_inputs, lengths.cpu(), batch_first=True,
enforce_sorted=False)

        # 计算前向LSTM
        forward_layer = self.forward_layers[layer_index]
        packed_forward, _ = forward_layer(packed_forward_inputs)
        forward = pad_packed_sequence(packed_forward, batch_first=True)[0]
        forward = self.forward_projections[layer_index](forward)
        stacked_forward_states.append(forward)

        # 计算后向LSTM
        backward_layer = self.backward_layers[layer_index]
        packed_backward, _ = backward_layer(packed_backward_inputs)
        backward = pad_packed_sequence(packed_backward, batch_first=True)
[0]
        backward = self.backward_projections[layer_index](backward)
        # 恢复至序列的原始顺序
```

```
        stacked_backward_states.append(backward.gather(1, rev_idx))

    return stacked_forward_states, stacked_backward_states
```

基于以上组件，就可以快速构建出完整的双向语言模型。由于模型的超参数较多，为了简化传参过程，这里将超参数通过一系列"键-值"对构成的字典结构（configs）进行组织。例如：

```
configs = {
    'max_tok_len': 50,              # 单词的最大长度
    'train_file': './train.txt',
    # 经过预处理的训练语料文件，每一行是一段独立的文本
    'model_path': './elmo_bilm',  # 模型保存目录
    'char_embedding_dim': 50,      # 字符向量维度
    'char_conv_filters': [[1, 32], [2, 32], [3, 64], [4, 128], [5, 256], [6,
        512], [7, 1024]], # 卷积核列表，每个卷积核大小由[宽度，输出通道数]表示
    'num_highways': 2, # Highway网络层数
    'projection_dim': 512, # 投射向量维度
    'hidden_dim': 4096,        # LSTM隐含层维度
    'num_layers': 2,          # LSTM层数
    'batch_size': 32,          # 样本批次大小
    'dropout': 0.1,
    'learning_rate': 0.0004,
    'clip_grad': 5,            # 梯度最大范数，用于训练过程中的梯度裁剪
    'num_epoch': 10            # 迭代次数
}
```

然后，创建双向语言模型，具体代码如下。

```
class BiLM(nn.Module):
    def __init__(self, configs, vocab_w, vocab_c):
        super(BiLM, self).__init__()
        self.dropout_prob = configs['dropout_prob']
        # 输出层目标维度为词表大小
        self.num_classes = len(vocab_w)

        # 词表示编码器
        self.token_embedder = ConvTokenEmbedder(
            vocab_c,
            configs['char_embedding_dim'],
            configs['char_conv_filters'],
            configs['num_highways'],
```

```
        configs['projection_dim']
    )

    # ELMo LSTM编码器
    self.encoder = ELMoLstmEncoder(
        configs['projection_dim'],
        configs['hidden_dim'],
        configs['num_layers']
    )

    # 分类器（输出层）
    self.classifier = nn.Linear(configs['projection_dim'], self.
num_classes)

def forward(self, inputs, lengths):
    token_embeds = self.token_embedder(inputs)
    token_embeds = F.dropout(token_embeds, self.dropout_prob)
    forward, backward = self.encoder(token_embeds, lengths)
    # 取前向、后向LSTM最后一层的表示计算语言模型输出
    return self.classifier(forward[-1]), self.classifier(backward[-1])

# 保存编码器参数以便后续计算ELMo向量
def save_pretrained(self, path):
    os.makedirs(path, exist_ok=True)
    torch.save(self.token_embedder.state_dict(), os.path.join(path, '
token_embedder.pth'))
    torch.save(self.encoder.state_dict(), os.path.join(path, 'encoder.pth'
))
```

（3）训练。在数据、模型组件构建完成后，下一步是使用实际数据对模型进行训练。具体代码如下。

```
# 首先，构建训练数据和加载器
corpus_w, corpus_c, vocab_w, vocab_c = load_corpus(configs['train_file'])
train_data = BiLMDataset(corpus_w, corpus_c, vocab_w, vocab_c)
train_loader = get_loader(train_data, configs['batch_size'])

# 交叉熵损失函数
criterion = nn.CrossEntropyLoss(
    ignore_index=vocab_w[PAD_TOKEN], # 忽略所有PAD_TOKEN处的预测损失
    reduction="sum"
```

```python
)

# 创建模型并加载至相应设备，同时创建Adam优化器
model = BiLM(configs, vocab_w, vocab_c)
model.to(device)
optimizer = optim.Adam(
    filter(lambda x: x.requires_grad, model.parameters()),
    lr=configs['learning_rate']
)

# 训练过程
model.train()
for epoch in range(configs['num_epoch']):
    total_loss = 0
    total_tags = 0 # 有效预测位置的数量，即非PAD_TOKEN处的预测
    for batch in tqdm(train_loader, desc=f"Training Epoch {epoch}"):
        batch = [x.to(device) for x in batch]
        inputs_w, inputs_c, seq_lens, targets_fw, targets_bw = batch

        optimizer.zero_grad()
        outputs_fw, outputs_bw = model(inputs_c, seq_lens)
        # 前向语言模型损失
        loss_fw = criterion(
            outputs_fw.view(-1, outputs_fw.shape[-1]),
            targets_fw.view(-1)
        )
        # 后向语言模型损失
        loss_bw = criterion(
            outputs_bw.view(-1, outputs_bw.shape[-1]),
            targets_bw.view(-1)
        )
        loss = (loss_fw + loss_bw) / 2.0
        loss.backward()
        # 梯度裁剪
        nn.utils.clip_grad_norm_(model.parameters(), configs['clip_grad'])
        optimizer.step()

        total_loss += loss_fw.item()
        total_tags += seq_lens.sum().item()
```

```
    # 以前向语言模型的困惑度（PPL）作为模型当前性能指标
    train_ppl = numpy.exp(total_loss / total_tags)
    print(f"Train PPL: {train_ppl:.2f}")

# 保存编码器参数
model.save_pretrained(configs['model_path'])
# 保存超参数
json.dump(configs, open(os.path.join(configs['model_path'], 'configs.json'), "
    w"))
# 保存词表
save_vocab(vocab_w, os.path.join(configs['model_path'], 'word.dic'))
save_vocab(vocab_c, os.path.join(configs['model_path'], 'char.dic'))
```

　　训练过程将输出每一次迭代后的前向语言模型的困惑度值。在训练完成后，便可以利用双向语言模型的编码器编码输入文本并获取动态词向量。为方便使用，可以额外封装其编码器部分，以供下游任务调用。

```
class ELMo(nn.Module):
    def __init__(self, model_dir):
        super(ELMo, self).__init__()
        # 加载配置文件，获取模型超参数
        self.configs = json.load(open(os.path.join(model_dir, 'configs.json'))
    )

        # 读取词表，此处只须读取字符级词表
        self.vocab_c = read_vocab(os.path.join(model_dir, 'char.dic'))

        # 词表示编码器
        self.token_embedder = ConvTokenEmbedder(
            self.vocab_c,
            self.configs['char_embedding_dim'],
            self.configs['char_conv_filters'],
            self.configs['num_highways'],
            self.configs['projection_dim']
        )

        # Elmo LSTM编码器
        self.encoder = ELMoLstmEncoder(
            self.configs['projection_dim'],
            self.configs['hidden_dim'],
            self.configs['num_layers']
        )
```

```
        self.output_dim = self.configs['projection_dim']

        # 从预训练模型目录中加载编码器
        self.load_pretrained(model_dir)

    def load_pretrained(self, path):
        # 加载词表示编码器
        self.token_embedder.load_state_dict(torch.load(os.path.join(path, "
    token_embedder.pth")))
        # 加载编码器
        self.encoder.load_state_dict(torch.load(os.path.join(path, "encoder.
    pth")))
```

另外，还可以为 ELMo 类编写丰富的接口，以编码单个句子、批次或者文档。同时，关于模型结构的选择，除了 LSTM，也可以使用其他神经网络结构，例如 Transformer 等。尽管模型较为简单、易于实现，但是为了获得高质量的预训练模型，通常需要较大规模的高质量数据以及精细的超参数选择。在算力受限的情况下，可以直接使用已经开源或开放使用的 ELMo 预训练模型，例如由 AI2 发布的 AllenNLP 工具包[13]，以及由哈工大社会计算与信息检索研究中心（HIT-SCIR）发布的多语言 ELMo 预训练模型[11] 等。

以 AllenNLP（v1.3.0 版本）为例，调用 ELMo 预训练模型的方式如下。

```
>>> from allennlp.modules.elmo import Elmo, batch_to_ids
>>> options_file = "https://allennlp.s3.amazonaws.com/models/elmo/2
    x4096_512_2048cnn_2xhighway/elmo_2x4096_512_2048cnn_2xhighway_options.
    json"
>>> weights_file = "https://allennlp.s3.amazonaws.com/models/elmo/2
    x4096_512_2048cnn_2xhighway/elmo_2x4096_512_2048cnn_2xhighway_weights.
    hdf5"
>>> elmo = Elmo(options_file, weight_file, num_output_representations=1,
    dropout=0)
```

Elmo 类是由 nn.Module 派生的一个子类，其 forward 函数的输入是已分词的句子列表，输出是 ELMo 向量与掩码矩阵。ELMo 向量对应的组合参数可以根据下游任务训练。可以看到，Elmo 类的四个关键参数分别为超参数配置文件 options_file、预训练模型权重文件 weight_file、输出的 ELMo 向量数目 num _output_representations 和 dropout 概率。需要注意的是，将 ELMo 应用于下游任务模型时，可以在模型的不同位置同时引入 ELMo 向量特征，例如输入层或隐含层。而应用于不同位置的 ELMo 向量可使用不同的组合系数（s^{task}）。num_ output_representations 参数可用于控制输出的 ELMo 向量的数目，即不同组

合方式的数目。关于 AllenNLP ELMo 接口的其他参数，请读者自行参考其官方源
代码及文档。

对于已分词的文本，首先使用 `batch_to_ids` 函数将文本转换为 id 表示，然
后使用 elmo 对象编码，示例代码如下。

```
>>> sentences = [['I', 'love', 'Elmo'], ['Hello', 'Elmo']]
>>> character_ids = batch_to_ids(sentences)
    # 输出大小为2*3*50(字符向量维度)的张量
>>> embeddings = elmo(character_ids)
>>> print(embeddings)
```

输出结果包含由输入句子的 ELMo 向量表示组成的张量（列表），在示例中，
其大小为 $2 \times 3 \times 1024$（分别为批次大小、最大序列长度和向量维度）；以及输入
文本补齐后对应的掩码矩阵。

```
{'elmo_representations':
 [tensor([[[ 0.1474, -0.1475,  0.1376,  ...,  0.0270, -0.4051, -0.0498],
           [ 0.2394,  0.0769,  0.4126,  ..., -0.1671, -0.1707,  0.3884],
           [-0.7602, -0.4944, -0.5355,  ..., -0.0803,  0.0361,  0.1128]],

          [[ 0.2603, -0.4437,  0.2726,  ..., -0.0830, -0.1522, -0.1361],
           [-0.7772, -0.4294, -0.2651,  ..., -0.0803,  0.0361,  0.1128],
           [ 0.0000,  0.0000,  0.0000,  ...,  0.0000,  0.0000,  0.0000]]],
         grad_fn=<CopySlices>)],
 'mask':
 tensor([[ True,  True,  True],
         [ True,  True, False]])}
```

6.2.4 应用与评价

与静态词向量类似，动态词向量最简单、直接的应用是作为输入特征供目标
任务使用，而无须改变目标任务已有的模型结构。这种"即插即用"的特点也是
ELMo 模型广受欢迎的原因之一。从词表示学习的角度来看，由于动态词向量编
码了词的上下文信息，因此具有一定的词义消歧能力。本小节首先介绍动态词向
量在下游任务中的应用，然后分析其词义表示能力。

1. 作为下游任务特征

本节仍然以文本分类为例，展示如何在下游任务中应用 ELMo 词向量特征。
利用 ELMo 即插即用的特点，可以很方便地在既有模型中使用 ELMo。例如，可

以简单地修改 5.4.3 节的多层感知器文本分类模型，使其利用 ELMo 动态词向量来现文本分类，具体代码如下。

```python
class ELMoMLP(nn.Module):
    def __init__(self, elmo, hidden_dim, num_class):
        super(ELMoMLP, self).__init__()
        # ELMo预训练编码器，可使用AllenNLP预训练ELMo模型
        self.elmo = elmo
        # 隐含层
        self.fc1 = nn.Linear(self.elmo.get_output_dim(), hidden_dim)
        # 输出层
        self.fc2 = nn.Linear(hidden_dim, num_class)
        self.activate = F.relu

    def forward(self, inputs, lengths):
        elmo_output = self.elmo(inputs)
        embeds = elmo_output['elmo_representations'][0]
        mask = elmo_output['mask']

        # 将每个序列中词的ELMo向量均值作为该序列的向量表示，作为MLP的输入
        embeds = torch.sum(embeds * mask.unsqueeze(2), dim=1) / lengths.unsqueeze(1)
        hidden = self.activate(self.fc1(embeds))
        output = self.fc2(hidden)
        log_probs = F.log_softmax(output, dim=1)
        return log_probs
```

以上示例代码将原有的静态词向量（GloVe）特征完全替换为动态词向量特征，这也是一种最简单的使用 ELMo 向量的方法。在实际应用中，根据目标任务、领域或数据的不同，可以采用不同的方式灵活地使用 ELMo 向量特征。例如，可以在模型的底层将 ELMo 向量与静态词向量一并作为模型的输入（$[\boldsymbol{x}_k; \mathrm{ELMo}_k]$）；或在模型的顶层与最接近输出层的隐含层表示相结合作为分类器（Softmax 层）的输入（$[\boldsymbol{h}_k; \mathrm{ELMo}_k]$）。

正如前文所述，越接近底层（输入层）的隐含层表示更侧重于词法、句法等较为浅层的信息；而越接近顶层（输出层）的隐含层表示更多地编码语义层面的信息。文献 [10] 验证了这一假设：对于更依赖词法特征的词性标注任务，使用 ELMo 第一层 LSTM 特征优于第二层；而对于词义消歧任务，第二层 LSTM 特征显著优于第一层。

2. 上下文相关的词义相似性检索

动态词向量被提出的一个主要动机是为了弥补静态词向量对于一词多义现象表达能力的不足。那么，根据 ELMo 词向量的"上下文相关"特性，其应当具备一定限度上的词义消歧能力。为了验证这一点，最直接的方法是对比 ELMo 与静态词向量作为词特征在词义消歧任务上的表现。同时，也可以定性地观察与分析多义词在词向量空间内的近邻分布。

文献 [10] 的实验表明，ELMo 向量在词义消歧任务和近邻分析上都有较好的表现。例如，表 6-1 给出了英文"play"一词的近邻搜索结果。由于 ELMo 是上下文相关的词向量，因此其近邻也是含上下文信息的。可以看出，在 GloVe 词向量空间内的近邻词具有多种不同的词性，且主要为与"运动""游戏"相关的词。而利用 ELMo 向量，可以有效地检索出与查询中"play"词性、词义一致的上下文。

表 6-1　词义相似性检索：静态词向量与动态词向量对比[10]

模型	词	近邻
GloVe	play	playing, game, games, played, players, plays, player, Play, football, multiplayer
ELMo	Chico Ruiz made a spectacular play on Alusik's grounder ⋯	Kieffer , the only junior in the group , was commended for his ability to hit in the clutch , as well as his all-round excellent play
	Olivia De Havilland signed to do a Broadway play for Garson ⋯	⋯ they were actors who had been handed fat roles in a successful play , and had talent enough to fill the roles competently , with nice understatement

6.3 小结

本章介绍了动态词向量的主要思想和提出动机，并以 ELMo 为例详细介绍了其原理和详细的代码实现。ELMo 模型的提出使得多项自然语言处理任务的性能在不改变模型的基础上得到了显著的提升，这极大地增加了人们对预训练模型的信心，同时也启发了一种新的自然语言处理范式——基于自监督学习的预训练 + 基于有监督学习的精调范式。在第 7 章，将对这种新的范式展开详细的介绍。

习题

6.1 分别从词表示和语义组合的角度阐述动态词向量的特点，以及其相比于静态词向量的优势。

6.2 以英文中常用的多义词"bank"为例，使用 AllenNLP 提供的 ELMo 模型抽取其在不同句子中的词向量，并使用 t-SNE 进行可视化分析。

6.3 实现基于 ELMo 的词性标注，并对比 ELMo 不同层的特征对于模型性能的影响。

6.4 使用 Transformer 结构实现 ELMo 模型中的前向、后向语言模型，并分别从语言模型困惑度和下游任务性能两个方面与 LSTM 语言模型对比分析。

6.5 为了训练中文的 ELMo 模型，需要对模型结构做哪些调整？

6.6 除了以特征形式应用于下游任务，动态词向量还有哪些潜在的应用场景？

## 第 7 章

预训练语言模型

第 6 章介绍的动态词向量方法 CoVe 和 ELMo 将词表示从静态转变到动态，同时也在多个自然语言处理任务中显著地提升了性能。随后，以 GPT 和 BERT 为代表的基于大规模文本训练出的**预训练语言模型**（Pre-trained Language Model, PLM）已成为目前主流的文本表示模型。本章首先介绍预训练语言模型的特点及主要组成部分，让读者对预训练语言模型有一个基本的认识。然后介绍以 GPT 为代表的基于自回归的预训练语言模型。接着介绍基于自编码的预训练语言模型，并以经典的 BERT 为例，详细介绍其建模方法。最后，以多个典型的自然语言处理任务为例，结合相关代码介绍预训练语言模型在下游任务中的应用方法。

7.1 概述

预训练模型并不是自然语言处理领域的"首创"技术。在计算机视觉（Computer Vision，CV）领域，以 ImageNet[14] 为代表的大规模图像数据为图像识别、图像分割等任务提供了良好的数据基础。因此，在计算机视觉领域，通常会使用 ImageNet 进行一次预训练，让模型从海量图像中充分学习如何从图像中提取特征。然后，会根据具体的目标任务，使用相应的领域数据精调，使模型进一步"靠近"目标任务的应用场景，起到领域适配和任务适配的作用。这好比人们在小学、初中和高中阶段会学习数学、语文、物理、化学和地理等基础知识，夯实基本功并构建基本的知识体系（预训练阶段）。而当人们步入大学后，将根据选择的专业（目标任务）学习某一领域更深层次的知识（精调阶段）。从以上介绍中可以看出，"预训练 + 精调"模式在自然语言处理领域的兴起并非偶然现象。

由于自然语言处理的核心在于如何更好地建模语言，所以在自然语言处理领域中，预训练模型通常指代的是预训练语言模型。广义上的预训练语言模型可以泛指提前经过大规模数据训练的语言模型，包括早期的以 Word2vec、GloVe 为代表的静态词向量模型，以及基于上下文建模的 CoVe、ELMo 等动态词向量模型。在 2018 年，以 GPT 和 BERT 为代表的基于深层 Transformer 的表示模型出现后，预训练语言模型这个词才真正被大家广泛熟知。因此，目前在自然语言处理领域中提到的预训练语言模型大多指此类模型。预训练语言模型的出现使得自然语言处理进入新的时代，也被认为是近些年来自然语言处理领域中的里程碑事件。

相比传统的文本表示模型，预训练语言模型具有"三大"特点——大数据、大模型和大算力。接下来介绍这"三大"特点代表的具体含义。

7.1.1 大数据

"工欲善其事，必先利其器。"要想学习更加丰富的文本语义表示，就需要获取文本在不同上下文中出现的情况，因此大规模的文本数据是必不可少的。获取足够多的大规模文本数据是训练一个好的预训练语言模型的开始。因此，预训练数据需要讲究"保质"和"保量"。

- "保质"是希望预训练语料的质量要尽可能高，避免混入过多的低质量语料。这与训练普通的自然语言处理模型的标准基本是一致的；
- "保量"是希望预训练语料的规模要尽可能大，从而获取更丰富的上下文信息。

在实际情况中，预训练数据往往来源不同。精细化地预处理所有不同来源的数据是非常困难的。因此，在预训练数据的准备过程中，通常不会进行非常精细化地处理，仅会预处理语料的共性问题。同时，通过增大语料规模进一步稀释低质量语料的比重，从而降低质量较差的语料对预训练过程带来的负面影响。当然，预训练语料的质量越高，训练出来的预训练语言模型的质量也相对更好，这需要在数据处理投入和数据质量之间做出权衡。

7.1.2　大模型

在有了大数据后，就需要有一个足以容纳这些数据的模型。数据规模和模型规模在一定程度上是正相关的。当在小数据上训练模型时，通常模型的规模不会太大，以避免出现过拟合现象。而当在大数据上训练模型时，如果不增大模型规模，可能会造成新的知识无法存放的情况，从而无法完全涵盖大数据中丰富的语义信息。因此，需要一个容量足够大的模型来学习和存放大数据中的各种特征。在机器学习中，"容量大"通常指的是模型的"参数量大"。那么，如何设计这样一个参数量较大的模型呢？这里主要考虑以下两个方面。

- 模型需要具有较高的并行程度，以弥补大模型带来的训练速度下降的问题；
- 模型能够捕获并构建上下文信息，以充分挖掘大数据文本中丰富的语义信息。

综合以上两点条件，基于 Transformer 的神经网络模型成为目前构建预训练语言模型的最佳选择。首先，Transformer 模型具有较高的并行程度。Transformer 核心部分的多头自注意力机制（Multi-head Self-attention）[15] 不依赖于顺序建模，因此可以快速地并行处理。与此相反，传统的神经网络语言模型通常基于循环神经网络（RNN），而 RNN 需要按照序列顺序处理，并行化程度较低。其次，Transformer 中的多头自注意力机制能够有效地捕获不同词之间的关联程度，并且能够通过多头机制从不同维度刻画这种关联程度，使得模型能够得到更加精准的计算结果。因此，主流的预训练语言模型无一例外都使用了 Transformer 作为模型的主体结构。

7.1.3　大算力

即使拥有了大数据和大模型，但如果没有与之相匹配的大算力，预训练语言模型也很难得以实现。为了训练预训练语言模型，除了大家熟知的深度学习计算设备——图形处理单元（Graphics Processing Unit, GPU），还有后起之秀——张量处理单元（Tensor Processing Unit, TPU）。下面就这两种常见的深度学习计算设备进行简单的介绍。

1. 图形处理单元

图形处理单元（GPU，俗称显卡）是大家最熟悉的计算设备之一。早期，GPU主要用来处理计算机图形，是连接计算机主机和显示终端（如显示器）的纽带。而随着 GPU 核心的不断升级，在其计算能力和计算速度得到大幅提升后，不仅可以作为常规的图形处理设备，同时也可以成为深度学习领域的计算设备。

那么，为什么不使用中央处理器（Central Processing Unit，CPU）来运行深度学习任务呢？因为 CPU 和 GPU 擅长的任务类型是不同的。CPU 擅长处理串行运算以及逻辑控制和跳转，而 GPU 更擅长大规模并行运算。由于深度学习中经常涉及大量的矩阵或张量之间的计算，并且这些计算是可以并行完成的，所以特别适合用 GPU 处理。

目前，在深度学习领域应用范围最广的 GPU 品牌是英伟达（NVIDIA）。英伟达生产的 GPU 依靠与之匹配的统一计算设备架构（Compute Unified Device Architecture，CUDA）能够更好地处理复杂的计算问题，同时深度优化多种深度学习基本运算指令。大家熟知的 PyTorch、TensorFlow 等主流的深度学习框架均提供了基于 CUDA 的 GPU 运算支持，并提供了更高层、更抽象的调用方式，使得用户可以更方便地编写深度学习程序。

目前广受欢迎的深度学习设备是英伟达 Volta 系列硬件，其中最为人熟知的型号是 V100，其在深度学习框架下的浮点运算性能达到了 125 TFLOPS（以 NVLink 版为例）。V100 的人工智能推理吞吐量比 CPU 高出 20 倍以上，并且在高性能计算（High Performance Computing，HPC）方面相比 CPU 高出 100 倍以上[①]。

2. 张量处理单元

张量处理单元（TPU）[16] 是谷歌公司近年定制开发的专用集成电路（Application Specific Integrated Circuit，ASIC），专门用于加快机器学习任务的训练，但在早期并没有像 GPU 那样被广为熟知。研究人员能够使用 TensorFlow 在 TPU 加速器硬件上快速地完成机器学习任务的训练。TPU 提高了机器学习应用中大量使用的线性代数计算的性能。当训练大型复杂的神经网络模型时，TPU 可以大幅度缩短达到既定准确率所需的时间，提高模型的收敛速度。例如，以前在其他硬件平台上需要花费数周时间进行训练的深度学习模型，在 TPU 上只需数小时即可完成训练。同时，借助谷歌公司开发的 TensorFlow 深度学习框架以及对 TPU 硬件的针对性优化，研究人员可以借助 TensorFlow 提供的 API，方便地将模型迁移到 TPU 硬件上运行。目前，TPU 主要支持 TensorFlow 深度学习框架，并逐步完善对 PyTorch 深度学习框架的支持，基本满足了大多数相关从业人员的需求。

图 7-1 给出了两种常用 TPU 的硬件架构图，包括 TPU v2 和 TPU v3。每个 TPU 版本定义了 TPU 设备的特定硬件特征，其中包括每个 TPU 核心的架构、高带宽内存（HBM）的数量、每个 TPU 设备上核心之间的互连和可用于设备间通信的网络接口。TPU v2 和 TPU v3 之间的属性对比如表 7-1 所示。

与分布式 GPU 类似，谷歌数据中心中的 TPU Pod 是通过专用高速网络相互连接的多 TPU 设备。TPU 节点中的主机在所有 TPU 设备上分配机器学习工作负

---

① 此处以单路英特尔至强金牌系列 6240 处理器为例进行对比。

载。在 TPU Pod 中，TPU 芯片在设备上互连，同时通过专用高速网络互连，因此芯片之间的通信无需主机 CPU 或主机网络资源。由 TPU v2 构成的 TPU v2 Pod 可最高拥有 512 个 TPU 核心和 4 TB 的总内存。而 TPU v3 Pod 可进一步将核心数提升至 2048 个，并且提供高达 32 TB 的总内存。由于可以提供超大算力和内存，TPU Pod 也是目前训练超大规模预训练语言模型的首选设备之一。

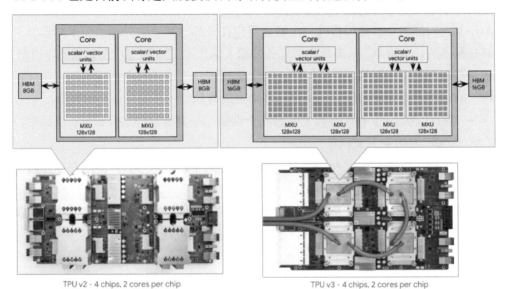

TPU v2 - 4 chips, 2 cores per chip　　　　　TPU v3 - 4 chips, 2 cores per chip

图 7-1　两种常用 TPU 的硬件架构图

表 7-1　TPU v2 和 TPU v3 之间的属性对比

型号	芯片数	每芯片核心数	每核心内存	总内存	浮点运算能力
TPU v2	4	2	8 GB	64 GB	180 TFLOPS
TPU v3	4	2	16 GB	128 GB	420 TFLOPS

　　目前，TPU 只能通过谷歌云服务器访问使用，无法像 GPU 一样自行采购使用。一张 TPU v2 的每小时使用费用是 4.5 美元，而 TPU v3 是 8 美元，价格较为昂贵。不过，对于想体验 TPU 的用户来说，谷歌公司推出的 Colab 在线编程平台是一个很好的选择。Colab 是一个基于 Jupyter Notebook 的可交互式在线编程平台，目前用户可以免费使用 Colab 的基础版本。用户可以选用一张英伟达 GPU 或者谷歌 TPU 做深度学习相关的实验。感兴趣的读者可以访问 Colab 相关网站了解更多详情。

7.2 GPT

OpenAI 公司在 2018 年提出了一种生成式预训练（Generative Pre-Training，GPT）模型[17] 用来提升自然语言理解任务的效果，正式将自然语言处理带入"预训练"时代。"预训练"时代意味着利用更大规模的文本数据以及更深层的神经网络模型学习更丰富的文本语义表示。同时，GPT 的出现打破了自然语言处理各个任务之间的壁垒，使得搭建一个面向特定任务的自然语言处理模型不再需要了解非常多的任务背景，只需要根据任务的输入输出形式应用这些预训练语言模型，就能够达到一个不错的效果。因此，GPT 提出了"生成式预训练 + 判别式任务精调"的自然语言处理新范式，使得自然语言处理模型的搭建变得不再复杂。

- **生成式预训练**：在大规模文本数据上训练一个高容量的语言模型，从而学习更加丰富的上下文信息；
- **判别式任务精调**：将预训练好的模型适配到下游任务中，并使用有标注数据学习判别式任务。

接下来将从两个部分介绍 GPT 模型。首先介绍 GPT 模型的基本结构及其预训练方法，然后介绍 GPT 模型在不同下游任务中的应用。

7.2.1 无监督预训练

GPT 的整体结构是一个基于 Transformer 的单向语言模型，即从左至右对输入文本建模，如图 7-2 所示。

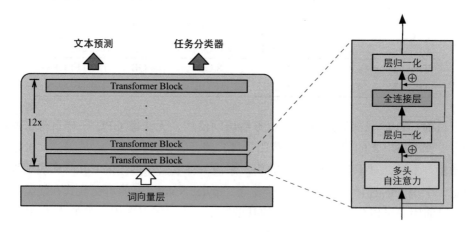

图 7-2　GPT 的整体模型结构

GPT 利用常规语言建模的方法优化给定文本序列 $x = x_1 \cdots x_n$ 的最大似然估计 $\mathcal{L}^{\text{PT}}$。

$$\mathcal{L}^{\mathrm{PT}}(x) = \sum_i \log P(x_i | x_{i-k} \cdots x_{i-1}; \boldsymbol{\theta}) \tag{7-1}$$

式中，k 表示语言模型的窗口大小，即基于 k 个历史词 $x_{i-k} \cdots x_{i-1}$ 预测当前时刻的词 x_i；$\boldsymbol{\theta}$ 表示神经网络模型的参数，可使用随机梯度下降法优化该似然函数。

具体地，GPT 使用了多层 Transformer 作为模型的基本结构。由于在 4.4.3 节中已经介绍了 Transformer 的内部结构，因此这里不再赘述。对于长度为 k 的窗口词序列 $x' = x_{-k} \cdots x_{-1}$，通过以下方式计算建模概率 P。

$$\boldsymbol{h}^{[0]} = \boldsymbol{e}_{x'} \boldsymbol{W}^{\mathrm{e}} + \boldsymbol{W}^{\mathrm{p}} \tag{7-2}$$

$$\boldsymbol{h}^{[l]} = \text{Transformer-Block}(\boldsymbol{h}^{[l-1]}), \quad \forall l \in \{1, 2, \cdots, L\} \tag{7-3}$$

$$P(x) = \text{Softmax}(\boldsymbol{h}^{[L]} \boldsymbol{W}^{\mathrm{e}\top}) \tag{7-4}$$

式中，$\boldsymbol{e}_{x'} \in \mathbb{R}^{k \times |\mathbb{V}|}$ 表示 x' 的独热向量表示；$\boldsymbol{W}^{\mathrm{e}} \in \mathbb{R}^{|\mathbb{V}| \times d}$ 表示词向量矩阵；$\boldsymbol{W}^{\mathrm{p}} \in \mathbb{R}^{n \times d}$ 表示位置向量矩阵（此处只截取窗口 x' 对应的位置向量）；L 表示 Transformer 的总层数。

7.2.2 有监督下游任务精调

在预训练阶段，GPT 利用大规模数据训练出基于深层 Transformer 的语言模型，已经掌握了文本的通用语义表示。精调（Fine-tuning）的目的是在通用语义表示的基础上，根据下游任务（Downstream task）的特性进行领域适配，使之与下游任务的形式更加契合，以获得更好的下游任务应用效果。接下来，将介绍如何将预训练好的 GPT 应用在实际的下游任务中。

下游任务精调通常是由有标注数据进行训练和优化的。假设下游任务的标注数据为 $\mathcal{C}$，其中每个样例的输入是 $x = x_1 \cdots x_n$ 构成的长度为 n 的文本序列，与之对应的标签为 y。首先将文本序列输入预训练的 GPT 中，获取最后一层的最后一个词对应的隐含层输出 $\boldsymbol{h}_n^{[L]}$，如式 (7-3) 所示。紧接着，将该隐含层输出通过一层全连接层变换，预测最终的标签。

$$P(y | x_1 \cdots x_n) = \text{Softmax}(\boldsymbol{h}^{[L]} \boldsymbol{W}^{\mathrm{y}}) \tag{7-5}$$

式中，$\boldsymbol{W}^{\mathrm{y}} \in \mathbb{R}^{d \times k}$ 表示全连接层权重，k 表示标签个数。

最终，通过优化以下损失函数精调下游任务。

$$\mathcal{L}^{\mathrm{FT}}(\mathcal{C}) = \sum_{(x,y)} \log P(y | x_1 \cdots x_n) \tag{7-6}$$

另外，为了进一步提升精调后模型的通用性以及收敛速度，可以在下游任务精调时加入一定权重的预训练任务损失。这样做是为了缓解在下游任务精调的过程中出现灾难性遗忘（Catastrophic Forgetting）问题。因为在下游任务精调过程中，GPT 的训练目标是优化下游任务数据上的效果，更强调特殊性。因此，势必会对预训练阶段学习的通用知识产生部分的覆盖或擦除，丢失一定的通用性。通过结合下游任务精调损失和预训练任务损失，可以有效地缓解灾难性遗忘问题，在优化下游任务效果的同时保留一定的通用性。在实际应用中，可通过下式精调下游任务。

$$\mathcal{L}(\mathcal{C}) = \mathcal{L}^{\text{FT}}(\mathcal{C}) + \lambda\mathcal{L}^{\text{PT}}(\mathcal{C}) \tag{7-7}$$

式中，$\mathcal{L}^{\text{FT}}$ 表示精调任务损失；$\mathcal{L}^{\text{PT}}$ 表示预训练任务损失；λ 表示权重，通常 λ 的取值介于 $[0, 1]$。

特别地，当 $\lambda = 0$ 时，$\mathcal{L}^{\text{PT}}$ 一项无效，表示只使用精调任务损失 $\mathcal{L}^{\text{FT}}$ 优化下游任务。而当 $\lambda = 1$ 时，$\mathcal{L}^{\text{PT}}$ 和 $\mathcal{L}^{\text{FT}}$ 具有相同的权重。在实际应用中，通常设置 $\lambda = 0.5$，因为在精调下游任务的过程中，主要目的还是要优化有标注数据集的效果，即优化 $\mathcal{L}^{\text{FT}}$。而 $\mathcal{L}^{\text{PT}}$ 的引入主要是为了提升精调模型的通用性，其重要程度不及 $\mathcal{L}^{\text{FT}}$，因此设置 $\lambda = 0.5$ 是一个较为合理的值（不同任务之间可能有一定的区别）。

7.2.3 适配不同的下游任务

7.2.2 节描述了 GPT 在下游任务精调的通用做法。但不同任务之间的输入形式各不相同，应如何根据不同任务适配 GPT 的输入形式成为一个问题。本节介绍自然语言处理中几种典型的任务在 GPT 中的输入输出形式，其中包括：单句文本分类、文本蕴含、相似度计算和选择型阅读理解，如图 7-3 所示。

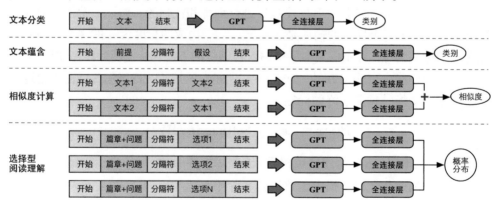

图 7-3　GPT 在不同下游任务中的应用

（1）单句文本分类。单句文本分类是最常见的自然语言处理任务之一，其输入由单个文本构成，输出由对应的分类标签构成。假设输入为 $x = x_1 \cdots x_n$，单句文本分类的样例将通过如下形式输入 GPT 中。

$$\text{<s>}\ x_1\ x_2\ \cdots\ x_n\ \text{<e>}$$

式中，<s> 表示开始标记；<e> 表示结束标记。

（2）文本蕴含。文本蕴含的输入由两段文本构成，输出由分类标签构成，用于判断两段文本之间的蕴含关系。需要注意的是，文本蕴含中的前提（Premise）和假设（Hypothesis）是有序的，即在所有样例中需要使用统一格式，两者顺序必须固定（前提在前或者假设在前）。假设文本蕴含的样例分别为 $x^{(1)} = x_1^{(1)} \cdots x_n^{(1)}$ 和 $x^{(2)} = x_1^{(2)} \cdots x_m^{(2)}$，其将通过如下形式输入 GPT 中。

$$\text{<s>}\ x_1^{(1)}\ x_2^{(1)}\ \cdots\ x_n^{(1)}\ \$\ x_1^{(2)}\ x_2^{(2)}\ \cdots\ x_m^{(2)}\ \text{<e>}$$

式中，$ 表示分隔标记，用于分隔两段文本；n 和 m 分别表示 $x^{(1)}$ 和 $x^{(2)}$ 的长度。

（3）相似度计算。相似度计算任务也由两段文本构成。但与文本蕴含任务不同的是，参与相似度计算的两段文本之间不存在顺序关系。假设相似度计算的样例分别为 $x^{(1)} = x_1^{(1)} \cdots x_n^{(1)}$，$x^{(2)} = x_1^{(2)} \cdots x_m^{(2)}$，其将通过如下形式输入 GPT 中，得到两个相应的隐含层表示。最终将这两个隐含层表示相加，并通过一个全连接层预测相似度。

$$\text{<s>}\ x_1^{(1)}\ x_2^{(1)}\ \cdots\ x_n^{(1)}\ \$\ x_1^{(2)}\ x_2^{(2)}\ \cdots\ x_m^{(2)}\ \text{<e>}$$
$$\text{<s>}\ x_1^{(2)}\ x_2^{(2)}\ \cdots\ x_m^{(2)}\ \$\ x_1^{(1)}\ x_2^{(1)}\ \cdots\ x_n^{(1)}\ \text{<e>}$$

（4）选择型阅读理解。选择型阅读理解任务是让机器阅读一篇文章，并且需要从多个选项中选择出问题对应的正确选项，即需要将 ⟨篇章, 问题, 选项⟩ 作为输入，以正确选项编号作为标签。根据上述任务形式，假设篇章为 $p = p_1 p_2 \cdots p_n$，问题为 $q = q_1 q_2 \cdots q_m$，第 i 个选项为 $c^{(i)} = c_1^{(i)} c_2^{(i)} \cdots c_k^{(i)}$，并假设 N 为选项个数，其将通过如下形式输入 GPT 中。

$$\text{<s>}\ p_1\ p_2\ \cdots\ p_n\ \$\ q_1\ q_2\ \cdots\ q_m\ \$\ c_1^{(1)}\ c_2^{(1)}\ \cdots\ c_k^{(1)}\ \text{<e>}$$
$$\text{<s>}\ p_1\ p_2\ \cdots\ p_n\ \$\ q_1\ q_2\ \cdots\ q_m\ \$\ c_1^{(2)}\ c_2^{(2)}\ \cdots\ c_k^{(2)}\ \text{<e>}$$
$$\vdots$$
$$\text{<s>}\ p_1\ p_2\ \cdots\ p_n\ \$\ q_1\ q_2\ \cdots\ q_m\ \$\ c_1^{(N)}\ c_2^{(N)}\ \cdots\ c_k^{(N)}\ \text{<e>}$$

将 ⟨篇章, 问题, 选项⟩ 作为输入，通过 GPT 建模得到对应的隐含层表示，并通过全连接层得到每个选项的得分。最终，将 N 个选项的得分拼接，通过 Softmax 函数得到归一化的概率（单选题），并通过交叉熵损失函数学习。

7.3 BERT

BERT（Bidirectional Encoder Representation from Transformers）[18] 是由 Devlin 等人在 2018 年提出的基于深层 Transformer 的预训练语言模型。BERT 不仅充分利用了大规模无标注文本来挖掘其中丰富的语义信息，同时还进一步加深了自然语言处理模型的深度。

这一节将着重介绍 BERT 的建模方法，其中包括两个基本的预训练任务以及两个进阶预训练任务。最后，介绍如何利用 BERT 在四类典型的自然语言处理任务上快速搭建相应的模型，并结合代码实现进行实战。

7.3.1 整体结构

首先，从整体框架的角度对 BERT 进行介绍，了解其基本的组成部分，然后针对每个部分详细介绍。BERT 的基本模型结构由多层 Transformer 构成，包含两个预训练任务：掩码语言模型（Masked Language Model，MLM）和下一个句子预测（Next Sentence Prediction，NSP），如图 7-4 所示。

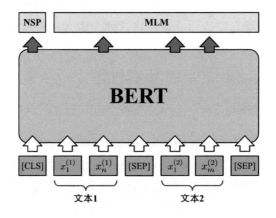

图 7-4 BERT 的整体模型结构

可以看到，模型的输入由两段文本 $x^{(1)}$ 和 $x^{(2)}$ 拼接组成，然后通过 BERT 建模得到上下文语义表示，最终学习掩码语言模型和下一个句子预测。需要注意的是，掩码语言模型对输入形式并没有特别要求，可以是一段文本也可以是两段文本。而下一个句子预测要求模型的输入是两段文本。因此，BERT 在预训练阶段的输入形式统一为两段文本拼接的形式。接下来介绍如何对两段文本建模，得到对应的输入表示。

7.3.2　输入表示

BERT 的输入表示（Input Representation）由词向量（Token Embeddings）、块向量（Segment Embeddings）和位置向量（Position Embeddings）之和组成，如图 7-5 所示。

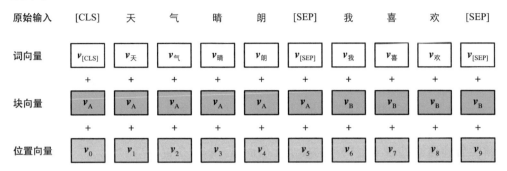

图 7-5　BERT 的输入表示

为了计算方便，在 BERT 中，这三种向量维度均为 e，因此可通过下式计算输入序列对应的输入表示 $\boldsymbol{v}$：

$$\boldsymbol{v} = \boldsymbol{v}^{\mathrm{t}} + \boldsymbol{v}^{\mathrm{s}} + \boldsymbol{v}^{\mathrm{p}} \tag{7-8}$$

式中，$\boldsymbol{v}^{\mathrm{t}}$ 表示词向量；$\boldsymbol{v}^{\mathrm{s}}$ 表示块向量；$\boldsymbol{v}^{\mathrm{p}}$ 表示位置向量；三种向量的大小均为 $N \times e$，N 表示序列最大长度，e 表示词向量维度。接下来介绍这三种向量的计算方法。

（1）词向量。与传统神经网络模型类似，BERT 中的词向量[①]同样通过词向量矩阵将输入文本转换成实值向量表示。具体地，假设输入序列 x 对应的独热向量表示为 $\boldsymbol{e}^{\mathrm{t}} \in \mathbb{R}^{N \times |\mathbb{V}|}$，其对应的词向量表示 $\boldsymbol{v}^{\mathrm{t}}$ 为：

$$\boldsymbol{v}^{\mathrm{t}} = \boldsymbol{e}^{\mathrm{t}} \boldsymbol{W}^{\mathrm{t}} \tag{7-9}$$

式中，$\boldsymbol{W}^{\mathrm{t}} \in \mathbb{R}^{|\mathbb{V}| \times e}$ 表示可训练的词向量矩阵；$|\mathbb{V}|$ 表示词表大小；e 表示词向量维度。

（2）块向量。块向量用来编码当前词属于哪一个块（Segment）。输入序列中每个词对应的块编码（Segment Encoding）为当前词所在块的序号（从 0 开始计数）。

- 当输入序列是单个块时（如单句文本分类），所有词的块编码均为 0；

[①] 因为 BERT 中采用 WordPiece 分词，所以此处指代的是"子词"。为了叙述方便，如无特殊说明，本章节中的词向量均由子词词表构成。

- 当输入序列是两个块时（如句对文本分类），第一个句子中每个词对应的块编码为 0，第二个句子中每个词对应的块编码为 1。

需要注意的是，[CLS] 位（输入序列中的第一个标记）和第一个块结尾处的 [SEP] 位（用于分隔不同块的标记）的块编码均为 0。接下来，利用块向量矩阵 $\boldsymbol{W}^s$ 将块编码 $\boldsymbol{e}^s \in \mathbb{R}^{N \times |\mathbb{S}|}$ 转换为实值向量，得到块向量 $\boldsymbol{v}^s$：

$$\boldsymbol{v}^s = \boldsymbol{e}^s \boldsymbol{W}^s \tag{7-10}$$

式中，$\boldsymbol{W}^s \in \mathbb{R}^{|\mathbb{S}| \times e}$ 表示可训练的块向量矩阵；$|\mathbb{S}|$ 表示块数量；e 表示块向量维度。

（3）位置向量。位置向量用来编码每个词的绝对位置。将输入序列中的每个词按照其下标顺序依次转换为位置独热编码。下一步，利用位置向量矩阵 $\boldsymbol{W}^p$ 将位置独热编码 $\boldsymbol{e}^p \in \mathbb{R}^{N \times N}$ 转换为实值向量，得到位置向量 $\boldsymbol{v}^p$：

$$\boldsymbol{v}^p = \boldsymbol{e}^p \boldsymbol{W}^p \tag{7-11}$$

式中，$\boldsymbol{W}^p \in \mathbb{R}^{N \times e}$ 表示可训练的位置向量矩阵；N 表示最大位置长度；e 表示位置向量维度。

为了描述方便，后续输入表示层的操作统一归纳为式 (7-12)。

$$X = [\text{CLS}]\, x_1^{(1)} x_2^{(1)} \cdots x_n^{(1)} \,[\text{SEP}]\, x_1^{(2)} x_2^{(2)} \cdots x_m^{(2)} \,[\text{SEP}] \tag{7-12}$$

对于给定的原始输入序列 X，经过如下处理得到 BERT 的输入表示 $\boldsymbol{v}$：

$$\boldsymbol{v} = \text{InputRepresentation}(X) \tag{7-13}$$

式中，$\boldsymbol{v} \in \mathbb{R}^{N \times e}$ 表示输入表示层的最终输出结果，即词向量、块向量和位置向量之和；N 表示最大序列长度；e 表示输入表示维度。

7.3.3 基本预训练任务

与 GPT 不同的是，BERT 并没有采用传统的基于自回归的语言建模方法，而是引入了基于自编码（Auto-Encoding）的预训练任务进行训练。BERT 的基本预训练任务由掩码语言模型和下一个句子预测构成。下面详细介绍两个基本预训练任务。

1. 掩码语言模型

传统基于条件概率建模的语言模型只能从左至右（顺序[①]）或者是从右至左（逆序）建模文本序列。如果同时进行顺序建模和逆序建模文本，则会导致信息泄

---

① 此处是以中文和英文为例。对于阿拉伯语等一些语言来说则是逆序。

露。顺序建模表示根据"历史"的词预测"未来"的词。与之相反，逆序建模是根据"未来"的词预测"历史"的词。如果对上述两者同时建模则会导致在顺序建模时"未来"的词已被逆序建模暴露，进而语言模型倾向于从逆序建模中直接输出相应的词，而非通过"历史"词推理预测，从而使得整个语言模型变得非常简单，无法学习深层次的语义信息。对于逆序建模，同样会遇到类似的问题。由于这种问题的存在，在第 6 章中提到的 ELMo 模型采用了独立的前向和后向两个语言模型建模文本。

为了真正实现文本的双向建模，即当前时刻的预测同时依赖于"历史"和"未来"，BERT 采用了一种类似完形填空（Cloze）的做法，并称之为掩码语言模型（MLM）。MLM 预训练任务直接将输入文本中的部分单词掩码（Mask），并通过深层 Transformer 模型还原为原单词，从而避免了双向语言模型带来的信息泄露问题，迫使模型使用被掩码词周围的上下文信息还原掩码位置的词。

在 BERT 中，采用了 15% 的掩码比例，即输入序列中 15% 的 WordPieces 子词被掩码。当掩码时，模型使用 [MASK] 标记替换原单词以表示该位置已被掩码。然而，这样会造成预训练阶段和下游任务精调阶段之间的不一致性，因为人为引入的 [MASK] 标记并不会在实际的下游任务中出现。为了缓解这个问题，当对输入序列掩码时，并非总是将其替换为 [MASK] 标记，而会按概率选择以下三种操作中的一种：

- 以 80% 的概率替换为 [MASK] 标记；
- 以 10% 的概率替换为词表中的任意一个随机词；
- 以 10% 的概率保持原词不变，即不替换。

表 7-2 给出了三种掩码方式的示例。可以看到，当要预测 [MASK] 标记对应的单词时，模型不仅需要理解当前空缺位置之前的词，同时还要理解空缺位置之后的词，从而达到了双向语言建模的目的。在了解 MLM 预训练任务的基本方法后，接下来介绍其建模方法。

表 7-2 MLM 任务训练样本示例

原文本	The man went to the store to buy some milk.
80% 概率替换为 [MASK]	The man went to the [MASK] to buy some milk.
10% 概率替换为随机词	The man went to the apple to buy some milk.
10% 概率保持原样	The man went to the store to buy some milk.

（1）输入层。由于掩码语言模型并不要求输入一定是两段文本，为了描述方便，假设原始输入文本为 $x_1 x_2 \cdots x_n$，通过上述方法掩码后的输入文本为 $x_1' x_2' \cdots x_n'$，x_i 表示输入文本的第 i 个词，x_i' 表示经过掩码处理后的第 i 个词。对掩码后的输

入文本进行如下处理，得到 BERT 的输入表示 $\boldsymbol{v}$：

$$X = [\text{CLS}]\, x_1'\, x_2' \cdots x_n'\, [\text{SEP}] \tag{7-14}$$

$$\boldsymbol{v} = \text{InputRepresentation}(X) \tag{7-15}$$

式中，[CLS] 表示文本序列开始的特殊标记；[SEP] 表示文本序列之间的分隔标记。

需要注意的是，如果输入文本的长度 n 小于 BERT 的最大序列长度 N，需要将补齐标记（Padding Token）[PAD] 拼接在输入文本后，直至达到 BERT 的最大序列长度 N。例如，在下面的例子中，假设 BERT 的最大序列长度 $N = 10$，而输入序列长度为 7（两个特殊标记加上 x_1 至 x_5），需要在输入序列后方添加 3 个 [PAD] 补齐标记。

$$[\text{CLS}]\, x_1\, x_2\, x_3\, x_4\, x_5\, [\text{SEP}]\, [\text{PAD}]\, [\text{PAD}]\, [\text{PAD}]$$

而如果输入序列 X 的长度大于 BERT 的最大序列长度 N，需要对输入序列 X 截断至 BERT 的最大序列长度 N。例如，在下面的例子中，假设 BERT 的最大序列长度 $N = 5$，而输入序列长度为 7（两个特殊标记加上 x_1 至 x_5），需要对序列截断，使有效序列（输入序列中去除 2 个特殊标记）长度变为 3。

$$[\text{CLS}]\, x_1\, x_2\, x_3\, [\text{SEP}]$$

为了描述方便，后续将忽略补齐标记 [PAD] 的处理，并以 N 表示最大序列长度。

（2）BERT 编码层。在 BERT 编码层中，BERT 的输入表示 $\boldsymbol{v}$ 经过 L 层 Transformer，借助自注意力机制充分学习文本中的每个词之间的语义关联。由于 Transformer 的编码方法已在 4.4.3 节中描述，此处不再赘述。

$$\boldsymbol{h}^{[l]} = \text{Transformer-Block}(\boldsymbol{h}^{[l-1]}), \quad \forall l \in \{1, 2, \cdots, L\} \tag{7-16}$$

式中，$\boldsymbol{h}^{[l]} \in \mathbb{R}^{N \times d}$ 表示第 l 层 Transformer 的隐含层输出，同时规定 $\boldsymbol{h}^{[0]} = \boldsymbol{v}$，以保持式 (7-16) 的完备性。为了描述方便，略去层与层之间的标记并简化为：

$$\boldsymbol{h} = \text{Transformer}(\boldsymbol{v}) \tag{7-17}$$

式中，$\boldsymbol{h}$ 表示最后一层 Transformer 的输出，即 $\boldsymbol{h}^{[L]}$。通过上述方法最终得到文本的上下文语义表示 $\boldsymbol{h} \in \mathbb{R}^{N \times d}$，其中 d 表示 BERT 的隐含层维度。

（3）输出层。由于掩码语言模型仅对输入文本中的部分词进行了掩码操作，因此并不需要预测输入文本中的每个位置，而只需预测已经掩码的位置。假设集合 $\mathbb{M} = \{m_1, m_2, \cdots, m_k\}$ 表示所有掩码位置的下标，k 表示总掩码数量。如果输

入文本长度为 n，掩码比例为 15%，则 $k = \lfloor n \times 15\% \rfloor$。然后，以集合 $\mathbb{M}$ 中的元素为下标，从输入序列的上下文语义表示 $\boldsymbol{h}$ 中抽取出对应的表示，并将这些表示进行拼接得到掩码表示 $\boldsymbol{h}^{\mathrm{m}} \in \mathbb{R}^{k \times d}$。

在 BERT 中，由于输入表示维度 e 和隐含层维度 d 相同，可直接利用词向量矩阵 $\boldsymbol{W}^{\mathrm{t}} \in \mathbb{R}^{|\mathbb{V}| \times e}$（式 7-9）将掩码表示映射到词表空间。对于掩码表示中的第 i 个分量 $\boldsymbol{h}_i^{\mathrm{m}}$，通过下式计算该掩码位置对应的词表上的概率分布 P_i。

$$P_i = \mathrm{Softmax}(\boldsymbol{h}_i^{\mathrm{m}} \boldsymbol{W}^{\mathrm{t}\top} + \boldsymbol{b}^{\mathrm{o}}) \tag{7-18}$$

式中，$\boldsymbol{b}^{\mathrm{o}} \in \mathbb{R}^{|\mathbb{V}|}$ 表示全连接层的偏置。

最后，在得到掩码位置对应的概率分布 P_i 后，与标签 y_i（即原单词 x_i 的独热向量表示）计算交叉熵损失，学习模型参数。

（4）代码实现。为了使读者加深对 MLM 预训练任务的理解，此处给出 BERT 原版的生成 MLM 训练数据的方法，并详细介绍其中的重点操作。

```python
def create_masked_lm_predictions(tokens, masked_lm_prob,
                                 max_predictions_per_seq, vocab_words, rng):
    """
    此函数用于创建MLM任务的训练数据
    tokens: 输入文本
    masked_lm_prob: 掩码语言模型的掩码概率
    max_predictions_per_seq: 每个序列的最大预测数目
    vocab_words: 词表列表
    rng: 随机数生成器
    """

    cand_indexes = []    # 存储可以参与掩码的token下标
    for (i, token) in enumerate(tokens):
        # 掩码时跳过[CLS]和[SEP]
        if token == "[CLS]" or token == "[SEP]":
            continue
        cand_indexes.append([i])

    rng.shuffle(cand_indexes)    # 随机打乱所有下标
    output_tokens = list(tokens)    # 存储掩码后的输入序列, 初始化为原始输入
    num_to_predict = min(max_predictions_per_seq, max(1, int(round(len(tokens) *
        masked_lm_prob)))) # 计算预测数目

    masked_lms = []    # 存储掩码实例
    covered_indexes = set()    # 存储已经处理过的下标
```

```
for index in cand_indexes:
  if len(masked_lms) >= num_to_predict:
    break
  if index in covered_indexes:
    continue
  covered_indexes.add(index)

  masked_token = None
  # 以80%的概率替换为[MASK]
  if rng.random() < 0.8:
    masked_token = "[MASK]"
  else:
    # 以10%的概率不进行任何替换
    if rng.random() < 0.5:
      masked_token = tokens[index]
    # 以10%的概率替换成词表中的随机词
    else:
      masked_token = vocab_words[rng.randint(0, len(vocab_words) - 1)]

  output_tokens[index] = masked_token   # 设置为被掩码的token
  masked_lms.append(MaskedLmInstance(index=index, label=tokens[index]))

masked_lms = sorted(masked_lms, key=lambda x: x.index) # 按下标升序排列

masked_lm_positions = []   # 存储需要掩码的下标
masked_lm_labels = []      # 存储掩码前的原词，即还原目标
for p in masked_lms:
  masked_lm_positions.append(p.index)
  masked_lm_labels.append(p.label)

return (output_tokens, masked_lm_positions, masked_lm_labels)
```

2. 下一个句子预测

在 MLM 预训练任务中，模型已经能够根据上下文还原掩码部分的词，从而学习上下文敏感的文本表示。然而，对于阅读理解、文本蕴含等需要两段输入文本的任务来说，仅依靠 MLM 无法显式地学习两段输入文本之间的关联。例如，在阅读理解任务中，模型需要对篇章和问题建模，从而能够找到问题对应的答案；在文本蕴含任务中，模型需要分析输入的两段文本（前提和假设）的蕴含关系。

因此，除了 MLM 任务，BERT 还引入了第二个预训练任务——下一个句子预

测（NSP）任务，以构建两段文本之间的关系。NSP 任务是一个二分类任务，需要判断句子 B 是否是句子 A 的下一个句子①，其训练样本由以下方式产生。

- 正样本：来自自然文本中相邻的两个句子"句子 A"和"句子 B"，即构成"下一个句子"关系；
- 负样本：将"句子 B"替换为语料库中任意一个其他句子，即构成"非下一个句子"关系。

NSP 任务整体的正负样本比例控制在 1:1。由于 NSP 任务的设计原则较为简单，通过上述方法能够自动生成大量的训练样本，所以也可以看作一个无监督学习任务。表 7-3 给出了 NSP 任务的样本示例。

表 7-3　NSP 任务的样本示例

	正样本	负样本
第一段文本	The man went to the store.	The man went to the store.
第二段文本	He bought a gallon of milk.	Penguins are flightless.

NSP 任务的建模方法与 MLM 任务类似，主要是在输出方面有所区别。下面针对 NSP 任务的建模方法进行说明。

（1）输入层。对于给定的经过掩码处理后的输入文本

$$x^{(1)} = x_1^{(1)} x_2^{(1)} \cdots x_n^{(1)},$$
$$x^{(2)} = x_1^{(2)} x_2^{(2)} \cdots x_m^{(2)},$$

经过如下处理，得到 BERT 的输入表示 $\boldsymbol{v}$。

$$X = [\text{CLS}] \, x_1^{(1)} x_2^{(1)} \cdots x_n^{(1)} \, [\text{SEP}] \, x_1^{(2)} x_2^{(2)} \cdots x_m^{(2)} \, [\text{SEP}] \tag{7-19}$$

$$\boldsymbol{v} = \text{InputRepresentation}(X) \tag{7-20}$$

式中，[CLS] 表示文本序列开始的特殊标记；[SEP] 表示文本序列之间的分隔标记。

（2）BERT 编码层。在 BERT 编码层中，输入表示 $\boldsymbol{v}$ 经过 L 层 Transformer 的编码，借助自注意力机制充分学习文本中每个词之间的语义关联，最终得到输入文本的上下文语义表示。

$$\boldsymbol{h} = \text{Transformer}(\boldsymbol{v}) \tag{7-21}$$

式中，$\boldsymbol{h} \in \mathbb{R}^{N \times d}$，其中 N 表示最大序列长度，d 表示 BERT 的隐含层维度。

---

①这里的"句子"并不是传统意义上的句子。可以是多个句子组成的长句，并且不要求一定以终结符结尾（即存在截断的可能性）。

（3）输出层。与 MLM 任务不同的是，NSP 任务只需要判断输入文本 $x^{(2)}$ 是否是 $x^{(1)}$ 的下一个句子。因此，在 NSP 任务中，BERT 使用了 [CLS] 位的隐含层表示进行分类预测。具体地，[CLS] 位的隐含层表示由上下文语义表示 $\boldsymbol{h}$ 的首个分量 $\boldsymbol{h}_0$ 构成，因为 [CLS] 是输入序列中的第一个元素。在得到 [CLS] 位的隐含层表示 $\boldsymbol{h}_0$ 后，通过一个全连接层预测输入文本的分类概率 $P \in \mathbb{R}^2$。

$$P = \text{Softmax}(\boldsymbol{h}_0 \boldsymbol{W}^{\text{p}} + \boldsymbol{b}^{\text{o}}) \tag{7-22}$$

式中，$\boldsymbol{W}^{\text{p}} \in \mathbb{R}^{d \times 2}$ 表示全连接层的权重；$\boldsymbol{b}^{\text{o}} \in \mathbb{R}^2$ 表示全连接层的偏置。

最后，在得到分类概率 P 后，与真实分类标签 y 计算交叉熵损失，学习模型参数。

7.3.4 更多预训练任务

除了上述的基本预训练任务，还可将 MLM 任务替换为如下两种进阶预训练任务，以进一步提升预训练难度，从而挖掘出更加丰富的文本语义信息。

1. 整词掩码

在 MLM 任务中，最小的掩码单位是 WordPiece 子词（中文则是字），而这种掩码方法存在一个问题。当一个整词的部分 WordPiece 子词被掩码时，仅依靠未被掩码的部分可较为容易地预测出掩码位置对应的原 WordPiece 子词，存在一定的信息泄露。图 7-6 给出了这种问题的一个示例。在图 7-6(a) 中，模型很容易就能将掩码部分（以 [M] 标记）的词预测为"果"，因为其前一个字"苹"具有较强的限定性。而在图 7-6(b) 中，模型可填入的两个字的词可以有很多种，相对来说难度更大。

(a) 以字为掩码单位　　　　　　(b) 以词为掩码单位

图 7-6　WordPiece 子词信息泄露问题示例

整词掩码（Whole Word Masking, WWM）[①]预训练任务的提出解决了 Word-Piece 子词信息泄露的问题。在整词掩码中，仍然沿用传统 MLM 任务的做法，仅在掩码方式上做了改动，即最小掩码单位由 WordPiece 子词变为整词。即当一个整词的部分 WordPiece 子词被掩码时，属于该词的其他子词也会被掩码。表 7-4 给出了原始 MLM 掩码和整词掩码的对比示例。从例子中可以看到，原始掩码输入中，每个子词是否被掩码是相对独立的。而在整词掩码输入中，构成单词"philammon"的所有子词 "phil" "##am" 和 "##mon" 都会被掩码（## 为子词前缀标记）。

表 7-4　原始 MLM 掩码和整词掩码的对比示例

原始句子	the man jumped up , put his basket on phil ##am ##mon ' s head
原始掩码输入	[M] man [M] up , put his [M] on phil [M] ##mon ' s head
整词掩码输入	the man [M] up , put his basket on [M] [M] [M] ' s head

（1）正确理解整词掩码。在掩码语言模型中提到的掩码操作应理解为广义的掩码操作，即替换为 [MASK]、替换为随机词和保留原词，这三种操作按照概率选择其中一种，而不能只理解为将待处理文本转换为 [MASK] 标记。同时，当整词掩码时，容易理解为待掩码整词中的每个子词的掩码方式是一样的。然而，实际上在原版 BERT 中的实现并非如此。下面给出了一个整词掩码的实际运行示例[①]。给定原句，

```
there is an apple tree nearby.
```

经过 WordPiece 分词器处理后，

```
there is an ap ##p ##le tr ##ee nearby .
```

可以看到单词"apple"被切为"ap""##p""##le"，而"tree"被切为"tr""##ee"。运行十次 MLM 的掩码结果如下，其中单词后的感叹号表示"保留原词"的掩码方式，[RANDOM] 为"替换为随机词"的情况。

```
there [MASK] an ap [MASK] ##le tr [RANDOM] nearby .
[MASK] [MASK] an ap ##p [MASK] tr ##ee nearby .
there is [MASK] ap ##p ##le [MASK] ##ee [MASK] .
there is [MASK] ap [MASK] ##le tr ##ee nearby [MASK] .
there is an! ap ##p ##le tr [MASK] nearby [MASK] .
there is an [MASK] ##p [MASK] tr ##ee nearby [MASK] .
there [MASK] [MASK] ap ##p ##le tr ##ee nearby [MASK] .
there is an ap ##p ##le [RANDOM] [MASK] [MASK] .
```

---

① 也称全词掩码。

① 此处并非使用 BERT 原版词表，切词结果仅供演示。

```
there is an [MASK] ##p ##le tr ##ee [MASK] [MASK] .
there [MASK] an ap ##p ##le tr [MASK] nearby [MASK] .
```

运行十次整词掩码的结果如下。

```
there is an [MASK] [MASK] [RANDOM] tr ##ee nearby .
there is! [MASK] ap ##p ##le tr ##ee nearby [MASK] .
there is [MASK] ap ##p ##le [MASK] [MASK] nearby .
there [MASK] [MASK] ap ##p ##le tr ##ee [RANDOM] .
there is an ap ##p ##le [MASK] [MASK] nearby [MASK] .
[MASK] is an ap ##p ##le [MASK] [MASK] nearby .
there is an ap ##p ##le [MASK] [MASK] nearby [MASK] .
[MASK] is an ap ##p ##le [MASK] ##ee! nearby .
there is an ap! [MASK] [MASK] tr ##ee nearby .
there is [MASK] ap ##p ##le [RANDOM] [MASK] nearby .
```

根据以上观察，可以总结出如下结论。在整词掩码中，当发生掩码操作时，

- 整词中的各个子词均会被掩码处理；
- 子词的掩码方式并不统一，并不是采用一样的掩码方式（三选一）；
- 子词各自的掩码方式受概率控制。

（2）中文整词掩码。应用 WordPiece 分词器时，中文将以字为粒度切分，而不存在英文中的"子词"的概念，因为中文不是由字母构成的语言，这一点与英文等拉丁语系语言存在较大差异。在传统中文信息处理中，文本通常会经过中文分词（Chinese Word Segmentation, CWS）处理，转换为以词为粒度的序列。因此，可将中文的字（Character）类比为英文中的 WordPiece 子词，进而可以应用整词掩码技术。

这里使用 LTP 工具（见 3.2 节）对中文进行分词。当进行整词掩码时，掩码最小单位由字变为词，即当一个整词中的部分字被掩码时，属于该词的其他字也会被掩码。表 7-5 给出了在中文环境下的原始 MLM 掩码和整词掩码的对比示例。

表 7-5 中文整词掩码对比示例

原始句子	使用语言模型来预测下一个词的概率。
中文分词	使用 语言 模型 来 预测 下 一 个 词 的 概率 。
原始掩码输入	使 [M] 语言 [M] 型 来 [M] 测 下 一 [M] 词 的 概率 。
整词掩码输入	使 用 语 言 [M] [M] 来 [M] [M] 下 一 个 词 的 概率 。

2. N-gram 掩码

为了进一步挖掘模型对连续空缺文本的还原能力，可将原始的掩码语言模型进一步扩展成基于 N-gram 的掩码语言模型。**N-gram 掩码**（N-gram Masking，NM）

语言模型，顾名思义就是将连续的 N-gram 文本进行掩码，并要求模型还原缺失内容。需要注意的是，与整词掩码类似，N-gram 掩码语言模型仅对掩码过程有影响（即只会影响选择掩码位置的过程），但仍然使用经过 WordPiece 分词后的序列作为模型输入。

在整词掩码语言模型中，需要识别整词的边界，而在 N-gram 掩码语言模型中，需要进一步识别短语级别的边界信息。此处，可以借鉴统计机器翻译（Statistical Machine Translation，SMT）中的短语表抽取（Phrase Table Extraction）方法，从语料库中抽取出高频短语[1]。然而，对于预训练语言模型使用的超大规模语料来说，统计所有短语是非常耗时的。因此，这里借鉴 Cui 等人使用的 N-gram 掩码方法[19]，其具体操作流程如下。

- 首先根据掩码概率判断当前标记（Token）是否应该被掩码；
- 当被选定为需要掩码时，进一步判断 N-gram 的掩码概率。此处假设最大短语长度为 4-gram。为了避免连续 N-gram 短语被掩码导致过长文本的缺失，此处针对低元短语采用高概率，高元短语采用低概率抽取。例如，对于 unigram，采用 40% 的概率，对于 4-gram，采用 10% 的概率；
- 对该标记及其之后的 $N-1$ 个标记进行掩码。当不足 $N-1$ 个标记时，以词边界截断；
- 在掩码完毕后，跳过该 N-gram，并对下一个候选标记进行掩码判断。

3. 三种掩码策略的区别

掩码语言模型（MLM）、整词掩码（WWM）和 N-gram 掩码（NM）三种掩码策略之间既有一定的联系也有一定的区别，如表 7-6 所示。

表 7-6　三种掩码策略的联系与区别

	MLM	WWM	NM
最小掩码单位（英文）	WordPiece 子词	WordPiece 子词	WordPiece 子词
最小掩码单位（中文）	字	字	字
最大掩码单位（英文）	WordPiece 子词	词	多个子词
最大掩码单位（中文）	字	词	多个字

需要特别强调的是，三种掩码策略仅影响模型的预训练阶段，而对于下游任务精调是透明的。即不论使用哪一种掩码策略，下游任务均使用经过 WordPiece 分词方法得到的输入序列。因此，经过以上三种掩码策略得到的 BERT 模型是可以无缝替换的，且无须替换任何下游任务的精调代码。

---

① 感兴趣的读者可阅读统计机器翻译的经典工具包 Moses 的使用教程。

7.3.5 模型对比

最后，通过表 7-7 了解 BERT 与其他文本表示方法之间的对比。

表 7-7　BERT、GPT、ELMo 和 Word2vec 之间的对比

对比项目	BERT	GPT	ELMo	Word2vec
基本结构	Transformer	Transformer	Bi-LSTM	MLP
训练任务	MLM/NSP	LM	BiLM	Skip-gram 或 CBOW
建模方向	双向	单向	双向	双向
静态/动态	动态	动态	动态	静态
参数量	大	大	中	小
解码速度	慢	慢	中	快
常规应用模式	预训练 + 精调	预训练 + 精调	词特征提取	词向量

7.4 预训练语言模型的应用

7.4.1 概述

在经过大规模数据的预训练后，可以将预训练语言模型应用在各种各样的下游任务中。通常，预训练语言模型的应用方式分为以下两种。图 7-7 给出了两种应用方式的图解。

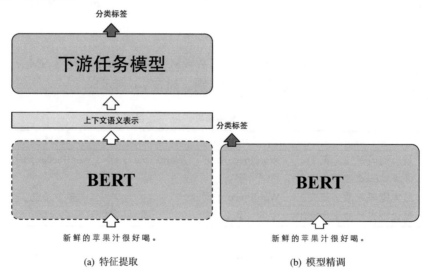

(a) 特征提取　　　　　　　　　　(b) 模型精调

图 7-7　BERT 的两种应用方式

• 特征提取：仅利用 BERT 提取输入文本特征，生成对应的上下文语义表示，而 BERT 本身不参与目标任务的训练，即 BERT 部分只进行解码（无梯度回

传);

- **模型精调**：利用 BERT 作为下游任务模型基底，生成文本对应的上下文语义表示，并参与下游任务的训练。即在下游任务学习过程中，BERT 对自身参数进行更新。

特征提取方法与传统的词向量技术类似，使用起来相对简单。同时，因为预训练语言模型不参与下游任务的训练，在训练效率上相对较高。但这种方法也有一定的缺点，因为预训练语言模型不参与下游任务的训练，本身无法根据下游任务进行适配，更多依赖于下游任务模型的设计，进一步加大了建模难度。

而模型精调方法能够充分利用预训练语言模型庞大的参数量学习更多的下游任务知识，使预训练语言模型与下游任务数据更加适配。但模型精调方法也有一定的弊端，因其要求预训练语言模型参与下游任务的训练，所以需要更大的参数存储量以存储模型更新所需的梯度，进而在模型训练效率上存在一定的劣势。

近些年来，以 GPU 和 TPU 为代表的高性能计算设备不断升级，计算机的存储能力和运算能力都得到了相应的提升。主流型号的 GPU 和 TPU 已充分具备模型精调所需的计算条件。同时，通过大量的实验数据表明，模型精调方法训练出的模型效果显著优于特征提取方法。因此，接下来均以模型精调方法为例，介绍预训练语言模型在不同自然语言处理任务中的应用方法。

下面围绕四种典型的自然语言处理任务类型进行介绍，包括单句文本分类、句对文本分类、阅读理解和序列标注。

7.4.2　单句文本分类

1. 建模方法

单句文本分类（Single Sentence Classification，SSC）任务是最常见的自然语言处理任务，需要将输入文本分成不同类别。例如，在情感分类任务 SST-2[20] 中，需要将影评文本输入文本分类模型中，并将其分成"褒义"或"贬义"分类标签中的一个。应用 BERT 处理单句文本分类任务的模型由输入层、BERT 编码层和分类输出层构成，如图 7-8 所示。接下来将对每个模块详细介绍，并通过代码进一步说明应用方法。

（1）输入层。对于一个给定的经过 WordPiece 分词后的句子 $x_1 x_2 \cdots x_n$，进行如下处理得到 BERT 的原始输入 X。接下来使用词向量矩阵、块向量矩阵和位置向量矩阵对原始输入 X 进行映射，得到输入表示 $\boldsymbol{v}$：

$$X = [\text{CLS}]\, x_1\, x_2\, \cdots\, x_n\, [\text{SEP}] \tag{7-23}$$

$$\boldsymbol{v} = \text{InputRepresentation}(X) \tag{7-24}$$

式中，n 表示句子长度；[CLS] 表示文本序列开始的特殊标记；[SEP] 表示文本序列之间的分隔标记。

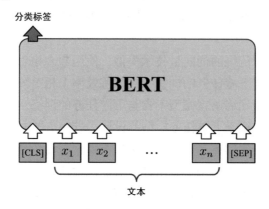

图 7-8　基于 BERT 的单句文本分类模型

（2）BERT 编码层。在 BERT 编码层中，输入表示 v 经过多层 Transformer 的编码，借助自注意力机制充分学习句子中每个词之间的语义关联，并最终得到句子的上下文语义表示 $h \in \mathbb{R}^{N \times d}$，其中，$d$ 表示 BERT 的隐含层维度。

$$h = \text{BERT}(v) \tag{7-25}$$

由于 BERT 预训练阶段的 NSP 任务使用了 [CLS] 位预测，通常在文本分类任务中也使用同样的方法预测。模型使用 [CLS] 位对应的隐含层表示 h_0，其值由 h 的首个分量的表示构成，因为 [CLS] 是输入序列的第一个元素。

（3）分类输出层。在得到 [CLS] 位的隐含层表示 h_0 后，通过一个全连接层预测输入文本对应的分类标签。由下式计算概率分布 $P \in \mathbb{R}^K$：

$$P = \text{Softmax}(h_0 W^o + b^o) \tag{7-26}$$

式中，$W^o \in \mathbb{R}^{d \times K}$ 表示全连接层的权重；$b^o \in \mathbb{R}^K$ 表示全连接层的偏置；K 表示分类标签数。

最后，在得到分类概率分布 P 后，与真实分类标签 y 计算交叉熵损失，对模型参数进行学习。

2. 代码实现

接下来将结合实际代码，介绍 BERT 在单句文本分类任务中的训练方法。这里以英文情感分类（二分类）数据集 SST-2 为例介绍。这里主要应用了由 HuggingFace 开发的简单易用的 `transformers` 包和 `datasets` 库进行建模，可以极大地简化数据处理和模型建模过程。以下给出了单句文本分类任务的精调代码。

```
import numpy as np
from datasets import load_dataset, load_metric
from transformers import BertTokenizerFast, BertForSequenceClassification,
    TrainingArguments, Trainer

# 加载训练数据、分词器、预训练模型和评价方法
dataset = load_dataset('glue', 'sst2')
tokenizer = BertTokenizerFast.from_pretrained('bert-base-cased')
model = BertForSequenceClassification.from_pretrained('bert-base-cased',
    return_dict=True)
metric = load_metric('glue', 'sst2')

# 对训练集分词
def tokenize(examples):
    return tokenizer(examples['sentence'], truncation=True, padding='
    max_length')
dataset = dataset.map(tokenize, batched=True)
encoded_dataset = dataset.map(lambda examples: {'labels': examples['label']},
    batched=True)

# 将数据集格式化为torch.Tensor类型以训练PyTorch模型
columns = ['input_ids', 'token_type_ids', 'attention_mask', 'labels']
encoded_dataset.set_format(type='torch', columns=columns)

# 定义评价指标
def compute_metrics(eval_pred):
    predictions, labels = eval_pred
    return metric.compute(predictions=np.argmax(predictions, axis=1),
    references=labels)

# 定义训练参数TrainingArguments，默认使用AdamW优化器
args = TrainingArguments(
    "ft-sst2",                            # 输出路径，存放检查点和其他输出文件
    evaluation_strategy="epoch",          # 定义每轮结束后进行评价
    learning_rate=2e-5,                   # 定义初始学习率
    per_device_train_batch_size=16,       # 定义训练批次大小
    per_device_eval_batch_size=16,        # 定义测试批次大小
    num_train_epochs=2,                   # 定义训练轮数
)
```

```
# 定义Trainer，指定模型和训练参数，输入训练集、验证集、分词器和评价函数
trainer = Trainer(
    model,
    args,
    train_dataset=encoded_dataset["train"],
    eval_dataset=encoded_dataset["validation"],
    tokenizer=tokenizer,
    compute_metrics=compute_metrics
)

# 开始训练！（主流GPU上耗时约几小时）
trainer.train()
```

在训练完毕后，执行以下评测代码，得到模型在验证集上的效果。

```
# 在训练完毕后，开始测试！
trainer.evaluate()
```

终端输出评测结果，包括准确率和损失等，如下所示。

```
{'epoch': 2,
 'eval_accuracy': 0.7350917431192661,
 'eval_loss': 0.9351930022239685}
```

7.4.3 句对文本分类

1. 建模方法

句对文本分类（Sentence Pair Classification，SPC）任务与单句文本分类任务类似，需要将一对文本分成不同类别。例如，在英文文本蕴含数据集 RTE[21] 中，需要将两个句子输入文本分类模型，并将其分成"蕴含""冲突"分类标签中的一个。应用 BERT 处理句对文本分类任务的模型与单句文本分类模型类似，仅在输入层有所区别，如图 7-9 所示。

输入层：对于一对给定的经过 WordPiece 分词后的句子 $x_1^{(1)} x_2^{(1)} \cdots x_n^{(1)}$ 和 $x_1^{(2)} x_2^{(2)} \cdots x_m^{(2)}$，将其拼接得到 BERT 的原始输入 X 和输入表示 $\boldsymbol{v}$。

$$X = [\text{CLS}]\, x_1^{(1)}\, x_2^{(1)}\, \cdots\, x_n^{(1)}\, [\text{SEP}]\, x_1^{(2)}\, x_2^{(2)}\, \cdots\, x_m^{(2)}\, [\text{SEP}] \tag{7-27}$$

$$\boldsymbol{v} = \text{InputRepresentation}(X) \tag{7-28}$$

式中，n 和 m 分别表示第一个句子和第二个句子的长度；[CLS] 表示文本序列开始的特殊标记；[SEP] 表示文本序列之间的分隔标记。

句对文本分类的 BERT 编码层、分类输出层和训练方法与单句文本分类一致，因此不再赘述。

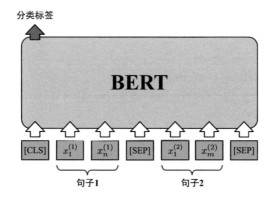

图 7-9　基于 BERT 的句对文本分类模型

2. 代码实现

接下来将结合实际代码，介绍 BERT 在句对文本分类任务中的训练方法。这里以英文文本蕴含数据集 RTE 为例介绍。以下给出了句对文本分类任务的精调代码。

```python
import numpy as np
from datasets import load_dataset, load_metric
from transformers import BertTokenizerFast, BertForSequenceClassification,
    TrainingArguments, Trainer

# 加载训练数据、分词器、预训练模型和评价方法
dataset = load_dataset('glue', 'rte')
tokenizer = BertTokenizerFast.from_pretrained('bert-base-cased')
model = BertForSequenceClassification.from_pretrained('bert-base-cased',
    return_dict=True)
metric = load_metric('glue', 'rte')

# 对训练集分词
def tokenize(examples):
    return tokenizer(examples['sentence1'], examples['sentence2'], truncation=
    True, padding='max_length')
dataset = dataset.map(tokenize, batched=True)
encoded_dataset = dataset.map(lambda examples: {'labels': examples['label']},
    batched=True)

# 将数据集格式化为torch.Tensor类型以训练PyTorch模型
columns = ['input_ids', 'token_type_ids', 'attention_mask', 'labels']
encoded_dataset.set_format(type='torch', columns=columns)
```

```python
# 定义评价指标
def compute_metrics(eval_pred):
    predictions, labels = eval_pred
    return metric.compute(predictions=np.argmax(predictions, axis=1),
    references=labels)

# 定义训练参数TrainingArguments，默认使用AdamW优化器
args = TrainingArguments(
    "ft-rte",                            # 输出路径，存放检查点和其他输出文件
    evaluation_strategy="epoch",         # 定义每轮结束后进行评价
    learning_rate=2e-5,                  # 定义初始学习率
    per_device_train_batch_size=16,      # 定义训练批次大小
    per_device_eval_batch_size=16,       # 定义测试批次大小
    num_train_epochs=2,                  # 定义训练轮数
)

# 定义Trainer，指定模型和训练参数，输入训练集、验证集、分词器和评价函数
trainer = Trainer(
    model,
    args,
    train_dataset=encoded_dataset["train"],
    eval_dataset=encoded_dataset["validation"],
    tokenizer=tokenizer,
    compute_metrics=compute_metrics
)

# 开始训练！（主流GPU上耗时约几小时）
trainer.train()
```

在训练完毕后，执行以下评测代码，得到模型在验证集上的效果。

```python
# 在训练完毕后，开始测试！
trainer.evaluate()
```

终端输出评测结果，包括准确率和损失等，如下所示。

```python
{'epoch': 2,
 'eval_accuracy': 0.5270758122743683,
 'eval_loss': 0.6953526139259338}
```

7.4.4 阅读理解

1. 建模方法

本节以抽取式阅读理解（Span-extraction Reading Comprehension）为例，介绍 BERT 在阅读理解任务上的应用方法。抽取式阅读理解主要由篇章（Passage）、问题（Question）和答案（Answer）构成，要求机器在阅读篇章和问题后给出相应的答案，而答案要求是从篇章中抽取出的一个文本片段（Span）。该任务可以简化为预测篇章中的一个起始位置和终止位置，而答案就是介于两者之间的文本片段。常用的英文阅读理解数据集 SQuAD[22] 和中文阅读理解数据集 CMRC 2018[23] 都属于抽取式阅读理解数据集。图 7-10 给出了一个抽取式阅读理解的示例。

【篇章】

哈尔滨工业大学（简称哈工大）隶属于工业和信息化部，以理工为主，理工管文经法艺等多学科协调发展，拥有哈尔滨、威海、深圳三个校区。学校始建于 1920 年，1951 年被确定为全国学习国外高等教育办学模式的两所样板大学之一，1954 年进入国家首批重点建设的 6 所高校行列，曾被誉为工程师的摇篮。学校于 1996 年进入国家"211 工程"首批重点建设高校，**1999 年**被确定为国家首批"985 工程"重点建设的 9 所大学之一，2000 年与同根同源的哈尔滨建筑大学合并组建新的哈工大，2017 年入选"双一流"建设 A 类高校名单。

【问题】

哈尔滨工业大学哪一年入选国家首批"985 工程"？

【答案】

1999 年

图 7-10　抽取式阅读理解示例

应用 BERT 处理抽取式阅读理解任务的模型与句对文本分类任务类似，由输入层、BERT 编码层和答案输出层构成，如图 7-11 所示。

（1）输入层。在输入层中，对问题 $Q = q_1 q_2 \cdots q_n$ 和篇章 $P = p_1 p_2 \cdots p_m$（P 和 Q 均经过 WordPiece 分词后得到）拼接得到 BERT 的原始输入序列 X。

$$X = [\text{CLS}]\, q_1\, q_2\, \cdots\, q_n\, [\text{SEP}]\, p_1\, p_2\, \cdots\, p_m\, [\text{SEP}] \tag{7-29}$$

$$\boldsymbol{v} = \text{InputRepresentation}(X) \tag{7-30}$$

式中，n 表示问题序列长度；m 表示篇章序列长度；[CLS] 表示文本序列开始的特殊标记；[SEP] 表示文本序列之间的分隔标记。

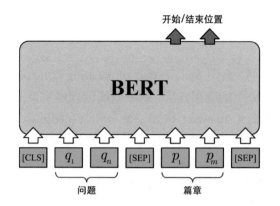

图 7-11　基于 BERT 的抽取式阅读理解模型

> 注意：需要注意的是，通常此处将问题放在篇章的前面。其原因是 BERT 一次只能处理一个固定长度为 N 的文本序列（如 $N = 512$）。如果将问题放在输入的后半部分，当篇章和问题的总长度超过 N 时，部分问题文本将会被截断，导致无法获得完整的问题信息，进而影响阅读理解系统的整体效果。而将篇章放在后半部分，虽然部分甚至全部篇章文本可能会被截断，但可以通过篇章切片的方式进行多次预测，并综合相应的答题结果得到最终的输出。

（2）BERT 编码层。在 BERT 编码层中，输入表示 $\boldsymbol{v}$ 经过多层 Transformer 的编码，借助自注意力机制充分学习篇章和问题之间的语义关联，并最终得到上下文语义表示 $\boldsymbol{h} \in \mathbb{R}^{N \times d}$，其中 d 为 BERT 的隐含层维度。

$$\boldsymbol{h} = \text{BERT}(\boldsymbol{v}) \tag{7-31}$$

（3）答案输出层。在得到输入序列的上下文语义表示 $\boldsymbol{h}$ 后，通过全连接层，将每个分量（对应输入序列的每个位置）压缩为一个标量，并通过 Softmax 函数预测每个时刻成为答案起始位置的概率 P^s 以及终止位置的概率 P^e。具体地，由下式计算起始位置概率 P^s：

$$P^s = \text{Softmax}(\boldsymbol{h}\boldsymbol{W}^s + b^s) \tag{7-32}$$

式中，$\boldsymbol{W}^s \in \mathbb{R}^d$ 表示全连接层的权重；$b^s \in \mathbb{R}^1$ 表示全连接层的偏置，加在每一个时刻的输出上（即复制成 N 份，与 $\boldsymbol{h}\boldsymbol{W}^s$ 相加）。类似地，通过下式计算终止位置概率 P^e：

$$P^e = \text{Softmax}(\boldsymbol{h}\boldsymbol{W}^e + b^e) \tag{7-33}$$

式中，$\boldsymbol{W}^{\mathrm{e}} \in \mathbb{R}^{d}$ 表示全连接层的权重；$b^{\mathrm{e}} \in \mathbb{R}^{1}$ 表示全连接层的偏置，加在每一个时刻的输出上。

在得到输入序列的起始位置概率 P^{s} 以及终止位置的概率 P^{e} 后，通过交叉熵损失函数学习模型参数。最终，将起始位置和终止位置的交叉熵损失平均，得到模型最终的总损失 $\mathcal{L}$：

$$\mathcal{L} = \frac{1}{2}(\mathcal{L}^{\mathrm{s}} + \mathcal{L}^{\mathrm{e}}) \tag{7-34}$$

（4）解码方法。在得到起始位置以及终止位置的概率后，使用简单的基于 Top-k 的答案抽取方法获得最终答案。首先，该算法分别计算出起始位置和终止位置中概率最高的 k 个项目，并记录对应的下标和概率，形成二元组 ⟨位置，概率⟩。对于任意一项起始位置二元组中的概率 P^{s}_i 和任意一项终止位置二元组中的概率 P^{e}_j，计算概率乘积 $P_{i,j}$，以代表由对应起始位置与终止位置形成的文本片段概率：

$$P_{i,j} = P^{\mathrm{s}}_i \cdot P^{\mathrm{e}}_j \quad \forall i,j \in \{1,\cdots,k\} \tag{7-35}$$

最终形成 $k \times k$ 个三元组 ⟨起始位置，终止位置，文本片段概率⟩，并对该三元组列表按文本片段概率降序排列。由于抽取答案需要满足先决条件"起始位置 ≤ 终止位置"，系统依次扫描上述三元组列表，并将概率最高且满足先决条件的三元组抽取出来。最终，根据该三元组中的起始位置和终止位置信息抽取出相应的文本片段作为答案进行输出。

2. 代码实现

接下来将结合实际代码，介绍 BERT 在阅读理解任务中的训练方法。这里以经典的英文抽取式阅读理解数据集 SQuAD[22] 为例介绍。以下是阅读理解任务的精调代码。

```python
import numpy as np
from datasets import load_dataset, load_metric
from transformers import BertTokenizerFast, BertForQuestionAnswering,
    TrainingArguments, Trainer, default_data_collator

# 加载训练数据、分词器、预训练模型和评价方法
dataset = load_dataset('squad')
tokenizer = BertTokenizerFast.from_pretrained('bert-base-cased')
model = BertForQuestionAnswering.from_pretrained('bert-base-cased',
    return_dict=True)
metric = load_metric('squad')
```

```python
# 准备训练数据并转换为feature
def prepare_train_features(examples):
    tokenized_examples = tokenizer(
        examples["question"],              # 问题文本
        examples["context"],               # 篇章文本
        truncation="only_second",          # 截断只发生在第二部分，即篇章
        max_length=384,                    # 设定最大长度为384
        stride=128,                        # 设定篇章切片步长为128
        return_overflowing_tokens=True,    # 返回超出最大长度的标记，将篇章切成多
片
        return_offsets_mapping=True,       # 返回偏置信息，用于对齐答案位置
        padding="max_length",              # 按最大长度补齐
    )

    # 如果篇章很长，则可能会被切成多个小篇章，需要通过以下函数建立feature
    # 到example的映射关系
    sample_mapping = tokenized_examples.pop("overflow_to_sample_mapping")
    # 建立token到原文的字符级映射关系，用于确定答案的开始位置和结束位置
    offset_mapping = tokenized_examples.pop("offset_mapping")

    # 获取开始位置和结束位置
    tokenized_examples["start_positions"] = []
    tokenized_examples["end_positions"] = []

    for i, offsets in enumerate(offset_mapping):
        # 获取输入序列的input_ids以及[CLS]标记的位置（在BERT中为第0位）
        input_ids = tokenized_examples["input_ids"][i]
        cls_index = input_ids.index(tokenizer.cls_token_id)

        # 获取哪些部分是问题，哪些部分是篇章
        sequence_ids = tokenized_examples.sequence_ids(i)

        # 获取答案在文本中的字符级开始位置和结束位置
        sample_index = sample_mapping[i]
        answers = examples["answers"][sample_index]
        start_char = answers["answer_start"][0]
        end_char = start_char + len(answers["text"][0])

        # 获取在当前切片中的开始位置和结束位置
```

```
        token_start_index = 0
        while sequence_ids[token_start_index] != 1:
            token_start_index += 1
        token_end_index = len(input_ids) - 1
        while sequence_ids[token_end_index] != 1:
            token_end_index -= 1

        # 检测答案是否超出当前切片的范围
        if not (offsets[token_start_index][0] <= start_char and offsets[
    token_end_index][1] >= end_char):
            # 超出范围时，答案的开始位置和结束位置均设置为[CLS]标记的位置
            tokenized_examples["start_positions"].append(cls_index)
            tokenized_examples["end_positions"].append(cls_index)
        else:
            # 将token_start_index和token_end_index移至答案的两端
            while token_start_index < len(offsets) and offsets[
    token_start_index][0] <= start_char:
                token_start_index += 1
            tokenized_examples["start_positions"].append(token_start_index -
    1)
            while offsets[token_end_index][1] >= end_char:
                token_end_index -= 1
            tokenized_examples["end_positions"].append(token_end_index + 1)


    return tokenized_examples

# 通过函数prepare_train_features建立分词后的训练集
tokenized_datasets = dataset.map(prepare_train_features, batched=True,
    remove_columns=dataset["train"].column_names)


# 定义训练参数TrainingArguments，默认使用AdamW优化器
args = TrainingArguments(
    "ft-squad",                             # 输出路径，存放检查点和其他输出文件
    evaluation_strategy="epoch",            # 定义每轮结束后评价
    learning_rate=2e-5,                     # 定义初始学习率
    per_device_train_batch_size=16,         # 定义训练批次大小
    per_device_eval_batch_size=16,          # 定义测试批次大小
    num_train_epochs=2,                     # 定义训练轮数
)
```

```
# 定义Trainer，指定模型和训练参数，输入训练集、验证集、分词器和评价函数
trainer = Trainer(
    model,
    args,
    train_dataset=tokenized_datasets["train"],
    eval_dataset=tokenized_datasets["validation"],
    data_collator=default_data_collator,
    tokenizer=tokenizer,
)

# 开始训练！（主流GPU上耗时约几小时）
trainer.train()
```

SQuAD 的解码过程较为复杂，涉及答案位置对齐、N-best 列表计算等操作，由于篇幅有限，感兴趣的读者可以阅读 HuggingFace 提供的示例代码，进一步了解 SQuAD 抽取答案的过程。

7.4.5 序列标注

1. 建模方法

本节将以序列标注中的典型任务——命名实体识别（Named Entity Recognition，NER）介绍 BERT 在序列标注任务中的典型应用方法。命名实体识别需要针对给定输入文本的每个词输出一个标签，以此指定某个命名实体的边界信息。通常命名实体包含三种类型——人名、地名和机构名。主流的命名实体识别可分为"BIO"或"BIOES"标注模式，主要根据边界识别的准则划分，如表 7-8 所示。为了方便介绍，这里使用"BIO"标注模式进行说明。

表 7-8　命名实体识别的两种标注模式——"BIO"和"BIOES"

标注模式	标注标签
BIO	开始位置（Begin, B）
	中间位置（Intermediate, I）
	其他位置（Other, O）
BIOES	开始位置（Begin, B）
	中间位置（Intermediate, I）
	其他位置（Other, O）
	结束位置（End, E）
	单个字符（Single, S）

通常，基于传统神经网络模型的命名实体识别方法是以词为粒度建模的。而在以 BERT 为代表的预训练语言模型中，通常使用切分粒度更小的分词器（如

WordPiece）处理输入文本，而这将破坏词与序列标签的一一对应关系。同时，需要额外记录输入文本中每个词的切分情况并对齐序列标签。为了简化上述问题，规定当一个词被切分成若干个子词时，所有子词继承原标签。表 7-9 给出了一个处理示例，可以看到最后一个词"Harbin"对应的原始标签是"B-LOC"。而经过BERT 的 WordPiece 分词处理后，"Harbin"被切分成"Ha"和"##rbin"两个子词。根据上面的规则，子词"Ha"和"##rbin"均映射到原标签"B-LOC"。

表 7-9　命名实体识别数据处理示例

原始标签	B-PER	I-PER	O	O	O	O	B-LOC	
原始输入	John	Smith	has	never	been	to	Harbin	
处理后的标签	B-PER	I-PER	O	O	O	O	B-LOC	B-LOC
处理后的输入	John	Smith	has	never	been	to	Ha	##rbin

应用 BERT 处理命名实体识别任务的模型，由输入层、BERT 编码层和序列标注层构成，如图 7-12 所示。

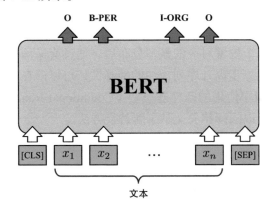

图 7-12　基于 BERT 的命名实体识别模型

（1）输入层。输入层的建模与单句文本分类类似，只需对给定的输入文本 $x_1 x_2 \cdots x_n$ 进行如下处理，得到 BERT 的原始输入 X 和输入层表示 $\boldsymbol{v}$。

$$X = [\text{CLS}]\, x_1\, x_2\, \cdots\, x_n\, [\text{SEP}] \tag{7-36}$$

$$\boldsymbol{v} = \text{InputRepresentation}(X) \tag{7-37}$$

式中，n 表示句子长度；[CLS] 表示文本序列开始的特殊标记；[SEP] 表示文本序列之间的分隔标记。

（2）**BERT 编码层**。在 BERT 编码层中的操作与阅读理解任务类似，需要得到输入文本中每个词对应的 BERT 隐含层表示。输入层表示 $\boldsymbol{v}$ 经过多层 Transformer 的编码，借助自注意力机制充分学习文本内部的语义关联，并得到上下文语义表示 $h \in \mathbb{R}^{N \times d}$，其中 d 为 BERT 的隐含层维度。

$$h = \text{BERT}(v) \tag{7-38}$$

（3）序列标注层。在阅读理解任务中，利用全连接层变换 BERT 隐含层表示，得到每个词成为答案起始位置或终止位置的概率，即每个时刻对应的输出神经元个数为 1。而在命名实体识别任务中，需要针对每个词给出"BIO"标注模式下的分类预测。因此，这一部分仍然使用全连接层变换 BERT 隐含层表示，而输出神经元个数变为 K，对应"BIO"标注模式下 K 个类别的概率值。

正式地，在得到输入序列的上下文语义表示 h 后，针对输入序列中的每一个时刻 t，预测在"BIO"标注模式下的概率分布 P_t，其计算方法为：

$$P_t = \text{Softmax}(h_t W^o + b^o), \quad \forall t \in \{1, \cdots, N\} \tag{7-39}$$

式中，$W^o \in \mathbb{R}^{d \times K}$ 表示全连接层的权重；$b^o \in \mathbb{R}^K$ 表示全连接层的偏置；$h_t \in \mathbb{R}^d$ 表示 h 在时刻 t 的分量。

最后，在得到每个位置对应的概率分布后，通过交叉熵损失函数对模型参数学习。同时，为了进一步提升序列标注的准确性，也可以在概率输出之上增加传统命名实体识别模型中使用的条件随机场（Conditional Random Field，CRF）预测。感兴趣的读者可以阅读相关文献了解替换方法。

2. 代码实现

接下来将结合实际代码实现介绍 BERT 在命名实体识别任务中的训练方法。这里以常用的命名实体识别数据集 CoNLL-2003 NER[24] 为例。需要注意的是，这一部分需要额外的 seqeval 库计算命名实体识别的相关指标。以下是命名实体识别任务的精调代码。

```python
import numpy as np
from datasets import load_dataset, load_metric
from transformers import BertTokenizerFast, BertForTokenClassification,
    TrainingArguments, Trainer, DataCollatorForTokenClassification

# 加载CoNLL-2003数据集和分词器
dataset = load_dataset('conll2003')
tokenizer = BertTokenizerFast.from_pretrained('bert-base-cased')

# 将训练集转换为可训练的特征形式
def tokenize_and_align_labels(examples):
```

```python
    tokenized_inputs = tokenizer(examples["tokens"], truncation=True,
    is_split_into_words=True)
    labels = []
    for i, label in enumerate(examples["ner_tags"]):
        word_ids = tokenized_inputs.word_ids(batch_index=i)
        previous_word_idx = None
        label_ids = []
        for word_idx in word_ids:
            # 将特殊符号的标签设置为-100，以便在计算损失函数时自动忽略
            if word_idx is None:
                label_ids.append(-100)
            # 把标签设置到每个词的第一个token上
            elif word_idx != previous_word_idx:
                label_ids.append(label[word_idx])
            # 对于每个词的其他token也设置为当前标签
            else:
                label_ids.append(label[word_idx])
            previous_word_idx = word_idx

        labels.append(label_ids)
    tokenized_inputs["labels"] = labels
    return tokenized_inputs

tokenized_datasets = dataset.map(tokenize_and_align_labels, batched=True,
    load_from_cache_file=False)

# 获取标签列表，并加载预训练模型
label_list = dataset["train"].features["ner_tags"].feature.names
model = BertForTokenClassification.from_pretrained('bert-base-cased',
    num_labels=len(label_list))

# 定义data_collator，并使用seqeval评价
data_collator = DataCollatorForTokenClassification(tokenizer)
metric = load_metric("seqeval")

# 定义评价指标
def compute_metrics(p):
    predictions, labels = p
    predictions = np.argmax(predictions, axis=2)
```

```python
    # 移除需要忽略的下标（之前记为-100）
    true_predictions = [
        [label_list[p] for (p, l) in zip(prediction, label) if l != -100]
        for prediction, label in zip(predictions, labels)
    ]
    true_labels = [
        [label_list[l] for (p, l) in zip(prediction, label) if l != -100]
        for prediction, label in zip(predictions, labels)
    ]

    results = metric.compute(predictions=true_predictions, references=
    true_labels)
    return {
        "precision": results["overall_precision"],
        "recall": results["overall_recall"],
        "f1": results["overall_f1"],
        "accuracy": results["overall_accuracy"],
    }


# 定义训练参数TrainingArguments和Trainer
args = TrainingArguments(
    "ft-conll2003",                         # 输出路径，存放检查点和其他输出文件
    evaluation_strategy="epoch",            # 定义每轮结束后进行评价
    learning_rate=2e-5,                     # 定义初始学习率
    per_device_train_batch_size=16,         # 定义训练批次大小
    per_device_eval_batch_size=16,          # 定义测试批次大小
    num_train_epochs=3,                     # 定义训练轮数
)

trainer = Trainer(
    model,
    args,
    train_dataset=tokenized_datasets["train"],
    eval_dataset=tokenized_datasets["validation"],
    data_collator=data_collator,
    tokenizer=tokenizer,
    compute_metrics=compute_metrics
)


# 开始训练！（主流GPU上耗时约几分钟）
```

```
trainer.train()
```

在训练完毕后，执行以下评测代码，得到模型在验证集上的效果。

```
# 在训练完毕后，开始测试！
trainer.evaluate()
```

终端输出评测结果，包括准确率、召回率、F1 值和损失等，如下所示。

```
{'epoch': 3.0,
 'eval_accuracy': 0.9835575960728867,
 'eval_recall': 0.9353395234366261,
 'eval_f1': 0.9284841754580788,
 'eval_loss': 0.06098758801817894}
```

7.5 深入理解 BERT

7.5.1 概述

以 BERT、GPT 等为代表的预训练技术为自然语言处理领域带来了巨大的变革。为了能够从大规模数据中充分地汲取知识，作为"容器"的预训练模型通常也需要具备相当大的规模。例如，BERT 模型含有上亿个参数，而 OpenAI 发布的 GPT-3 模型更是达到了惊人的千亿级参数。尽管这些大规模的预训练模型在很多任务上表现优异，但是庞大的模型体量也使得其预测行为变得更加难以"理解"以及"不可控"。对于很多实际应用而言，模型的性能固然重要，但是对于模型行为给出可信的解释同样很关键。从这个角度出发，大致衍生出两大类"可解释性"方面的研究，分别是构建能够"自解释"（Self-explainable）的模型；以及对于模型行为"事后解释"（Post-hoc explanation）。前者要求在模型构建之初针对性地设计其结构，使其具备可解释性；而对于 BERT 等大规模预训练模型的解释性研究，主要集中于后者。

"解释性"实际上是以人类的视角理解模型的行为。因此，需要建立模型的行为与人类概念系统之间的映射。而在自然语言处理任务中，最具解释性的人类概念系统无疑是语言学特征。例如，BERT 作为一个多任务通用的编码器，能够表达哪些语言学特征？ BERT 模型每一层使用的多头注意力又分别捕获了哪些关系特征？它的每一层表示是否和 ELMo 一样具有层次性？

本小节将从自注意力和表示学习两个角度分析 BERT 模型。首先，通过可视化分析的方式分析 BERT 的自注意力机制，然后介绍针对 BERT 模型的"探针"（Probe）实验分析方法。

7.5.2 自注意力可视化分析

BERT 模型依赖 Transformer 结构，其主要由多层自注意力网络层堆叠而成（含残差连接）。而自注意力的本质事实上是对词（或标记）与词之间关系的刻画。不同类型的关系可以表达丰富的语义，例如名词短语内的依存关系、句法依存关系和指代关系等。而这些关系特征对于大部分语义理解类自然语言处理任务具有关键的作用。因此，自注意力的分析将有助于理解 BERT 模型对于关系（relational）特征的学习能力。

文献 [25] 随机选取了 1,000 个维基百科文本片段，并对 BERT 多头自注意力进行了分析。例如，图 7-13 的可视化结果展示了不同自注意力头的行为：有些注意力头分布较为均匀，具有较大的感受野，即编码了较"分散"的上下文信息；而有些注意力头的注意力分布较为集中，且显示出一定的模式，如集中在当前词的下一个词，或者 [SEP]、句号等标记上。可以看出，不同的注意力头具有比较多样化的行为，因而能够编码不同类型的上下文和关系特征。

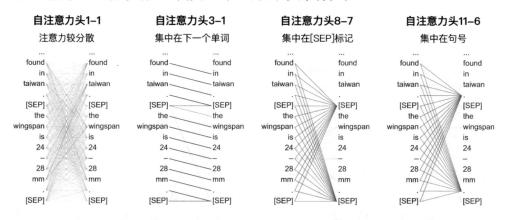

图 7-13　BERT 不同自注意力头（x-y 表示第 x 层的第 y 个自注意力头）的行为模式对比[25]

文献作者进一步分析了不同层的注意力分布。通过计算各层注意力分布的信息熵（见图 7-14）可以发现，一部分注意力头分布具有较大的熵值（接近平均分布），尤其在 BERT 的浅层。而在较深的自注意力层（如 6~8 层），其分布相对集中，熵值较小。当接近输出层时，熵值又增大。这种变化趋势在一定程度上可以反映 BERT 模型中信息聚合（或语义组合）的过程。在注意力分布较为"广泛"的模型浅层，其表示接近于词袋表示。随着层次变深，信息开始以不同的方式组合，从而形成集中在不同局部的注意力分布。而接近输出层的自注意力分布与目标预训练任务直接相关。对于 BERT 而言，即为掩码语言模型（MLM）与下一个句子预测（NSP）的联合训练任务。对更多关于 BERT 自注意力模式分析感兴趣的读者，请参考原文献。

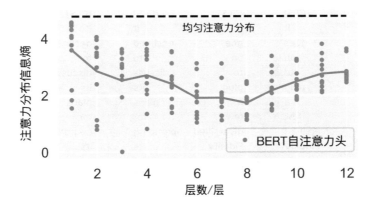

图 7-14　BERT 各层自注意力分布熵值的变化[25]

7.5.3 探针实验

自注意力的可视化分析有助于从直观上理解模型内部的信息流动。而为了更准确地理解模型的行为，仍然需要定量的实验分析。目前被广为采用的定量分析方法是探针实验。探针实验的核心思想是设计特定的探针，对于待分析对象（如自注意力或隐含层表示）进行特定行为分析。探针通常是一个非参或者非常轻量的参数模型（如线性分类器），它接受待分析对象作为输入，并对特定行为预测。而预测的准确度可以作为待分析对象是否具有该行为的衡量指标。例如，为了检验某个自注意力头对直接宾语（Direct object，dobj）关系的表达能力，可以设计一个探针对该自注意力头在 dobj 句法关系预测上的表现进行分析。如图 7-15 所示，在 BERT 第 8 层第 10 个自注意力头（记为 8-10 号）的注意力分布中，其中红色高亮部分即为 dobj 关系（funds 是 plug 的直接宾语）。文献 [25] 在宾州依存树库（PTB）上进行了探针实验，结果表明在 BERT 模型中，确实存在一部分自注意力头较好地捕捉到特定的句法关系。例如，对于 dobj 关系的预测准确率达到了 86.8%。此外，对于更复杂的共指关系（Coreference），同样能够找到具有较好预测能力的自注意力头。

自注意力反映了预训练模型内部信息的聚合过程，而模型的各层隐含层表示是聚合的结果。因此，也可以对预训练编码器的隐含层表示直接进行探针实验，从而更好地理解其特性。这里的探针可以是一个简单的线性分类器，该分类器利用模型的隐含层表示作为特征在目标任务（如词性标注）上训练，从而根据该任务的表现对预训练模型隐含层表示中蕴含的语言学特征评估。图 7-16 展示了这类探针的一般性框架。

对于更复杂的结构预测类任务，如句法分析等，也可以设计针对性的结构化探针。感兴趣的读者可以参考文献 [26]。

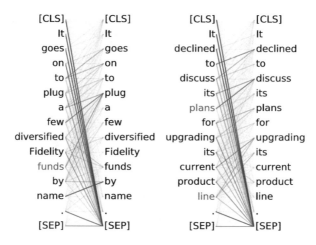

图 7-15　BERT 模型中的 8-10 号自注意力头对于直接宾语关系的表达[25]

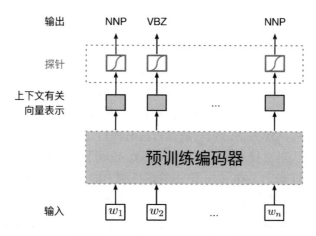

图 7-16　对预训练编码器隐含层表示的探针实验示意图

7.6　小结

　　本章主要介绍了基于大规模数据的预训练语言模型技术。首先，介绍了基于自回归的预训练语言模型——GPT 的建模方法以及如何在下游任务中应用。然后，重点介绍了预训练语言模型中最经典的 BERT 模型，对模型结构和预训练任务的构建进行了详细的介绍，并结合代码对部分重点技术进行了深入的讲解。同时，除了介绍最基本的预训练任务，还进一步介绍了与之紧密关联的其他预训练任务，并对它们的异同点进行了剖析。接着，面向常见的四种自然语言处理任务——单句文本分类、句对文本分类、抽取式阅读理解和序列标注，以 BERT 为例介绍了预训练语言模型在这些任务中的应用方法，并通过相关的代码实现进行实践。最后，结合最新文献，通过可视化方法及探针实验，对 BERT 的内部运行机制进行了深度的剖析。

习题

7.1 从模型的角度对比分析 GPT 和 BERT 各自的优缺点是什么?

7.2 阐述 BERT 的输入表示中为什么要包含位置向量? 如果没有位置向量将有何影响?

7.3 阐述应用三种不同掩码策略（MLM、WWM 和 NM）的 BERT，在预训练阶段和下游任务精调中的异同点。

7.4 BERT 中的 MLM 预训练任务采用了 15% 的掩码概率，请阐述增大或减小掩码概率对预训练语言模型效果可能产生的影响。

7.5 以情感分类数据集 SST-2 为例，通过实验论证特征提取和模型精调两种 BERT 的典型应用方式对下游任务效果的影响。

7.6 在抽取式阅读理解任务中，篇章与问题的拼接顺序会对模型效果产生何种影响? 请以具体的抽取式阅读理解任务 CMRC 2018 为例进行实验，并给出相应的实验结论。

## 第 8 章

预训练语言模型进阶

第 7 章介绍了以 GPT、BERT 为代表的预训练语言模型及其应用。随着预训练语言模型逐渐成为自然语言处理领域的常用方法，在近几年，大量工作集中在如何进一步改进现有的预训练语言模型，如何更好地建模长文本，如何提升预训练语言模型的效率，以及如何设计出更有效的生成式预训练语言模型等方面。因此，本章将围绕预训练语言模型的最新前沿进展，介绍模型优化、长文本处理、蒸馏与压缩、生成式模型几个主题下的代表性工作。

8.1 模型优化

随着以 GPT、BERT 为代表的预训练语言模型的提出，很多的工作集中在进一步优化预训练语言模型，使之在各类自然语言处理任务上获得更好的效果。本节将围绕模型优化方面介绍五个有代表性的预训练语言模型：XLNet、RoBERTa、ALBERT、ELECTRA 和 MacBERT，主要介绍模型的设计思路及具体的建模方法。

8.1.1 XLNet

1. BERT 存在的问题

语言模型通常被分为两大类：自回归语言模型（Auto-Regressive Language Model，ARLM）和自编码语言模型（Auto-Encoding Language Model，AELM），如图 8-1 所示。

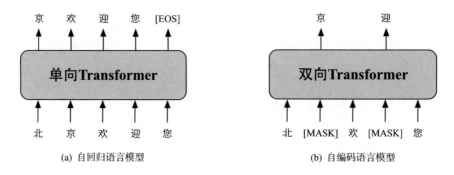

(a) 自回归语言模型 (b) 自编码语言模型

图 8-1 两种典型的语言模型类型

自回归语言模型是一种最常用的语言模型。传统基于 N-gram 的语言模型就属于这个类别（见 2.2.1 节）。该类模型需要基于给定的历史文本序列预测下一个单词的概率，其建模方法如下所示。

$$\log P(x) = \sum_{i=1}^{N} \log P(x_i | x_{1:i-1}) \tag{8-1}$$

式中，x 表示整个句子；$x_{1:i-1}$ 表示下标小于 i 的历史序列，即 $x_1 \cdots x_{i-1}$。

对于自编码语言模型，其目标是通过上下文重构被掩码的单词。第 7 章重点介绍的 BERT 就属于这个类别，其建模公式表示为：

$$\log P(x|\hat{x}) = \sum_{i=1}^{N} m_i \log P(x_i | \hat{x}) \tag{8-2}$$

式中，x 表示整个句子；$\hat{x}$ 表示经过掩码的句子；m_i 表示第 i 个词是否被掩码。

XLNet[27] 是一种基于 Transformer-XL 的自回归语言模型，并集成了自编码语言模型的优点。XLNet 的特点主要包括：

- 使用了自回归语言模型结构，使得各个单词的预测存在依赖性，同时避免了自编码语言模型中引入人造标记 [MASK] 的问题；
- 引入了自编码语言模型中的双向上下文，能够利用更加丰富的上下文信息，而不像传统的自回归语言模型只能利用单向的历史信息；
- 使用了 Transformer-XL[28] 作为主体框架，相比传统的 Transformer 拥有更好的性能。

接下来详细介绍 XLNet 引入的两个最重要的改进方法——排列语言模型和双流注意力机制。关于 Transformer-XL，将在 8.2.2 节单独介绍。

2. 排列语言模型

XLNet 的主体结构仍然是一个自回归语言模型。因此，如何将双向上下文引入自回归语言模型中是首要问题。首先回顾传统的自回归语言模型，其中预测每一个单词需要依赖其历史词。图 8-2 给出了一个传统的自回归语言模型的示例。

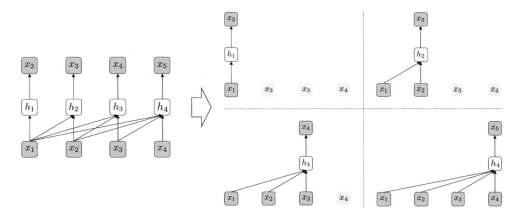

图 8-2 传统自回归语言模型示例

假设句子 $x = x_1 x_2 x_3 x_4$ 包含四个词，整个句子的建模为：

$$P(x) = P(x_1)P(x_2|x_1)P(x_3|x_1 x_2)P(x_4|x_1 x_2 x_3) \tag{8-3}$$

可以得知，每个词只依赖其历史词，而不能利用未来词。即对于单向语言模型，句子的建模顺序如下所示。

$$1 \to 2 \to 3 \to 4$$

为了构建双向上下文，**XLNet** 创新地提出了一种排列语言模型（Permutation Language Model）。假设还是建模前面的句子 x，并将建模顺序做如下修改。

$$3 \rightarrow 2 \rightarrow 4 \rightarrow 1$$

此时，整个句子的建模为：

$$P(x) = P(x_3)P(x_2|x_3)P(x_4|x_3x_2)P(x_1|x_3x_2x_4) \tag{8-4}$$

那么句子 x 的建模方式由图 8-2 变为图 8-3。可以看到，当预测 x_4 时，需要依赖 x_2 和 x_3。而当预测 x_1 时，需要依赖 x_2、x_3 和 x_4，即实现了双向上下文的建模方式。

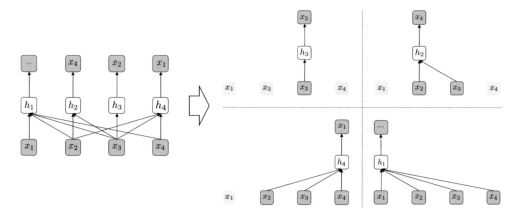

图 8-3　排列语言模型示例

根据以上描述，下面给出排列语言模型的正式定义。对于给定长度为 N 的句子 $x = x_1 \cdots x_N$，从所有可能的排列方式 $\mathbb{Z}_N$ 中均匀地采样出一种排序 z，并最大化对数似然函数

$$\mathbb{E}_{z \sim \mathbb{Z}_N}[\log P(x|z)] = \mathbb{E}_{z \sim \mathbb{Z}_N}\left[\sum_{i=1}^{N} P(x_{z_i}|x_{1:i-1}, z_i)\right] \tag{8-5}$$

式中，z_i 表示在排序 z 下，下一个预测词 x_{z_i} 在句子中的下标。

从式 (8-5) 可以看到，概率分布 $P(x_{z_i}|x_{1:i-1}, z_i)$ 必须依赖于目标位置 z_i。然而，应用标准的方法是不能对式 (8-5) 进行建模的。假设通过标准的 Softmax 函数建模下一个词的概率分布 $P(x_{z_i}|x_{1:i-1})$：

$$P(x_{z_i} = x|x_{1:i-1}) = \frac{\exp(\boldsymbol{v}_x^\top \boldsymbol{h}_{x_{1:i-1}})}{\sum_{x'} \exp(\boldsymbol{v}_{x'}^\top \boldsymbol{h}_{x_{1:i-1}})} \tag{8-6}$$

式中，$\boldsymbol{v}_x$ 表示词 x 对应的词向量；$\boldsymbol{h}_{x_{1:i-1}}$ 表示 $x_{1:i-1}$ 对应的隐含层表示。由此可以看到，隐含层表示 $\boldsymbol{h}_{x_{1:i-1}}$ 是不依赖于目标位置 z_i 的。也就是说，对于不同的目标位置 z_i，式 (8-6) 总会产生一样的概率分布，这将无法满足式 (8-5) 的建模要求。

为了解决上面的问题，**XLNet** 对式 (8-6) 进行了变动，使其依赖于目标位置 z_i。

$$P(x_{z_i} = x|x_{1:i-1}) = \frac{\exp(\boldsymbol{v}_x^\top g(x_{1:i-1}, z_i))}{\sum_{x'} \exp(\boldsymbol{v}_{x'}^\top g(x_{1:i-1}, z_i))} \tag{8-7}$$

式中，函数 g 表示一种依赖于目标位置 z_i 的隐含层表示方法。

3. 双流自注意力机制

上文介绍了排列语言模型的构造方法，并在最后引入了新的函数 g 产生依赖于目标位置 z_i 的隐含层表示方法。那么，如何构造这样一种函数 g 呢？首先需要知道的是，构造这样一个函数是不简单的，其主要原因有以下两点。

- 当预测 x_{z_i} 时，函数 g 应该只需要利用位置信息 z_i，而非具体的单词 x_{z_i}。通俗地讲，如果函数 g 已经知道了单词 x_{z_i} 是什么词，那么只需要直接将 x_{z_i} 输出就可以了，从而使得函数 g 变得异常简单，无法达成语言建模的目的；
- 当预测 x_{z_j} 时（$j > i$），函数 g 需要编码单词 x_{z_i} 以提供完整的上下文信息。

从上述原因可知，两者是存在一定矛盾的，无法通过一个函数涵盖两种不同的情况。因此，XLNet 提出了双流自注意力机制（Two-stream Self-attention），使用两套表示方法解决上述矛盾。在双流自注意力机制中，同一个单词具有以下两种不同的表示。

- 内容表示（Content Representation）$\boldsymbol{h}_{z_i}$：即原始的 Transformer 表示方法，可以同时建模单词 x_{z_i} 及其上下文；
- 查询表示（Query Representation）$\boldsymbol{g}_{z_i}$：能建模上下文信息 $x_{z_{1:i-1}}$ 以及目标位置 z_i，但不能看到单词 x_{z_i}。

对于单词 x_i 的第 0 层内容表示（即第 1 层 Transformer 的输入）为 $\boldsymbol{h}_{z_i}^{[0]} = \boldsymbol{v}_{x_i}$，其中 $\boldsymbol{v}_{x_i}$ 为输入表示（参考 7.3.2 节）。而第 0 层的查询表示，是由随机初始化的可训练向量构成的，即 $\boldsymbol{g}_{z_i}^{[0]} = \boldsymbol{w}$。

以上定义了第 0 层 Transformer 的表示方法。对于 $l \in \{1, \cdots, L\}$ 层的 Transformer，则采用下式更新内容表示 $\boldsymbol{h}_{z_i}^{[l]}$ 和查询表示 $\boldsymbol{g}_{z_i}^{[l]}$。

$$\boldsymbol{h}_{z_i}^{[l]} \leftarrow \text{Transformer-Block}(Q = \boldsymbol{h}_{z_i}^{[l-1]}, K = \boldsymbol{h}_{z \leqslant i}^{[l-1]}, V = \boldsymbol{h}_{z \leqslant i}^{[l-1]}; \boldsymbol{\theta}) \tag{8-8}$$

$$\boldsymbol{g}_{z_i}^{[l]} \leftarrow \text{Transformer-Block}(Q = \boldsymbol{g}_{z_i}^{[l-1]}, K = \boldsymbol{h}_{z_{1:i-1}}^{[l-1]}, V = \boldsymbol{h}_{z_{1:i-1}}^{[l-1]}; \boldsymbol{\theta}) \tag{8-9}$$

式中，Q、K、V 分别表示多头自注意力机制中的查询（Query）、键（Key）和值（Value）。参数更新策略与标准的多头自注意力机制完全相同。

双流自注意力机制主要通过改变注意力掩码（Attention Mask）矩阵实现。为了更好地理解双流自注意力机制，这里结合图 8-4 介绍。

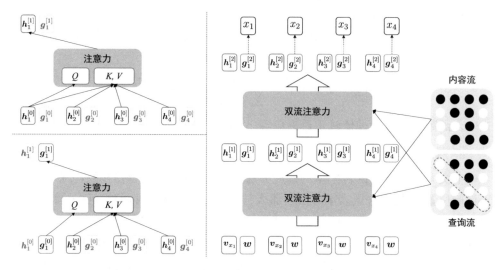

图 8-4　双流自注意力机制的示例

图 8-4 中展示了一个简化了的两层 XLNet 模型，其输入由四个词构成，即 x_1、x_2、x_3、x_4。蓝色框代表内容表示，绿色框代表查询表示。注意力掩码矩阵是一个方阵，代表了第 i 个词与第 j 个词之间是否存在联系，记对应的内容流注意力掩码矩阵为 $M_{i,j}^{\mathrm{h}}$，查询流注意力掩码矩阵为 $M_{i,j}^{\mathrm{g}}$。可以看到对于两种不同表示的注意力掩码矩阵是不同的。假设句子建模顺序为 $3 \to 2 \to 4 \to 1$，内容流与查询流注意力掩码矩阵的构造方式如表 8-1 所示。可以看到，两者的区别在于掩码矩阵的对角线是否为 0，即当前词能否看到自己本身的内容。能看到的是内容流，而不能看到的是查询流。

表 8-1　内容流与查询流注意力掩码矩阵的构造方式

当前预测	当前历史	内容流置一元素	查询流置一元素
$3 \to 2 \to 4 \to 1$	$\varnothing$	$M_{3,3}^{\mathrm{h}}$	$\varnothing$
$3 \to 2 \to 4 \to 1$	x_3	$M_{2,3}^{\mathrm{h}}, M_{2,2}^{\mathrm{h}}$	$M_{2,3}^{\mathrm{g}}$
$3 \to 2 \to 4 \to 1$	x_3, x_2	$M_{4,3}^{\mathrm{h}}, M_{4,2}^{\mathrm{h}}, M_{4,4}^{\mathrm{h}}$	$M_{4,3}^{\mathrm{g}}, M_{4,2}^{\mathrm{g}}$
$3 \to 2 \to 4 \to 1$	x_3, x_2, x_4	$M_{1,3}^{\mathrm{h}}, M_{1,2}^{\mathrm{h}}, M_{1,4}^{\mathrm{h}}, M_{1,1}^{\mathrm{h}}$	$M_{1,3}^{\mathrm{g}}, M_{1,2}^{\mathrm{g}}, M_{1,4}^{\mathrm{g}}$

最后，使用第 L 层（即最后一层）Transformer 的查询表示 $g_{z_i}^{[L]}$ 计算式 (8-7)。需要注意的是，由于查询表示是排列语言模型预训练任务额外引入的，在精调下游任务时并不会使用。

除了上述介绍的排列语言模型和双流自注意力机制，XLNet 还引入了部分预

测（Partial Prediction）进一步提升排列语言模型的收敛速度，使用了相对块编码
（Relative Segment Encodings）技术提升模型对不同输入形式的泛化能力。感兴趣
的读者可以阅读文献 [27] 了解相关技术的实现方法。

8.1.2　RoBERTa

训练 BERT 需要耗费大量的数据资源和计算资源，所以比较不同的模型设
计决策变得非常困难。为了进一步了解 BERT 的设计合理性，Liu 等人提出了
RoBERTa（Robustly Optimized BERT Pre-training Approach）[29]，通过大量的实
验表明 BERT 的设计仍然存在较大的改进空间。因此，RoBERTa 模型并没有大刀
阔斧地调整 BERT，而是针对每一个设计细节做了详尽的实验，并通过实证方法
进一步优化了 BERT，并且在一系列自然语言处理任务中取得了当时最好的效果。

RoBERTa 在 BERT 的基础上引入了动态掩码技术，同时舍弃了 NSP 任务。同
时，RoBERTa 采用了更大规模的预训练数据，并以更大的批次和 BPE 词表训练
了更多的步数。接下来针对以上几点改进进行介绍。

1. 动态掩码

BERT 中的 MLM 任务会对输入文本中的部分单词随机掩码。然而，这个过程
是在数据预处理阶段进行的，而非模型训练阶段。这样就会导致生成的掩码是静
态的，即同一个文本只有一种掩码模式，降低了训练数据的多样性以及数据的复
用效率。为了缓解这个问题，在 BERT 的原始实现中，将训练数据复制了 10 份。
这样做后，对于同一个文本就会生成 10 种不同的掩码模式①。然而，BERT 的总
训练轮数是 40 轮左右，同一个掩码模式仍然会重复 4 次。

因此，在 RoBERTa 中引入了动态掩码（Dynamic Masking）技术，即决定掩码
位置和方法是在模型的训练阶段实时计算的。这样就能保证无论训练多少轮，都
能够最大限度地保证同一段文本能够在不同轮数下产生不同的掩码模式。当预训
练轮数较大或数据量较大时，动态掩码方法能够提高数据的复用效率。另外，通
过实验发现，使用动态掩码技术的 BERT 在阅读理解数据集 SQuAD 2.0[30] 以及文
本分类数据集 SST-2[20] 任务上，能够带来微弱的性能提升，而在 MNLI-m[31] 任务
上有一定的性能损失，如表 8-2 所示。

表 8-2　静态掩码与动态掩码的实验对比

掩码方法	SQuAD 2.0	MNLI-m	SST-2
静态掩码	78.3	84.3	92.5
动态掩码	78.7	84.0	92.9

---

① 这里不考虑随机出来的掩码模式完全一样的情况（极低概率）。

2. 舍弃 NSP 任务

在原始 BERT 的预训练过程中，会将两个文本片段拼接在一起作为输入，并通过 NSP 任务预测这两段文本是否构成"下一个句子"关系。在原始 BERT 的分析实验中，去掉 NSP 任务会显著降低 QNLI[32]（自然语言推断）任务、MNLI[31]（自然语言推断）任务和 SQuAD 1.1[22]（阅读理解）任务的效果。

为了更好地了解 NSP 任务的有效性，RoBERTa 论文作者对比了以下 4 种实验设置。

（1）文本对输入 +NSP。是原始 BERT 的输入形式，即由一对文本构成，每个文本由多个自然句子组成，整体长度不超过 512 个标记（token）；

（2）句子对输入 +NSP。由一对句子构成输入序列。由于在大多数情况下，一对句子的长度小于 512，这里通过增大批次大小保持和"文本对输入"相对一致的数据吞吐量；

（3）跨文档整句输入。由一对文本构成输入序列。当达到文档的末端时，将继续从下一个文档抽取句子，并添加分割符表示文档边界。在此设置下不再使用 NSP 损失；

（4）文档内整句输入。与"跨文档整句输入"类似，但当达到文档末端时，不允许继续从下个文档中抽取句子。同样地，这里通过增大批次大小保持和"跨文档整句输入"相对一致的数据吞吐量。在此设置下不再使用 NSP 损失。

相关实验结果如表 8-3 所示。可以看到，在使用 NSP 任务的情况下，只使用"句子对输入"相比使用"文本对输入"带来一定的性能损失。这可能是因为"句子对输入"的长度较短，无法学习到长距离依赖，对阅读理解任务 SQuAD 1.1 以及 RACE[33] 等需要长距离理解的任务带来较大的影响。

表 8-3　NSP 任务的有效性对比实验

实验设置	SQuAD 1.1	SQuAD 2.0	MNLI-m	SST-2	RACE
文本对输入 + NSP	90.4	78.7	84.0	92.9	64.2
句子对输入 + NSP	88.7	76.2	82.9	92.1	63.0
跨文档整句输入	90.4	79.1	84.7	92.5	64.8
文档内整句输入	90.6	79.7	84.7	92.7	65.6

当对比使用 NSP 任务（前两行）和不使用 NSP 任务（后两行）时，可以看到除了 SST-2（情感分类）任务，其他任务的实验结果均表明不使用 NSP 任务能够带来下游任务的性能提升。最后，对比"跨文档整句输入"和"文档内整句输入"的结果可以发现，后者的实验效果更好。然而，使用"文档内整句输入"的模式

会导致批次大小是一个可变量，对于大规模预训练并不友好。因此，RoBERTa 最后采用了"跨文档整句输入"并舍弃了 NSP 任务的方案。

3. 其他优化

除了以上两点优化，RoBERTa 还引入了更多的预训练数据、使用了更大的批次、更长的预训练步数和更大的 BPE 词表。

（1）更多的预训练数据。在原始 BERT 中，预训练数据采用的是 BookCorpus 和英文维基百科数据，总计约 16 GB 的文本文件。在 RoBERTa 中，进一步将预训练数据的规模扩展至 160 GB，是 BERT 的 10 倍。RoBERTa 的预训练数据共包含 5 个数据来源，其相关描述如表 8-4 所示。

表 8-4 RoBERTa 使用的预训练数据

数据名称	文本类型	大小
BookCorpus	故事	16 GB
Wikipedia	百科	
CC-News	新闻	76 GB
OpenWebText	社区问答	38 GB
Stories	故事	31 GB

（2）更大的批次及更长的预训练步数。在原始 BERT 中，采用的预训练批次大小为 256，并训练了 1M 步。在 RoBERTa 中，进一步探索了更大的批次以及更长的训练步数能否带来进一步性能提升。相关结果如表 8-5 所示。

表 8-5 不同批次大小、训练步数的性能表现

批次大小	训练步数	PPL	MNLI-m	SST-2
256	1M	3.99	84.7	92.5
2,048 (2K)	125K	3.68	85.2	93.1
	250K	3.59	85.3	94.1
	500K	3.51	85.4	93.5
8,192 (8K)	31K	3.77	84.4	93.2
	63K	3.60	85.3	93.5
	125K	3.50	85.8	94.1

可以看到，随着批次大小的增大，不论是在开发集上的困惑度（PPL）还是在实际的下游任务（MNLI-m、SST-2）上均有一定的性能提升。由于预训练通常需要花费很多时间，在计算资源充裕的情况下，使用更大的批次能够有效减少训练时长。同时，当固定批次大小并增加训练步数后，也能得到更好的实验结果。基于以上实验结果，最终 RoBERTa 采用了 8K 的批次大小，并且进一步将训练步长

加大至 500K。

（3）更大的词表。在原始 BERT 中，采用了一个 30K 大小的 WordPiece[34] 词表，这是一种基于字符级别（Char-level）的 BPE[35] 词表。这种词表的一个弊端是，如果输入文本无法通过词表中的 WordPiece 子词进行拼接组合，则会映射到 "unknown" 这种未登录词标识。因此，RoBERTa 模型使用了 SentencePiece 分词器，并且将词表大小扩大至 50K。采用 SentencePiece 这种字节级别（Byte-level）BPE 词表的好处是能够编码任意输入文本，因此不会出现未登录词的情况。

例如，这里使用英文 BERT 和 RoBERTa 词表对输入文本进行分词。输入文本中包含英文、德文、中文和日文。

```
# 加载BERT和RoBERTa分词器，并设置未登录词以 '[UNK]' 显示。
>>> from transformers import BertTokenizer, RobertaTokenizer
>>> bert_tokenizer = BertTokenizer.from_pretrained('bert-base-uncased',
    unk_token='[UNK]')
>>> roberta_tokenizer = RobertaTokenizer.from_pretrained('roberta-base',
    unk_token='[UNK]')
# 由4种语言组成的输入文本列表。
>>> sents = ['Harbin Institute of Technology', 'Harbin Institut für
    Technologie', '哈尔滨工业大学', 'ハルビン工業大学']
```

应用 BERT 中的分词器进行分词，其结果如下所示。可以看到属于拉丁语系的英文和德文的分词结果均未出现未登录词的情况。而对于中文和日文的部分词汇出现词表中无法映射的未登录词。

```
>>> [bert_tokenizer.tokenize(x) for x in sents]
[['ha', '##rbin', 'institute', 'of', 'technology'],
 ['ha', '##rbin', 'institut', 'fur', 'techno', '##logie'],
 ['[UNK]', '[UNK]', '[UNK]', '[UNK]', '[UNK]', '大', '学'],
 ['ハ', '##ル', '##ビ', '##ン', '[UNK]', '[UNK]', '大', '学']]
```

应用 RoBERTa 中的分词器进行分词，其结果如下所示。由于 SentencePiece 是字节级别的切分，因此部分单词在切分后不可读（打印出来呈乱码），这里直接通过判断的形式查看列表中是否包含未登录词。可以看到列表中所有元素均不包含 "[UNK]"，说明所有单词均被正常映射。

```
>>> segs_list = [roberta_tokenizer.tokenize(x) for x in sents]
>>> ['[UNK]' in x for x in segs_list]
[False, False, False, False]
```

8.1.3　ALBERT

虽然以 BERT 为代表的预训练语言模型在众多自然语言处理任务中取得显著的性能提升，但这类模型的参数量相对较大，会占用大量计算资源。为了解决该问题，Lan 等人提出了 **ALBERT**（A Lite BERT）[36] 降低内存的消耗并且提高 BERT 的训练速度。这里主要包含两项技术：词向量参数因式分解和跨层参数共享。同时，在 ALBERT 中引入了更加有效的"句子顺序预测"的预训练任务，取代了 BERT 中原有的 NSP 任务。接下来将对以上三个重要改动进行介绍。

1. 词向量因式分解

在以往的 BERT 以及相关变种模型（如 XLNet、RoBERTa 等）中，词向量的维度 E 和 Transformer 的隐含层维度 H 是一样的。然而，这种设计决策存在两个问题。

从模型设计角度来看，词向量的作用是将输入文本映射到上下文无关的静态表示中，即输入文本中的每个标记会独立地通过词向量矩阵映射到一个固定的向量，与其上下文无关。而大量的实验表明，以 BERT 为代表的预训练语言模型之所以强大，是因为词向量之上建立的深层 Transformer 模型能够充分地学习到每个标记的上下文信息。因此，ALBERT 的作者认为，Transformer 的隐含层维度 H 要远大于词向量维度 E，即 $H \gg E$。

另外，从实用角度来看，词向量矩阵的参数量是词表大小 V 乘以词向量维度 E。而在通常情况下，词表大小 V 是比较大的。例如，BERT 的词表大小是 30K。上文提到，在早期的预训练语言模型的设计中 $H \equiv E$。当通过增大 H 提升模型容量时，词向量维度 E 也会随之增大，因此词向量矩阵的参数量也会随之上升。另外，词向量矩阵的更新是比较稀疏的，参数的利用率并不高。

因此，ALBERT 模型引入了词向量因式分解方法解耦合词向量维度 E 和 Transformer 隐含层维度 H。具体的操作方法也非常简单，只需令 $H \neq E$。但这样做会有一个问题。当 $H \neq E$ 时，词向量不能直接接入后续的多层 Transformer 模型中。因此，这里需要引入一个全连接层，将词向量维度 E 映射到 Transformer 隐含层维度 H。引入词向量因式分解后，词向量部分的计算复杂度从 $O(VH)$ 降低至 $O(VE + EH)$。当 Transformer 隐含层维度 H 远大于词向量维度 E 时，参数量的降幅尤为明显。

接下来通过一个例子直观地了解这个问题。这里假设 Transformer 的隐含层维度为 $H = 1024$，词向量维度为 $E = 128$，词表大小为 $V = 30000$。在原始的 BERT 中，由于 $H \equiv E$，词向量矩阵的参数量计算为：

$$V \times E = V \times H = 30000 \times 1024 = 30{,}720{,}000$$

当引入词向量因式分解后，词向量矩阵的参数量计算为：

$$V \times E + E \times H = 30000 \times 128 + 128 \times 1024 = 3,971,072$$

由此可见，在引入词向量因式分解后，词向量矩阵的参数量降低至原来的约1/8，参数量降幅非常明显。

2. 跨层参数共享

在 BERT 中，多层 Transformer 的参数是不共享的，即每一层 Transformer 都保留自己的参数。而在 ALBERT 中，引入了跨层参数共享（Cross-layer Parameter Sharing）机制，使得每一层 Transformer 的权重都是一样的。接下来通过一个三层 Transformer 模型说明跨层参数共享，如图 8-5 所示。

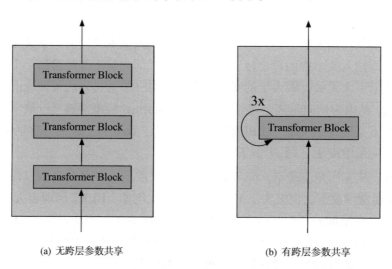

(a) 无跨层参数共享　　　　　　　　(b) 有跨层参数共享

图 8-5　跨层参数共享示例

可以看到，ALBERT 采用了一种类似于"循环"的结构，主体结构部分实际上只包含一层 Transformer 实体。通过循环操作，Transformer 的参数得到复用，并且可以实现深层计算（即循环多少次就是多少层）。

这里需要着重提醒的是，跨层参数共享虽然从参数量的角度实现了模型的压缩，但并不会加快模型的前向计算时间，也不会大幅度减少模型的内存（或显存）占用。还是以三层 Transformer 模型为例，规定每层的基准参数量、磁盘占用、内存占用和前向传播时间为 1x，相应对比结果如表 8-6 所示。

可以看到，参数量的大小直接影响磁盘占用，因为更少的参数量可以用更小的文件存储。而内存占用、前向传播时间与有无跨层参数共享无关。这是因为不论在模型训练还是模型推断时，共享的参数仍然要以虚拟的形式复制成多份，形成多层 Transformer 结构，内存的占用并没有减少。同时，模型的输入还是要从 Transformer 的最底层一步步地传递到 Transformer 的最顶层，因此前向传播时间并没有什么变化。

表 8-6　跨层参数共享的影响对比

对比项目	参数量	磁盘占用	内存占用	前向传播时间
无跨层参数共享（3 层）	3x	3x	3x	3x
有跨层参数共享（3 层）	1x	1x	3x	3x

3. 句子顺序预测

回顾 NSP 任务的设计，其正例是由相邻的两个文本片段构成的，即构成"下一个句子"关系；而负例是将第二段文本替换成随机的文本片段，即不构成"下一个句子"关系。然而，前面介绍的 XLNet、RoBERTa 模型均发现 BERT 采用的 NSP 任务并没有想象中的有效。例如，在多数预训练数据上，NSP 任务的准确率可以快速地达到 95% 以上，说明该任务的难度较低，无法学习到深层的语义信息。

因此，ALBERT 引入了一个新的预训练任务——句子顺序预测（Sentence Order Prediction，SOP）取代 BERT 中的 NSP 任务。在 SOP 任务中，正例的构成与 NSP 一致，而负例的构成是直接对调两个文本片段的位置。这样设计的目的是让模型能够学习到细微的语义差别及语篇连贯性，相比 NSP 任务难度更大。

8.1.4　ELECTRA

前面讲到的各种预训练语言模型均是由单一模型构成的。而 **ELECTRA**（Efficiently Learning an Encoder that Classifies Token Replacements Accurately）[37] 采用了一种"生成器–判别器"结构，其与生成式对抗网络（Generative Adversarial Net，GAN）[38] 的结构非常相似。ELECTRA 的整体模型结构如图 8-6 所示。

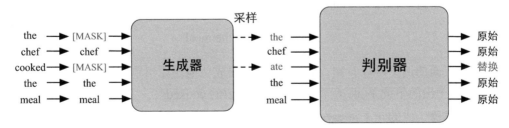

图 8-6　ELECTRA 的整体模型结构

图 8-6 中可以看到 ELECTRA 是由生成器（Generator）和判别器（Discriminator）串联起来的一个模型。这两个部分的作用如下。

（1）生成器。一个小的 MLM，即在 [MASK] 的位置预测原来的词；

（2）判别器。判断输入句子中的每个词是否被替换，即使用替换词检测（Replaced Token Detection，RTD）预训练任务，取代了 BERT 原始的掩码语言模型（MLM）。需要注意的是这里并没有使用下一个句子预测（NSP）任务。

接下来，结合图 8-6 中的例子，详细介绍生成器和判别器的建模方法。

1. 生成器

对于生成器来说，其目的是将带有掩码的输入文本 $x = x_1 \cdots x_n$，通过多层 Transformer 模型学习到上下文语义表示 $\boldsymbol{h} = \boldsymbol{h}_1 \cdots \boldsymbol{h}_n$，并还原掩码位置的文本，即 BERT 中的 MLM 任务。需要注意的是，这里只预测经过掩码的词，即对于某个掩码位置 t，生成器输出对应原文本 x_t 的概率 $P^{\mathrm{G}} \in \mathbb{R}^{|\mathbb{V}|}$（$|\mathbb{V}|$ 是词表大小）：

$$P^{\mathrm{G}}(x_t|x) = \mathrm{Softmax}(\boldsymbol{h}_t^{\mathrm{G}} \boldsymbol{W}^{\mathrm{e}\top}) \tag{8-10}$$

式中，$\boldsymbol{W}^{\mathrm{e}} \in \mathbb{R}^{|\mathbb{V}| \times d}$ 表示词向量矩阵；$\boldsymbol{h}_t^{\mathrm{G}}$ 表示原文本 x_t 对应的隐含层表示。

以图 8-6 为例，原始句子 $x = x_1 x_2 x_3 x_4 x_5$ 如下：

the chef cooked the meal

经过随机掩码后的句子如下，记 $\mathbb{M} = \{1, 3\}$ 为所有经过掩码的单词位置的下标，记 $x^{\mathrm{m}} = m_1 x_2 m_3 x_4 x_5$ 为经过掩码后的输入句子，如下所示。

[MASK] chef [MASK] the meal

那么生成器的目标是将 m_1 还原为 x_1（即 the），将 m_3 还原为 x_3（即 cooked）。

在理想情况下，即当生成器的准确率为 100% 时，掩码标记 [MASK] 能够准确还原为原始句子中的对应单词。然而，在实际情况下，MLM 的准确率并没有那么高。如果直接将掩码后的句子 x^{m} 输入生成器中，将产生采样后的句子 x^{s}：

the chef ate the meal

从上面的例子可以看到，m_1 通过生成器成功地还原出单词 the，而 m_3 采样（或预测）出的单词是 ate，而不是原始句子中的 cooked。

生成器生成的句子将会作为判别器的输入。由于通过生成器改写后的句子中不包含任何人为预先设置的符号（如 [MASK]），ELECTRA 通过这种方法解决了预训练和下游任务输入不一致的问题。

2. 判别器

受 MLM 准确率的影响，通过生成器采样后的句子 x^s 与原始句子有一定的差别。接下来，判别器的目标是从采样后的句子中识别出哪些单词是和原始句子 x 对应位置的单词一样的，即替换词检测任务。上述任务可以通过二分类方法实现。

对于给定的采样句子 x^s，通过 Transformers 模型得到对应的隐含层表示 $h^D = h_1^D \cdots h_n^D$。随后，通过一个全连接层对每个时刻的隐含层表示映射成概率。

$$P^D(x_i^s) = \sigma(h_i^D w), \quad \forall i \in \mathbb{M} \tag{8-11}$$

式中，$w \in \mathbb{R}^d$ 表示全连接层的权重（d 表示隐含层维度）；$\mathbb{M}$ 表示所有经过掩码的单词位置下标；σ 表示 Sigmoid 激活函数。

假设 1 代表被替换过，0 代表没有被替换过，则生成器采样生成的句子"the chef ate the meal"对应的预测标签如下，记为 $y = y_1 \cdots y_n$。

$$0\ 0\ 1\ 0\ 0$$

3. 模型训练

生成器和判别器分别使用以下损失函数训练：

$$\mathcal{L}^G = -\sum_{i \in \mathbb{S}} \log P^G(x_i) \tag{8-12}$$

$$\mathcal{L}^D = -\sum_{i \in \mathbb{S}} [y_i \log P^D(x_i^s) + (1 - y_i) \log(1 - P^D(x_i^s))] \tag{8-13}$$

最终，模型通过最小化以下损失学习模型参数：

$$\min_{\theta^G, \theta^D} \sum_{x \in \mathcal{X}} \mathcal{L}^G(x, \theta^G) + \lambda \mathcal{L}^D(x, \theta^D) \tag{8-14}$$

式中，$\mathcal{X}$ 表示整个大规模语料库；θ^G 和 θ^D 分别表示生成器和判别器的参数。

> 注意：由于生成器和判别器衔接的部分涉及采样环节，判别器的损失并不会直接回传到生成器，因为采样操作是不可导的。另外，当预训练结束后，只需要使用判别器进行下游任务精调，而不再使用生成器。

4. 其他改进

（1）更小的生成器。通过前面的介绍可以发现，生成器和判别器的主体结构均由 BERT 组成，因此两者完全可以使用同等大小的参数规模。但这样会导致预训练的时间大约为单个模型的两倍。为了提高预训练的效率，在 ELECTRA 中生成器的参数量要小于判别器。具体实现时会减小生成器中 Transformer 的隐含层维度、全连接层维度和注意力头的数目。对于不同模型规模的判别器，其缩放比例也不同，通常在 1/4 ~ 1/2 之间。以 ELECTRA-base 模型为例，缩放比例是 1/3。表 8-7 展示了 ELECTRA-base 模型的生成器和判别器的各项参数大小对比。

表 8-7　ELECTRA-base 模型的生成器和判别器的各项参数大小对比

类型	词向量维度	层数	隐含层维度	全连接层维度	注意力头数	注意力头维度
生成器	768	12	256	1,024	4	64
判别器	768	12	768	3,072	12	64

为什么是减小生成器的大小，而不是判别器的大小？因为上文讲到生成器只会在预训练阶段使用，而在下游任务精调阶段是不使用的，因此减小生成器的大小是合理的。

（2）参数共享。为了实现更灵活的建模目的，ELECTRA 首先引入了词向量因式分解方法，通过全连接层将词向量维度映射到隐含层维度。这一部分的实现与 ALBERT 中的方法一致，因此不再赘述。由于上面讲到，ELECTRA 使用了一个更小的生成器，因此生成器和判别器之间无法直接进行参数共享。在 ELECTRA 中，参数共享只限于输入层权重，其中包括词向量和位置向量矩阵。

8.1.5　MacBERT

虽然 BERT 中的掩码语言模型简单易用，但也存在明显的问题。在掩码语言模型中，通过引入特殊标记 [MASK] 表示当前词被掩码。然而在实际的下游任务中，输入文本中并不会出现 [MASK] 标记。这就会导致"预训练–精调"不一致的问题。图 8-7 给出了这种现象的一个示例。为了进行掩码语言模型的学习，图 8-7(a) 的输入文本中包含掩码标记 [M]。而在图 8-7(b) 中，当进行实际的文本分类任务时，模型的输入是自然文本，不包含掩码标记 [M]。

为了解决"预训练–精调"不一致的问题，哈工大讯飞联合实验室提出了 **Mac-BERT**[19]。MacBERT 中应用了一种基于文本纠错的掩码语言模型（MLM as correction，Mac）。该方法不需要对现有结构做任何改动，只需改变掩码方式，因此极大限度地保留了 BERT 的原始特性，并可以无缝迁移到任何使用 BERT 的下游任务精调代码中。MacBERT 的整体结构如图 8-8 所示。

具体地，MacBERT 针对掩码语言模型任务进行了如下修改：

- MacBERT 使用整词掩码技术以及 N-gram 掩码技术选择待掩的标记，其中 unigram 至 4-gram 的概率分别为 40%、30%、20% 和 10%；
- 为了解决掩码标记 [MASK] 在下游任务中不会出现的问题，在预训练阶段，

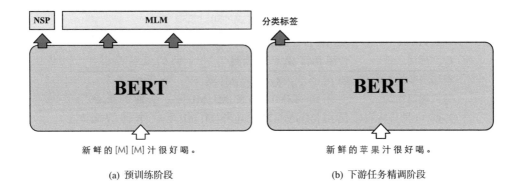

(a) 预训练阶段　　　　　　　　(b) 下游任务精调阶段

图 8-7　"预训练–精调"不一致问题示例

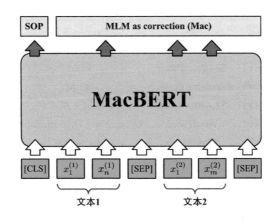

图 8-8　MacBERT 模型的整体结构

MacBERT 使用相似词替换 [MASK] 标记。当实际操作时，使用同义词词典获取待掩码单词的相似词。当 N-gram 掩码时，对 N-gram 中的每个词均进行相似词替换。在少数情况下，当相似词不存在时，使用词表中的随机词进行替换；

• 与原版 BERT 类似，MacBERT 对输入序列总长度 15% 的标记进行掩码，在 80% 的情况下会替换为相似词，在 10% 的情况下会替换为随机词，在 10% 的情况下则不进行任何替换（负样本）。

表 8-8 给出了不同掩码方式的对比示例。

除此之外，由于 ALBERT[36] 在众多自然语言处理任务上获得了显著的性能提升，MacBERT 采用了其中的句子顺序预测任务替换 BERT 中的下一个句子预测任务。关于句子顺序预测任务可参考 8.1.3 节中的介绍。

表 8-8　不同掩码方式的对比示例

原始句子	使用语言模型来预测下一个词的概率。
中文分词	使用 语言 模型 来 预测 下 一个 词 的 概率 。
原始掩码输入	使用 语言 [M] 型 来 [M] 测 下 一个 词 的 概率 。
整词掩码输入	使用 语言 [M] [M] 来 [M] [M] 下 一个 词 的 概率 。
N-gram 掩码输入	使用 [M] [M] [M] [M] 来 [M] [M] 下 一个 词 的 概率 。
纠错型掩码输入	使用 语法 建模 来 预见 下 一个 词 的 几率 。

8.1.6　模型对比

最后，通过表 8-9 对比不同预训练语言模型之间的联系与区别。

表 8-9　预训练语言模型之间的联系与区别

模型	类型	切词	预训练任务	训练数据规模
BERT	自编码	WordPiece	MLM + NSP	$\approx 16\ \text{GB}$
XLNet	自回归	SentencePiece	PLM	$\approx 126\ \text{GB}$
RoBERTa	自编码	SentencePiece	MLM	$\approx 160\ \text{GB}$
ALBERT	自编码	SentencePiece	MLM + SOP	$\approx 16\ \text{GB}$
ELECTRA	自编码	WordPiece	Generator + Discriminator	$\approx 126\ \text{GB}$
MacBERT	自编码	WordPiece	Mac + SOP	$\approx 20\ \text{GB}$

8.2　长文本处理

8.2.1　概述

以自注意力机制为核心的 Transformer 模型是各种预训练语言模型中的主要组成部分。自注意力机制能够构建序列中各个元素之间的上下文关联程度，挖掘深层次的语义信息。然而，自注意力机制的时空复杂度为 $\mathcal{O}(n^2)$，即时间和空间消耗会随着输入序列的长度呈平方级增长。这种问题的存在使得预训练语言模型处理长文本的效率较低。

传统处理长文本的方法一般是切分输入文本，其中每份的大小设置为预训练语言模型能够单次处理的最大长度（如 512）。最终将多片文本的决策结果进行综合（如对分类结果进行投票）或者拼接（如序列标注或生成任务）得到最终结果。然而，这种方法不能很好地构建文本块之间的联系，挖掘长距离文本依赖的能力较弱。因此，更好的方法还是需要从根本上提高预训练语言模型单次能够处理的最大文本长度，从而能够更加充分地利用自注意力机制。

接下来将介绍四个有代表性的擅长处理长文本序列的 Transformer 变种，即 Transformer-XL、Reformer、Longformer 和 BigBird。

8.2.2 Transformer-XL

前面介绍到，Transformer 中处理长文本的传统策略是将文本切分成固定长度的块，并单独编码每个块，块与块之间没有信息交互。图 8-9 给出了块长度为 4 的一个示例。可以看到在训练阶段，Transformer 分别对第一块中的序列 x_1、x_2、x_3、x_4 与第二块中的序列 x_5、x_6、x_7、x_8 进行建模。而在测试阶段，由于每次处理的最大长度为 4，当模型在处理序列 x_2、x_3、x_4、x_5 时，无法构建与历史 x_1 的关系。另外，由于需要以滑动窗口的方式处理整个序列，所以这种方法的效率也非常低。

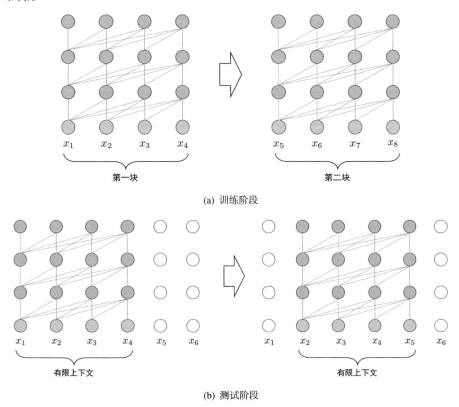

(a) 训练阶段

(b) 测试阶段

图 8-9　Transformer 中处理长文本的传统方法

为了优化对长文本的建模，**Transformer-XL**[28] 提出了两种改进策略——状态复用的块级别循环（Segment-level Recurrence with State Reuse）和相对位置编码（Relative Positional Encodings）。接下来针对这两种改进策略进行介绍。另外，值得一提的是，在 8.1.1 节介绍的 XLNet 采用了 Transformer-XL 作为主体结构。

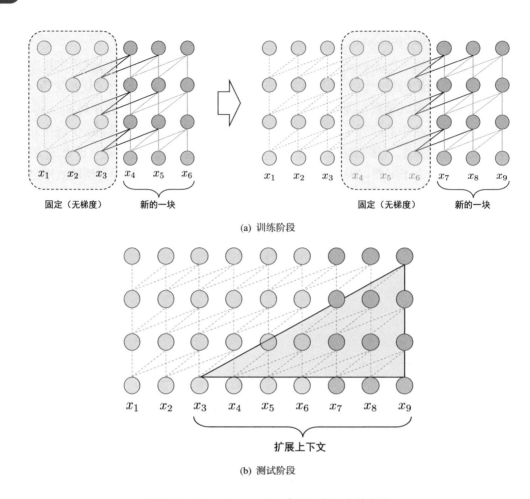

(a) 训练阶段

(b) 测试阶段

图 8-10   Transformer-XL 中处理长文本的方法

1. 状态复用的块级别循环

假设两个连续的长度为 n 的块分别为 $s_\tau = x_{\tau,1} \cdots x_{\tau,n}$ 和 $s_{\tau+1} = x_{\tau+1,1} \cdots x_{\tau+1,n}$，第 τ 块在第 l 层 Transformer 的隐含层输出为 $\boldsymbol{h}_\tau^{[l]} \in \mathbb{R}^{n \times d}$（$d$ 为隐含层维度大小）。计算第 $\tau + 1$ 块在第 l 层 Transformer 的隐含层输出 $\boldsymbol{h}_{\tau+1}^{[l]}$：

$$\tilde{\boldsymbol{h}}_{\tau+1}^{[l-1]} = [\text{SG}(\boldsymbol{h}_\tau^{[l-1]}) \circ \boldsymbol{h}_{\tau+1}^{[l-1]}] \tag{8-15}$$

$$\boldsymbol{q}_{\tau+1}^{[l]} = \boldsymbol{h}_{\tau+1}^{[l-1]} \boldsymbol{W}^{\text{q}\top} \qquad \boldsymbol{k}_{\tau+1}^{[l]} = \tilde{\boldsymbol{h}}_{\tau+1}^{[l-1]} \boldsymbol{W}^{\text{k}\top} \qquad \boldsymbol{v}_{\tau+1}^{[l]} = \tilde{\boldsymbol{h}}_{\tau+1}^{[l-1]} \boldsymbol{W}^{\text{v}\top} \tag{8-16}$$

$$\boldsymbol{h}_{\tau+1}^{[l]} = \text{Transformer-Block}(\boldsymbol{q}_{\tau+1}^{[l]}, \boldsymbol{k}_{\tau+1}^{[l]}, \boldsymbol{v}_{\tau+1}^{[l]}) \tag{8-17}$$

式中，函数 $\text{SG}(\cdot)$ 表示停止梯度传输；操作符 $\circ$ 表示沿长度维度进行拼接；$\boldsymbol{W}$ 表示全连接权重。与传统 Transformer 的主要不同点在于，键 $\boldsymbol{k}_{\tau+1}^{[l]}$ 和值 $\boldsymbol{v}_{\tau+1}^{[l]}$ 依赖于扩展的上下文信息 $\tilde{\boldsymbol{h}}_{\tau+1}^{[l-1]}$ 以及上一个块的缓存信息 $\boldsymbol{h}_\tau^{[l-1]}$。

这种状态复用的块级别循环机制应用于语料库中每两个连续的片段，本质上是在隐含状态下产生一个片段级的循环。因此，在这种机制下，Transformer 利用的有效上下文可以远远超出两个块。需要注意的是，$h_{\tau+1}^{[l]}$ 和 $h_{\tau}^{[l-1]}$ 之间的循环依赖性使得存在向下一层的计算依赖，这与传统的循环神经网络（RNN）中的同层循环机制（即只存在相同层之间的循环）是不同的。因此，最大可能的依赖长度随块的长度 n 和层数 L 呈线性增长，即 $\mathcal{O}(nL)$，如图 8.10(b) 中的阴影部分所示。这种机制和 RNN 中常用的随时间反向传播机制（Back Propagation Through Time，BPTT）[39] 类似。然而，在这里是将整个序列的隐含层状态全部缓存，而不是像 BPTT 机制中只会保留最后一个状态。

另外，这种设计除了能够处理更长的文本序列，还能加快测试速度。作者通过一系列的实验表明，Transformer-XL 相比传统 Transformer，能够在测试阶段达到 1800 倍以上的加速。

2. 相对位置编码

虽然状态复用的块级别循环技术能够将不同块之间的信息联系起来，在实际应用中还存在一个非常重要的问题：如何区分不同块中的相同位置？采用传统 Transformer 中的绝对位置编码方法是不可行的，其原因可通过下式说明：

$$h_\tau = f(h_{\tau-1}, v_\tau + v_{1:n}^{\mathrm{p}}) \tag{8-18}$$

$$h_{\tau+1} = f(h_\tau, v_{\tau+1} + v_{1:n}^{\mathrm{p}}) \tag{8-19}$$

式中，$v_\tau \in \mathbb{R}^{n\times d}$ 表示块 s_τ 对应的词向量；v^{p} 表示位置向量；f 表示变换函数。

可以看到对于不同的块，使用的位置向量是一样的。例如，对于第 τ 块中的 $x_{\tau,i}$ 和第 $\tau+1$ 块中的 $x_{\tau+1,i}$ 的位置信息是完全相同的，而这显然是不合理的。

为了解决这个问题，Transformer-XL 引入了相对位置编码策略。位置信息的重要性主要体现在注意力矩阵的计算上，用于构建不同词之间的关联关系。应用相对位置编码后，第 i 个词与第 j 个词的注意力值 $a_{i,j}$ 为：

$$a_{i,j} = \underbrace{v_{x_i}^\top W^{\mathrm{q}\top} W^{\mathrm{E}} v_{x_j}}_{(a)} + \underbrace{v_{x_i}^\top W^{\mathrm{q}\top} W^{\mathrm{R}} R_{i-j}}_{(b)} + \underbrace{u^{\mathrm{E}\top} W^{\mathrm{E}} v_{x_j}}_{(c)} + \underbrace{u^{\mathrm{R}\top} W^{\mathrm{R}} R_{i-j}}_{(d)} \tag{8-20}$$

式中，W 和 $u \in \mathbb{R}^d$ 表示可训练的权重；v_{x_i} 表示词 x_i 对应的词向量；$R \in \mathbb{R}^{N\times d}$ 表示相对位置矩阵（N 表示最大编码长度），是一个不可训练的正弦编码矩阵，其第 i 行表示相对位置间隔为 i 的位置向量。接下来针对上式中的各个部分进行介绍。

- 基于内容的相关度（a）：计算查询 x_i 与键 x_j 的内容之间关联信息；
- 内容相关的位置偏置（b）：计算查询 x_i 的内容与键 x_j 的位置编码之间的关联信息，R_{i-j} 表示两者的相对位置信息，取 R 中的第 $i-j$ 行；

- 全局内容偏置（c）：计算查询 x_i 的位置编码与键 x_j 的内容之间的关联信息；
- 全局位置偏置（d）：计算查询 x_i 与键 x_j 的位置编码之间关联信息。

感兴趣的读者可以进一步参考原文献 [28] 了解更多技术细节。

8.2.3 Reformer

Reformer[40] 主要引入了局部敏感哈希注意力和可逆 Transformer 技术，有助于减少模型的内存占用，进一步提升了模型对长文本的处理能力。

1. 局部敏感哈希注意力

首先，在介绍局部敏感哈希注意力之前，需要回答两个关键问题，这将成为 Reformer 的设计准则。

（1）单独计算查询和键的必要性。在传统 Transformer 中，输入向量通过三组不同的全连接层分别映射到查询、键和值，并计算查询向量和键向量之间的注意力值，最终将注意力值和值向量加权求和得到输出向量。那么，查询向量（Q）和键向量（K）能否合二为一？即只使用一个全连接层得到查询（或键），另一个全连接层得到值。作者通过实验证实，这种查询和键相同的 Transformer 与传统的 Transformer 相比并没有太大的性能差异。因此，在 Reformer 中采用了**QK 共享的 Transformer**，减少了注意力机制中的一部分计算。

（2）全局注意力计算的必要性。在传统 Transformer 中，注意力矩阵的维度是 $N \times N$，即是一个以序列长度 N 为边长的方阵。也就是说，注意力矩阵的计算复杂度是随着序列长度 N 呈平方级增长的，而这会极大地限制模型对长文本的处理能力。

那么是否每个单词之间都需要计算注意力值？可以从两方面回答这个问题。首先，每个词与序列中其他词之间的关联程度并非均匀分布，而是只会对其中一小部分的单词具有较强的关联关系。另外，实际上在注意力机制中更关心的是经过 Softmax 函数激活的值，而不是激活之前的值。通过 Softmax 函数得到的结果主要取决于数值较大的若干元素，因此并不需要将所有的词都参与到注意力的计算中。如果只计算那些与当前查询关联度最高的 n 个词，就可以极大地降低注意力的计算量。

（3）局部敏感哈希。虽然通过解答上面的问题，找到了降低模型复杂度的方法，但高效地计算与每个词关联度最高的 n 个词并不简单。因此，Reformer 中引入了局部敏感哈希技术（Locality-Sensitive Hashing，LSH）解决高维空间下寻找最近邻元素的问题。局部敏感哈希的目标是设计一个哈希函数 $h(\boldsymbol{x})$，使在向量 $\boldsymbol{x}$ 周围的向量以较高概率具有一样的哈希值，而较远的向量具有不一样的哈希值。

特别地，在 Reformer 中只要求满足"相近的向量以较高概率具有一样的哈希值"这一个条件。根据经典的 LSH 方法[41]，为了得到 b 个哈希值，定义一个随机矩阵 $\boldsymbol{R} \in \mathbb{R}^{d \times b/2}$（$d$ 表示隐含层维度），并定义哈希函数：

$$h(\boldsymbol{x}) = \arg\max([\boldsymbol{xR}; -\boldsymbol{xR}]) \tag{8-21}$$

式中，$[;]$ 表示向量拼接操作。

图 8-11 给出了一个在二维空间内的局部敏感哈希的示例。首先，将高维空间的两个向量 $\boldsymbol{x}, \boldsymbol{y}$ 在二维空间内做投影，得到一组节点 x, y。图中给出了两种情况：其中一组的夹角较大，表示两个向量之间的相似度较低；而另一组的夹角较小，表示两个向量之间的相似度较高。图中的正方形区域被四种颜色分割成四个区域（即四个桶）。以随机角度 θ_0（可以看作一次哈希）旋转节点 x, y，可以看到夹角较大的一组 x, y 分别落到 $\{0, 3\}$ 区域，而夹角较小的一组均落到 0 区域。接下来，继续旋转随机角度 θ_1 和 θ_2。可以看到，夹角较大的一组节点每次都会落到不同的区域中，而夹角较小的一组会落到相同的区域中，表明相似的节点容易被分到同一个区域中。也就是说，经过局部敏感哈希，可以将关联性较强的键，以较大概率放入相同的桶中。那么根据之前的分析，只需要对桶内所有的元素进行注意力的计算就能够达到近似完整注意力机制的目的，极大地降低了注意力计算的复杂度。

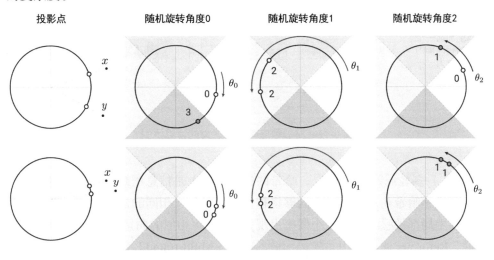

图 8-11　局部敏感哈希在二维空间中的示例

（4）**注意力计算**。在实际应用中，通常使用并行计算加快模型的计算速度。不过，每个桶内包含的向量数目可能不尽相同，这里并不能只计算单个桶内的注意力，还需要多加入一个桶参与计算。

　　图 8-12 给出了一个简化了的局部敏感哈希注意力的计算示例。位于最上方的第一行是整个输入序列，这里可以认为是查询向量，也可以认为是键向量（QK 共享的 Transformer）。接下来，利用局部敏感哈希对向量进行分桶（同颜色表示相同的桶，具有相同的哈希值）。下一步通过桶排序将相同桶号的向量放在一起，并按照预先设置的块大小（这里是 4）进行分块（Chunk）。可以看到第 1 个块和第 4 个块内的元素都享有相同的哈希值，而第 2 个块和第 3 个块包含了两种不同的哈希值。最后进入注意力计算的环节，每个元素只会与当前和前一个块中具有相同哈希值的元素计算注意力。

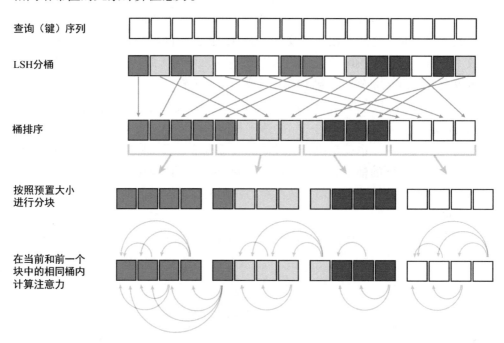

查询（键）序列

LSH分桶

桶排序

按照预置大小
进行分块

在当前和前一个
块中的相同桶内
计算注意力

图 8-12　局部敏感哈希注意力的计算示例

　　（5）多轮局部敏感哈希。哈希的过程实际上是信息压缩的过程。前面介绍的局部敏感哈希在理想情况下能够将相似的向量放入相同的桶（相同的哈希）中。但实际上局部敏感哈希会以小概率出现失败，使得相似的向量存放到不同的桶内。因此，Reformer 通过使用多轮局部敏感哈希（Multi-round LSH）进一步降低错误率。作者通过一组实验验证了这种方法的有效性。在训练阶段使用完整注意力（即不存在任何计算近似），而在测试阶段使用单轮局部敏感哈希计算，注意力的准确率仅能够达到52.5%。而采用多轮局部敏感哈希计算注意力后，2 轮能达到76.9%，而 8 轮能够达到94.8%。

2. 可逆 Transformer

为了进一步降低模型的内存占用空间，Reformer 中还引入了可逆 **Transformer** 技术。该技术受到可逆残差网络（Reversible Residual Networks，RRN）[42] 的启发而设计，其主要思想是任意一层的激活值都可以通过后续层的激活值进行还原。因此，当模型在进行后向梯度计算时，不再需要保存每一个中间层的激活值，只需要通过从顶层到底层的可逆计算就能够获得相应的值。由此可见，可逆残差网络是一种用时间换空间的思想。常规的残差网络定义为：

$$Y = X + \mathcal{F}(X) \tag{8-22}$$

式中，$\mathcal{F}$ 表示残差函数。为了实现可逆残差网络，需要将输入 X 和输出 Y 分别分解为 (X_1, X_2) 和 (Y_1, Y_2)，并通过下式进行变换。

$$Y_1 = X_1 + \mathcal{F}(X_2) \qquad Y_2 = X_2 + \mathcal{G}(Y_1) \tag{8-23}$$

式中，$\mathcal{F}$ 和 $\mathcal{G}$ 表示残差函数。当反向传播时，可以将式 (8-23) 改写为下式，即通过减去残差部分获得输入。

$$X_2 = Y_2 - \mathcal{G}(Y_1) \qquad X_1 = Y_1 - \mathcal{F}(Y_2) \tag{8-24}$$

图 8-13 给出了式 (8-23) 和式 (8-24) 计算的直观展示。

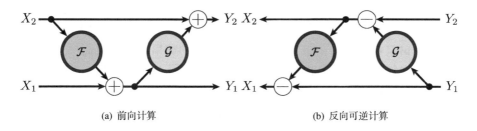

(a) 前向计算　　　　　　　　　　　(b) 反向可逆计算

图 8-13　可逆残差网络计算示意图

基于以上思想，可将可逆残差网络应用到 Transformer 模型中，如下式所示。这里假设 $\mathcal{F}$ 是注意力层，而 $\mathcal{G}$ 是全连接层。需要注意的是，这里的残差块去掉了层归一化（Layer Normalization，LN）[43] 操作。

$$Y_1 = X_1 + \text{Attention}(X_2) \qquad Y_2 = X_2 + \text{FeedForward}(Y_1) \tag{8-25}$$

除此之外，在可逆 Transformer 中还引入了分块机制，进一步降低了前馈神经网络的内存占用。感兴趣的读者可以阅读文献 [40] 了解更详细的技术细节。

8.2.4 Longformer

艾伦人工智能研究院（AI2）的研究人员提出了一种基于稀疏注意力机制的模型——**Longformer**[44]。Longformer 将输入文本序列的最大长度扩充至 4096，同时提出了三种稀疏注意力模式（Sparse Attention Pattern）降低计算复杂度，分别是滑动窗口注意力、扩张滑动窗口注意力和全局注意力，如图 8-14 所示。接下来详细介绍这三种注意力模式。

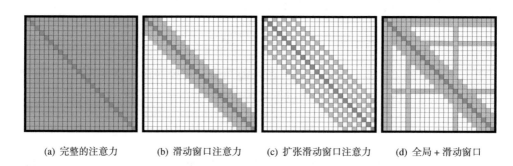

(a) 完整的注意力　　(b) 滑动窗口注意力　　(c) 扩张滑动窗口注意力　　(d) 全局 + 滑动窗口

图 8-14　Longformer 模型不同的自注意力模式对比

1. 滑动窗口注意力

在多数情况下，当前词只会与其相邻的若干个词存在一定的关联，因此对所有的词进行自注意力的计算存在一定的信息冗余。在 Longformer 中引入了一种固定长度的滑动窗口注意力机制，使得每个词只会与其相邻的 k 个词（以当前词为中心，左右窗口长度均为 $k/2$）计算注意力。滑动窗口注意力机制可以将自注意力计算的时空复杂度 $\mathcal{O}(n^2)$ 降低至 $\mathcal{O}(nk)$，即与输入序列的长度 n 呈线性关系。

这种滑动窗口机制与卷积神经网络类似。在卷积神经网络中，虽然初始的卷积核可能很小，但可以通过多个卷积层的叠加，最终获得整个图像的特征信息。同理，虽然通过上述滑动窗口方法计算出的注意力值是局部的，但可以通过多层 Transformer 模型将局部信息叠加，从而获取到更长距离的依赖信息。具体地，在一个 L 层的 Transformer 模型中，最顶层的感受野（Receptive Field）是 $L \times k$（此处假设每一层的窗口大小 k 是固定的）。图 8.14(b) 给出了一个窗口大小为 6 的滑动窗口示例，即每个单词（对角线）只会与其前 3 个和后 3 个之间的词计算注意力。

2. 扩张滑动窗口注意力

在滑动窗口中，增加窗口大小 k 可以使当前词利用到更多上下文信息，但也会增加计算量。为了解决上述问题，Longformer 还引入了一种扩张滑动窗口方法。

该方法借鉴了卷积神经网络中的扩张卷积（Dilated Convolution）[①]。在扩张滑动窗口中，并不是利用窗口内所有的上下文单词信息，而是引入了扩张率（Dilation Rate）d，即每间隔 $d-1$ 采样一次。在一个 L 层的 Transformer 模型中，给定一个固定的扩张率 d 和窗口大小 k，最顶层的感受野是 $L \times d \times k$。

这里结合图 8.14(c) 理解扩张滑动窗口机制。首先，从计算复杂度来看，窗口大小为 12（即扩张率 $d=2$）的扩张滑动窗口方法与窗口大小为 6 的普通滑动窗口方法是相同的，即每个词只会与前后各 3 个词计算注意力（深色部分）。而由于扩张滑动窗口采用了间隔采样方法，每个词可以利用到更长的上下文信息，最远可以利用距离当前词 6 个单位的单词。

3. 全局注意力

在预训练语言模型中，对于不同类型的任务，其输入表示也是不同的。例如，在掩码语言模型中，模型利用局部上下文信息预测被掩码的单词是什么；在文本分类任务中，通常使用 [CLS] 位的表示预测类别；对于问答或阅读理解等任务来说，将问题和篇章拼接后，通过多层 Transformer 学习两者之间的联系。

然而，前面提出的滑动窗口方法无法学习到任务特有的表示模式。因此，Longformer 引入了全局注意力方法特别关注一些预先选定的位置，使这些位置能够看到全局信息。图 8.14(d) 给出了一个全局注意力和滑动窗口结合的例子。可以看到，对于序列中的第 1、2、6 和 16 位的单词，其整行整列的信息都可以被看到。这意味着该词可以利用整个序列的信息，同时整个序列在计算注意力时都能看到当前的词。因此，全局注意力机制是一个对称的操作。

当实际应用时，可以根据任务特点设置全局注意力要关注的位置。例如，在文本分类任务里，可以将 [CLS] 设置为"全局可见"；在问答类任务里，可以将所有的问题中的单词设置为"全局可见"。由于全局可见的单词数量远小于序列长度，局部窗口（滑动窗口）和全局注意力整体的计算复杂度仍然是 $\mathcal{O}(n)$。

8.2.5　BigBird

BigBird[45] 进一步优化了 Transformer 对长文档的处理能力，也同样借鉴了稀疏注意力的方法，如图 8-15 所示。

- 随机注意力：针对每一个词，随机选取 r 个词参与注意力的计算；
- 滑动窗口注意力：与 Longformer 相同，即只利用当前词周围的 k 个词计算注意力；
- 全局注意力：与 Longformer 基本相同，即从输入序列中选择 g 个词，使其能够见到所有词，反之亦然。这种设定称为内部 **Transformer** 组建（Internal

---

① 也被译作空洞卷积。

Transformer Construction，ITC）模式。与 Longformer 不同之处在于，还可以
选择外部 **Transformer** 组建（External Transformer Construction，ETC）模式，
在输入序列中插入额外的全局标记，使其能够见到所有词，反之亦然；

- **BigBird**：结合了以上三种不同的注意力模式。

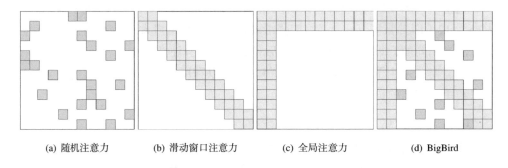

    (a) 随机注意力   (b) 滑动窗口注意力   (c) 全局注意力   (d) BigBird

图 8-15　　**BigBird** 模型不同的自注意力模式对比

除此之外，BigBird 还通过理论分析证明了稀疏 Transformer 的有效性，证明
BigBird 是序列建模函数的通用近似方法，并且是图灵完备的（Turing Complete）。
更详细的技术细节可参考文献 [45] 进一步了解。

最后，为了展示在长序列上的建模优势，除了常规的自然语言处理任务，研
究人员还将 BigBird 用在基因序列（如 DNA）的上下文表示抽取上。通过实验表
明，BigBird 在启动子区域预测（Promoter Region Prediction）以及染色质轮廓预
测（Chromatin Profile Prediction）任务上获得了显著的性能提升。

8.2.6　模型对比

在本节的最后，通过表 8-10 对比一些面向长文本序列处理的 Transformer 变
种模型（也被称为 X-former）。除了本节介绍的模型，表中还添加了其他类似的模
型供读者参考。由于篇幅有限，读者可阅读相应文献了解技术细节。同时，也推
荐读者阅读文献 [46]，从而系统了解这些模型。

8.3　模型蒸馏与压缩

8.3.1　概述

预训练语言模型虽然在众多自然语言任务中取得了很好的效果，但通常这类
模型的参数量较大，很难满足实际应用中的时间和空间需求。图 8-16 给出了常见
预训练语言模型参数量的发展趋势。可以看到，预训练语言模型的参数量呈加速
增大的趋势。这使得在实际应用中使用这些预训练语言模型变得越来越困难。

表 8-10　面向长文本序列处理的 Transformer 变种模型对比

模型	复杂度	主要思想
Set Transformer[47]	$\mathcal{O}(nk)$	记忆机制
Transformer-XL[28]	$\mathcal{O}(n^2)$	循环机制
Sparse Transformer[48]	$\mathcal{O}(n\sqrt{n})$	固定模式
Reformer[40]	$\mathcal{O}(n\log n)$	可学习模式
Longformer[44]	$\mathcal{O}(n(k+m))$	固定模式
ETC[49]	$\mathcal{O}(n_g^2 + nn_g)$	固定模式
Synthesizer[50]	$\mathcal{O}(n^2)$	可学习模式
Performer[51]	$\mathcal{O}(n)$	核（Kernel）方法
Linformer[52]	$\mathcal{O}(n)$	低秩（Low rank）方法
Linear Transformers[53]	$\mathcal{O}(n)$	核方法
BigBird[45]	$\mathcal{O}(n)$	固定模式

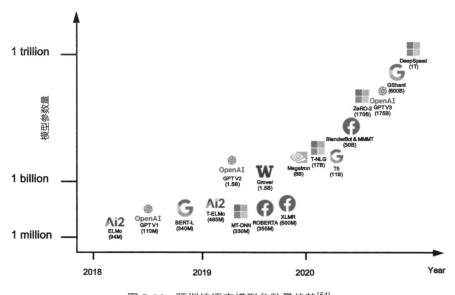

图 8-16　预训练语言模型参数量趋势[54]

　　因此，除了优化预训练语言模型的预测精度，如何能够降低预训练语言模型参数量以及加快运行效率也是非常重要的研究方向。目前主流的预训练语言模型压缩方法是知识蒸馏技术。知识蒸馏（Knowledge Distillation，KD）是一种常用的知识迁移方法，通常由教师（Teacher）模型和学生（Student）模型构成。知识蒸馏就像老师教学生的过程，将知识从教师模型传递到学生模型，使得学生模型的性能尽量与教师模型接近。虽然知识蒸馏技术并不要求学生模型的体积（或参数量）一定要比教师模型小，但在实际应用过程中，通常使用该技术将较大的模型压缩到一个较小的模型，同时基本保持原模型的效果。

本节介绍 3 种典型的基于知识蒸馏的预训练语言模型，其中包括 DistilBERT、TinyBERT 和 MobileBERT。为了方便读者快速地实现模型的压缩与加速，最后还将介绍一个面向自然语言处理领域的知识蒸馏工具包 TextBrewer，并结合相关代码介绍其使用方法。

8.3.2 DistilBERT

DistilBERT[54] 应用了基于三重损失（Triple Loss）的知识蒸馏方法。相比 BERT 模型，DistilBERT 的参数量压缩至原来的 40%，同时带来 60% 的推理速度提升，并且在多个下游任务上达到 BERT 模型效果的 97%。接下来，针对 DistilBERT 使用的知识蒸馏方法进行介绍。

1. 基本结构

DistilBERT 的基本结构如图 8-17 所示。学生模型（即 DistilBERT）的基本结构是一个六层 BERT 模型，同时去掉了标记类型向量（Token-type Embedding）①和池化模块（Pooler）。教师模型是直接使用了原版的 BERT-base 模型。由于教师模型和学生模型的前六层结构基本相同，为了最大化复用教师模型中的知识，学生模型使用了教师模型的前六层进行初始化。DistilBERT 模型的训练方法与常规的 BERT 训练基本一致，只是在计算损失函数时有所区别，接下来对这部分展开介绍。另外需要注意的是，DistilBERT 只采用了掩码语言模型（MLM）进行预训练，并没有使用预测下一个句子预测（NSP）任务。

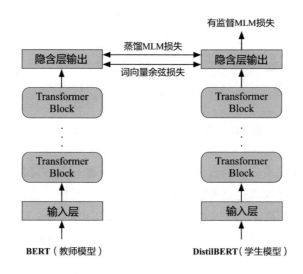

图 8-17　DistilBERT 的基本结构

---

① 即块向量（Segment Embedding）。

2. 知识蒸馏方法

为了将教师模型的知识传输到学生模型，DistilBERT 采用了三重损失：有监督 MLM 损失、蒸馏 MLM 损失和词向量余弦损失，如下所示。

$$\mathcal{L} = \mathcal{L}^{\text{s-mlm}} + \mathcal{L}^{\text{d-mlm}} + \mathcal{L}^{\text{cos}} \tag{8-26}$$

（1）**有监督 MLM 损失**。利用掩码语言模型训练得到的损失，即通过输入带有掩码的句子，得到每个掩码位置在词表空间上的概率分布，并利用交叉熵损失函数学习。MLM 任务的训练方法已在 7.3.3 节介绍过，这里不再赘述。有监督MLM 损失的计算方法为：

$$\mathcal{L}^{\text{s-mlm}} = -\sum_i y_i \log(s_i) \tag{8-27}$$

式中，y_i 表示第 i 个类别的标签；s_i 表示学生模型对该类别的输出概率。

（2）**蒸馏 MLM 损失**。利用教师模型的概率作为指导信号，与学生模型的概率计算交叉熵损失进行学习。由于教师模型是已经过训练的预训练语言模型，其输出的概率分布相比学生模型更加准确，能够起到一定的监督训练目的。因此，在预训练语言模型的知识蒸馏中，通常将有监督 MLM 称作硬标签（Hard Label）训练方法，将蒸馏 MLM 称作软标签（Soft Label）训练方法。硬标签对应真实的MLM 训练标签，而软标签是教师模型输出的概率。蒸馏 MLM 损失的计算方法为：

$$\mathcal{L}^{\text{d-mlm}} = -\sum_i t_i \log(s_i) \tag{8-28}$$

式中，t_i 表示教师模型对第 i 个类别的输出概率；s_i 表示学生模型对该类别的输出概率。对比式 (8-27) 和式 (8-28) 可以很容易看出有监督 MLM 损失和蒸馏 MLM 损失之间的区别。需要注意的是，当计算概率 t_i 和 s_i 时，DistilBERT 采用了带有温度系数的 Softmax 函数。

$$P_i = \frac{\exp(z_i/T)}{\sum_j \exp(z_j/T)} \tag{8-29}$$

式中，P_i 表示带有温度的概率值（t_i 和 s_i 均使用该方法计算）；z_i 和 z_j 表示未激活的数值；T 表示温度系数。在训练阶段，通常将温度系数设置为 $T = 8$。在推理阶段，将温度系数设置为 $T = 1$，即还原为普通的 Softmax 函数。

（3）**词向量余弦损失**。词向量余弦损失用来对齐教师模型和学生模型的隐含层向量的方向，从隐含层维度拉近教师模型和学生模型的距离，如下所示：

$$\mathcal{L}^{\text{cos}} = \cos(\boldsymbol{h}^{\text{t}}, \boldsymbol{h}^{\text{s}}) \tag{8-30}$$

式中，$\boldsymbol{h}^{\text{t}}$ 和 $\boldsymbol{h}^{\text{s}}$ 分别表示教师模型和学生模型最后一层的隐含层输出。

8.3.3 TinyBERT

TinyBERT[55] 主要使用了额外的词向量层蒸馏和中间层蒸馏进一步提升知识蒸馏的效果。TinyBERT 利用两段式蒸馏方法，即在预训练阶段和下游任务精调阶段都进行知识蒸馏，进一步提升了下游任务的性能表现。TinyBERT（4 层）可以达到教师模型（BERT-base）效果的 96.8%，而其参数量缩减至教师模型的 13.3%，并且仅需要教师模型 10.6% 的推理时间。

1. 知识蒸馏方法

TinyBERT 针对预训练语言模型的不同部分采用了不同的蒸馏方法，具体可分为三部分：词向量层蒸馏、中间层蒸馏[①] 和预测层蒸馏。为了便于介绍，假设教师模型为 12 层的 BERT-base，学生模型为 4 层 BERT。

$$\mathcal{L} = \mathcal{L}^{\text{emb}} + \mathcal{L}^{\text{mid}} + \mathcal{L}^{\text{pred}} \tag{8-31}$$

（1）词向量层蒸馏。首先，TinyBERT 增加了对词向量层的蒸馏损失，计算学生模型的词向量 v^{s} 和教师模型的词向量 v^{t} 之间的均方误差损失。

$$\mathcal{L}^{\text{emb}} = \text{MSE}(v^{\text{s}}W^{\text{e}}, v^{\text{t}}) \tag{8-32}$$

式中，MSE($\cdot$) 表示均方误差损失函数；W^{e} 表示全连接层权重，用于将学生模型的词向量维度变换为教师模型的词向量维度，以便计算损失。

（2）中间层蒸馏。在 Transformer 的主体部分，TinyBERT 引入了隐含层蒸馏损失和注意力蒸馏损失，统称为中间层匹配损失。这样可以阶段性地将教师模型的知识传输到学生模型，从而起到更好的知识蒸馏效果，如图 8-18 所示。

由于教师模型和学生模型的层数并不一致，为了计算教师模型和学生模型的中间层匹配损失，需要设计一个映射函数 $g(i) = j$，将学生模型的第 i 层和教师模型的第 j 层联系起来。TinyBERT 使用了简单的方法进行匹配，将映射函数定义为 $g(i) = 3i$，即每 3 层进行一次映射。也就是说学生模型的第 $\{1, 2, 3, 4\}$ 层分别映射到教师模型的 $\{3, 6, 9, 12\}$ 层。

有了映射关系后，就能计算中间层的匹配损失了。具体地，隐含层蒸馏损失是计算学生模型第 i 层的隐含层输出 $h^{\text{s}^{[i]}}$ 与教师模型第 j 层的隐含层输出 $h^{\text{t}^{[j]}}$ 之间的均方误差损失。

$$\mathcal{L}^{\text{hid}}(i, j) = \text{MSE}(h^{\text{s}^{[i]}}W^{\text{h}}, h^{\text{t}^{[j]}}), \quad \text{s.t.} \quad g(i) = j \tag{8-33}$$

式中，MSE($\cdot$) 表示均方误差损失函数；W^{h} 表示全连接层权重，用于将学生模型的隐含层维度变换为教师模型的隐含层维度，以便计算损失。

---

① 原文献称为 Transformer 层蒸馏（Transformer Distillation）。

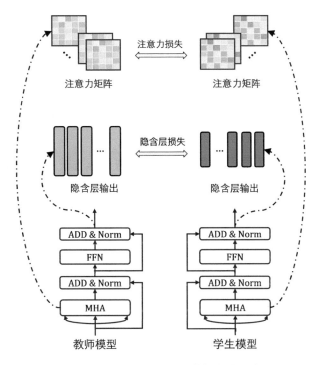

图 8-18　TinyBERT 中间层蒸馏方法示意图

同理，注意力蒸馏损失是计算学生模型第 i 层的注意力矩阵 $\boldsymbol{A}^{\mathrm{s}^{[i]}}$ 与教师模型第 j 层的注意力矩阵 $\boldsymbol{A}^{\mathrm{t}^{[j]}}$ 之间的均方误差损失。注意力矩阵是一个大小为 $n \times n$ 的方阵，其中 n 是输入序列长度。需要注意的是，由于在 Transformer 中使用的是多头自注意力机制，这里需要将多个注意力头对应的蒸馏损失进行平均。另外，这里使用的注意力矩阵未经过 Softmax 函数激活，如下所示。

$$\mathcal{L}^{\mathrm{att}}(i,j) = \frac{1}{K}\sum_{k=1}^{K}\mathrm{MSE}(\boldsymbol{A}^{\mathrm{s}^{[i]}}, \boldsymbol{A}^{\mathrm{t}^{[j]}}), \quad \mathrm{s.t.}\ \ g(i)=j \tag{8-34}$$

式中，K 表示注意力头数。

最终，中间层匹配损失 $\mathcal{L}^{\mathrm{mid}}$ 是所有满足映射函数 $g(i)=j$ 的隐含层蒸馏损失 $\mathcal{L}^{\mathrm{hid}}(i,j)$ 以及注意力蒸馏损失 $\mathcal{L}^{\mathrm{att}}(i,j)$ 之和。

$$\mathcal{L}^{\mathrm{mid}} = \sum_{i,j}[\mathcal{L}^{\mathrm{hid}}(i,j) + \mathcal{L}^{\mathrm{att}}(i,j)], \quad \mathrm{s.t.}\ \ g(i)=j \tag{8-35}$$

（3）预测层蒸馏。与 DistilBERT 类似，TinyBERT 也使用了软标签蒸馏方法，将教师模型的概率作为软标签，并利用交叉熵损失函数进行学习。

$$\mathcal{L}^{\mathrm{pred}} = \sum_{i} t_i \log(s_i) \tag{8-36}$$

$$P_i = \frac{\exp(z_i/T)}{\sum_j \exp(z_j/T)} \tag{8-37}$$

式中，t_i 表示教师模型输出的概率；s_i 表示学生模型输出的概率；P_i 表示带有温度的概率值（t_i 和 s_i 均使用该方法计算）；T 表示温度系数。需要注意的是，在 TinyBERT 中，温度系数设置为 $T = 1$，也就是退化为常规的 Softmax 函数。

2. 两段式蒸馏

TinyBERT 引入了两段式蒸馏方法，即在预训练阶段和下游任务精调阶段均进行蒸馏，如图 8-19 所示。

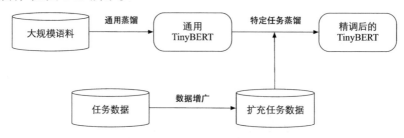

图 8-19　TinyBERT 的两段式蒸馏方法

（1）通用蒸馏。在预训练阶段，知识蒸馏能够将教师模型中丰富的知识传输到学生模型，提升学生模型的通用表示能力。通用蒸馏使用了未在下游任务上精调但经过预训练的 BERT 作为教师模型，并且利用大规模无标注语料训练 TinyBERT（学生模型）。需要注意的是，在这一阶段，TinyBERT 并没有使用预测层蒸馏损失，因为通用蒸馏的重点是学习 BERT 主体部分的表示能力。

（2）特定任务蒸馏。在下游任务精调阶段，知识蒸馏进一步将下游任务数据中的领域知识传输到学生模型，提升学生模型在特定任务上的表示能力，使学生模型与目标任务更加契合。特定任务蒸馏使用了经过下游任务精调的 BERT 作为教师模型，并且利用数据增广后的下游任务数据进一步训练 TinyBERT，使模型与目标任务更加匹配。

（3）数据增广。为了提升特定任务的蒸馏效果，TinyBERT 引入了数据增广的方法进一步扩充下游任务数据。主要思路是将输入文本中的部分词汇通过 BERT 和 GloVe 生成的词向量计算其最相似的词并进行替换。更详细的数据增广流程可以参考文献 [55]。

8.3.4 MobileBERT

MobileBERT[56] 可以看作一个"瘦身"后的 BERT-large 模型，使用了瓶颈结构（Bottleneck Structure），并且在自注意力和前馈神经网络的设计上也有一定的改进。MobileBERT 能够达到教师模型 BERT-base 99.2% 的性能效果（以 GLUE 数据集[32] 为测试基准），推理速度快 5.5 倍，参数量降低至 23.2%。

MobileBERT 在 BERT 的基础上进行了若干结构改进，例如去掉层归一化、使用 ReLU 激活函数等，这里不再展开介绍。感兴趣的读者可以阅读文献 [56] 进一步了解模型结构细节。下面重点介绍 MobileBERT 采用的知识蒸馏方法。

1. 知识蒸馏方法

MobileBERT 的损失函数由四部分组成：有监督 MLM 损失、有监督 NSP 损失、隐含层蒸馏损失和注意力蒸馏损失。

$$\mathcal{L} = \alpha\mathcal{L}^{\text{mlm}} + \mathcal{L}^{\text{nsp}} + (1-\alpha)(\mathcal{L}^{\text{hid}} + \mathcal{L}^{\text{att}}) \tag{8-38}$$

式中，$0 \leqslant \alpha \leqslant 1$ 表示调节损失函数权重的超参数，在 MobileBERT 中取 $\alpha = 0.5$。

其中，有监督 MLM 损失和有监督 NSP 损失与原版 BERT 的实现是一样的。隐含层蒸馏损失则与 TinyBERT 一致，计算教师模型和学生模型各层隐含层输出之间的均方误差损失。需要注意的是，由于 MobileBERT（学生模型）与教师模型的层数一致（均为 12 层），这里不需要设计映射函数，只需要将教师模型和学生模型的每一层进行一一对应即可。注意力蒸馏损失也与 TinyBERT 类似，但在 MobileBERT 中使用的是基于 KL 散度的方法，而不是 TinyBERT 中的均方误差损失。

$$\mathcal{L}^{\text{att}}(i,j) = \frac{1}{K}\sum_{k=1}^{K}\text{KL}(\boldsymbol{A}^{\text{t}^{[i]}} \| \boldsymbol{A}^{\text{s}^{[j]}}) \tag{8-39}$$

式中，K 表示注意力头数；$\text{KL}(\cdot)$ 表示 KL 散度函数。与 MSE 损失函数不同的是，KL 散度并不是对称的，这一点需要特别注意。MobileBERT 模型的整体结构如图 8-20 所示。

2. 渐进式知识迁移

MobileBERT 使用了一种渐进式知识迁移（Progressive Knowledge Transfer）策略。图 8-21 给出了一个示例，其中教师模型是 3 层 Transformer 结构，每种颜色的浅色版本表示参数冻结，即参数不参与训练。

可以看到在渐进式知识迁移中，词向量层和最终分类输出层的权重是直接从教师模型拷贝至学生模型的，始终不参与参数更新。而对于中间的 Transformer 层，采用了渐进的方式逐步训练。首先，学生模型开始学习教师模型的第一层。接下来，学生模型继续学习教师模型的第二层，而此时学生模型的第一层权重是不参与更新的。依此类推，当学生模型学习教师模型的第 i 层时，学生模型中所有小于 i 层的权重均不参与更新。论文作者通过实验证明这种渐进式知识迁移方法显著优于其他直接蒸馏方法，感兴趣的读者可以阅读文献 [56] 了解更多细节。

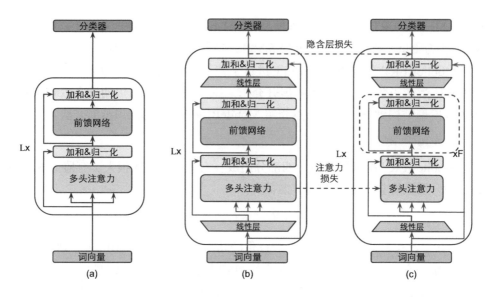

图 8-20 MobileBERT 模型的整体结构

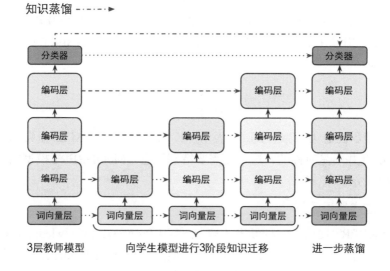

图 8-21 MobileBERT 渐进式知识迁移策略示意图

8.3.5 TextBrewer

1. 概述

为了方便研究人员快速实现模型的知识蒸馏，哈工大讯飞联合实验室推出了一款基于 **PyTorch** 的知识蒸馏工具包 **TextBrewer**[57]。它适配于多种模型结构并适用于多种自然语言处理中的有监督学习任务，如文本分类、阅读理解和序列标注等。TextBrewer 提供了简单一致的工作流程，方便用户快速搭建蒸馏实验，并且可根据用户需求灵活配置与扩展。使用 TextBrewer 在多个自然语言处理任务上蒸馏 BERT 模型，仅需要进行简单的配置即可取得媲美甚至超越公开的 BERT 蒸馏模型的效果。

TextBrewer 提供了简单便捷的 API 接口、一系列预定义的蒸馏方法与策略和可定制的配置选项。经过实验验证，TextBrewer 在多个自然语言处理典型任务上对 BERT 模型进行蒸馏，能够取得相比其他公开的知识蒸馏方法更好的效果。TextBrewer 的主要特点包括如下几点。

（1）适用范围广。支持多种模型结构（如 Transformer、RNN）和多种自然语言处理任务（如文本分类、阅读理解和序列标注等）；

（2）配置方便灵活。知识蒸馏过程由配置对象（Configurations）配置。通过配置对象可自由组合多种知识蒸馏方法；

（3）多种蒸馏方法与策略。TextBrewer 不仅提供了标准和常见的知识蒸馏方法，也包括了计算机视觉（CV）领域中的一些蒸馏技术。通过实验证实，这些来自计算机视觉的技术在任务中同样非常有效；

（4）简单易用。为了使用 TextBrewer 蒸馏模型，用户无须修改模型部分的代码，并且可复用已有训练脚本的大部分代码，如模型初始化、数据处理和任务评估，仅需额外完成一些准备工作。

2. 架构与设计

TextBrewer 的整体设计框架如图 8-22 所示，主要分为 Configurations、Distillers 和 Utilities 三部分。其中，Distillers 用于执行实际的知识蒸馏工作；Configurations 为 Distillers 提供必要的配置；Utilities 中包含一些辅助的功能，如模型参数统计等。

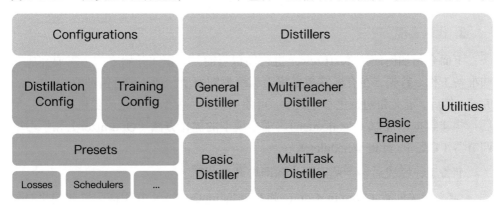

图 8-22 **TextBrewer** 整体设计框架

（1）**Distillers**。Distillers 是 TextBrewer 的核心，用来训练蒸馏模型、保存模型和调用回调函数。目前，工具包中提供了五种 Distillers。这些 Distillers 的调用方法相同，方便相互替换。

- **BasicDistiller**：进行最基本的知识蒸馏；
- **GeneralDistiller**：相比于 BasicDistiller，额外提供中间层损失函数（Intermediate Loss Functions）的支持；
- **MultiTeacherDistiller**：多教师单任务知识蒸馏，将多个同任务的教师模型蒸馏到一个学生模型；
- **MultiTaskDistiller**：多教师多任务知识蒸馏，将多个不同任务的教师模型蒸馏到一个学生模型；
- **BasicTrainer**：用于在有标签数据上有监督地训练教师模型。

（2）**Configurations**。Distillers 训练或蒸馏模型的具体方式由两个配置对象——TrainingConfig 和 DistillationConfig 指定。

- **TrainingConfig**：定义了深度学习实验的通用配置，如日志目录与模型储存目录、运行设备、模型储存频率和评测频率等；
- **DistillationConfig**：定义了和知识蒸馏密切相关的配置，如知识蒸馏损失的类型、知识蒸馏温度、硬标签损失的权重、调节器和中间隐含层状态损失函数等。中间隐含层状态损失函数用于计算教师和学生模型的中间隐含层状态之间的匹配损失，可以被自由地组合配置；调节器用于动态调整损失权重和温度。

为了方便使用，TextBrewer 包含了一些预定义的策略实现。例如对于损失函数，提供了隐含层匹配损失、余弦相似度损失、FSP 矩阵损失[58] 和 NST 损失[59] 等多种损失函数。配置对象均可用 JSON 文件进行初始化。

3. 代码实现

下面介绍如何使用 TextBrewer 进行知识蒸馏。在正式开始之前，需要完成一些准备工作。首先，在有标签数据集上训练教师模型。这一步可借助 BasicTrainer 完成。然后，定义和初始化学生模型。可使用预训练模型初始化或随机初始化。最后，构建数据迭代器（dataloader）、学生模型的优化方法（Optimizer）和学习率调节器（Learning rate scheduler）。

准备工作完成后，参照以下步骤即可开始蒸馏。

- 定义相关配置（TrainingConfig 和 DistillationConfig），并用该配置初始化 Distiller；
- 定义适配器（adaptor）和回调函数（callback）；

- 调用 Distiller 的 train 方法开始蒸馏。

下面介绍适配器和回调函数的概念。

（1）适配器。Distiller 是模型无关的。因此，当蒸馏不同模型时，需要将模型的输入与输出转换为 Distiller 可以理解的数据。适配器的功能是充当 Distiller 和模型间的 "翻译"。它以模型的输入和模型的输出作为输入，返回一个包含特定键值的字典，其各个键名解释了该键值的含义。如 "logits" 是模型最终 Softmax 函数接收的 logits；"hidden" 是模型中间隐含层状态矩阵等。

（2）回调函数。在训练模型期间，常常需要每隔一定步数在开发集上验证模型的性能。这一功能可以通过向 Distiller 传递回调函数实现。Distiller 将在每个指定的检查点（Checkpoint）处执行回调函数并保存模型。

以下代码展示了一个最简单的工作流程，在情感分类数据集 SST-2 上，将 12 层的 BERT-base 模型蒸馏至 6 层的 BERT 模型（使用 DistilBERT 进行初始化）。

```python
import torch
import textbrewer
from textbrewer import GeneralDistiller, TrainingConfig, DistillationConfig
from transformers import BertTokenizerFast, BertForSequenceClassification,
    DistilBertForSequenceClassification

# 加载数据并构建Dataloader
dataset = load_dataset('glue', 'sst2', split='train')
tokenizer = BertTokenizerFast.from_pretrained('bert-base-cased')

def encode(examples):
    return tokenizer(examples['sentence'], truncation=True, padding='
    max_length')

dataset = dataset.map(encode, batched=True)
encoded_dataset = dataset.map(lambda examples: {'labels': examples['label']},
    batched=True)
columns = ['input_ids', 'attention_mask', 'labels']
encoded_dataset.set_format(type='torch', columns=columns)

def collate_fn(examples):
    return dict(tokenizer.pad(examples, return_tensors='pt'))
dataloader = torch.utils.data.DataLoader(encoded_dataset, collate_fn=
    collate_fn, batch_size=8)
```

```python
# 定义教师模型和学生模型
teacher_model = BertForSequenceClassification.from_pretrained('bert-base-cased
    ')
student_model = DistilBertForSequenceClassification.from_pretrained('
    distilbert-base-cased')

# 打印教师模型和学生模型的参数量（可选）
print("\nteacher_model's parameters:")
result, _ = textbrewer.utils.display_parameters(teacher_model, max_level=3)
print(result)

print("student_model's parameters:")
result, _ = textbrewer.utils.display_parameters(student_model, max_level=3)
print(result)

# 定义优化器
optimizer = torch.optim.AdamW(student_model.parameters(), lr=1e-5)
device = 'cuda' if torch.cuda.is_available() else 'cpu'
if device == 'cuda':
    teacher_model.to(device)
    student_model.to(device)

# 定义adaptor、训练配置和蒸馏配置
def simple_adaptor(batch, model_outputs):
    return {'logits': model_outputs[1]}
train_config = TrainingConfig(device=device)
distill_config = DistillationConfig()

# 定义distiller
distiller = GeneralDistiller(
    train_config=train_config, distill_config=distill_config,
    model_T=teacher_model, model_S=student_model,
    adaptor_T=simple_adaptor, adaptor_S=simple_adaptor)

# 开始蒸馏！
with distiller:
    distiller.train(optimizer, dataloader,
                    scheduler_class=None, scheduler_args=None,
                    num_epochs=1, callback=None)
```

除了以上展示的最简工作流程，在实际应用中还需要进行额外的设置，以获

得更好的蒸馏效果。建议读者访问 TextBrewer 官方网站，查看常见自然语言处理任务的蒸馏方法，有助于进一步了解工具包的使用方法。

8.4　生成模型

本书第 5、6、7 章分别介绍了静态词向量学习模型（如 Word2vec）、动态词向量模型（如 ELMo）和 BERT 等预训练语言模型。这些模型都可以归纳为对于语言表示学习的预训练技术，其主要目的是获得具有更强表达能力以及泛化性的编码器。这些模型在语言理解类任务（如文本分类、自动问答）上取得了卓越的效果。在自然语言处理中还有另外一大类任务——文本生成，例如机器翻译、文本摘要等。大部分文本生成任务可以建模为条件式生成（Conditional Generation）问题，这里的条件与具体任务相关，可以是源语言文本（机器翻译）、文档（文本摘要）和属性或主题（可控文本生成）等。在这类任务中，不仅需要对作为条件的输入有较好的表示能力（编码器），同时也需要较强大的（序列）解码器生成目标文本。本书已经介绍了对于编码器的诸多预训练方案，而对于解码器，是否也可以利用自监督学习的方式进行预训练呢？沿着这个思路，研究人员提出了一系列相关的预训练生成模型，其中具有代表性的模型有 BART、UniLM、T5 和 GPT-3等。同时，还有一部分研究专注于可控文本生成模型，本节也将介绍其中的相关模型。

8.4.1　BART

BART（Bidirectional and Auto-Regressive Transformers）模型使用标准的基于 Transformer 的序列到序列结构（见 4.4.3 节），主要区别在于用 GeLU（Gaussian Error Linerar Units）激活函数替换了原始结构中的 ReLU，以及参数根据正态分布 $\mathcal{N}(0, 0.02)$ 进行初始化。BART 结合双向的 Transformer 编码器与单向的自回归 Transformer 解码器，通过对含有噪声的输入文本去噪重构进行预训练，是一种典型的去噪自编码器（Denoising autoencoder）。BART 模型的基本结构如图 8-23所示。

BART 的预训练过程可以概括为以下两个阶段。首先，在输入文本中引入噪声，并使用双向编码器编码扰乱后的文本；然后，使用单向的自回归解码器重构原始文本。需要注意的是，编码器的最后一层隐含层表示会作为"记忆"参与解码器每一层的计算（见 4.4.3 节）。BART 模型考虑了多种不同的噪声引入方式，其中包括 BERT 模型使用的单词掩码。需要注意的是，BERT 模型是独立地预测掩码位置的词，而 BART 模型是通过自回归的方式顺序地生成。除此之外，BART 模型也适用于任意其他形式的文本噪声。

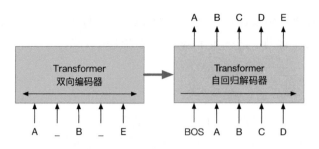

图 8-23　BART 模型的基本结构

1. 预训练任务

BART 模型考虑了以下五种噪声引入方式：

（1）单词掩码。与 BERT 模型类似，在输入文本中随机采样一部分单词，并替换为掩码标记（如 [MASK]）；

（2）单词删除。随机采样一部分单词并删除。要处理这类噪声，模型不仅需要预测缺失的单词，还需要确定缺失单词的位置；

（3）句子排列变换。根据句号将输入文本分为多个句子，并将句子的顺序随机打乱。为了恢复句子的顺序，模型需要对整段输入文本的语义具备一定的理解能力；

（4）文档旋转变换。随机选择输入文本中的一个单词，并旋转文档，使其以该单词作为开始。为了重构原始文本，模型需要从扰乱文本中找到原始文本的开头；

（5）文本填充。随机采样多个文本片段，片段长度根据泊松分布（$\lambda = 3$）进行采样得到。用单个掩码标记替换每个文本片段。当片段长度为 0 时，意味着插入一个掩码标记。要去除这类噪声，要求模型具有预测缺失文本片段长度的能力。

图 8-24 对这五类噪声进行了概括。

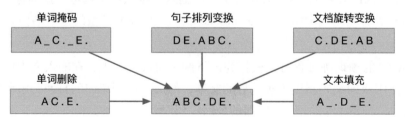

图 8-24　可用于 BART 模型预训练的相关任务

可以看出，预训练任务既包含单词级别的任务，又包含句子、文档级别的去噪任务。这些任务对于不同下游任务的表现各不相同。文献 [60] 的实验表明，基于文本填充任务得到的预训练模型在下游任务中表现普遍更好，在此基础上增加句子排列变换去噪任务能够带来小幅的额外提升。接下来，结合具体代码演示 BART 模型的文本填充能力。这里使用 Facebook 发布的预训练 BART 模型（`bart-base`）以及 `transformers` 库提供的调用接口 `BartForConditionalGeneration`。具体代码如下。

```
>>> from transformers import BartTokenizer, BartForConditionalGeneration
>>> model = BartForConditionalGeneration.from_pretrained('facebook/bart-base')
>>> tokenizer = BartTokenizer.from_pretrained("facebook/bart-base")
>>> input = "UN Chief Says There Is <mask> in Syria"
>>> batch = tokenizer(input, return_tensors='pt')
>>> print(batch)
{'input_ids': tensor([[    0, 4154, 1231, 15674,   345, 1534, 50264,    11,
      1854,    2]]), 'attention_mask': tensor([[1, 1, 1, 1, 1, 1, 1, 1, 1,
   1]])}
>>> output_ids = model.generate(input_ids=batch['input_ids'], attention_mask=
    batch['attention_mask'])
>>> output = tokenizer.batch_decode(output_ids, skip_special_tokens=True)
>>> print(output)
['UN Chief Says There Is No War in Syria']
```

在这个例子中，输入文本中的掩码标记（`<mask>`）处被填充为"No War"，在句子结构和语义上都较为合理。

2. 模型精调

预训练的 BART 模型同时具备文本的表示与生成能力，因此适用于语言理解、文本生成等不同类型的下游任务。对于不同的任务，BART 模型的精调方式有所不同。

（1）序列分类与序列标注。对于序列分类任务（如文本情感分类），BART 模型的编码器与解码器使用相同的输入，将解码器最终时刻的隐含层状态作为输入文本的向量表示，并输入至多类别线性分类器中，再利用该任务的标注数据精调模型参数。与 BERT 模型的 `[CLS]` 标记类似，BART 模型在解码器的最后时刻额外添加一个特殊标记，并以该标记的隐含层状态作为文本的表示，从而能够利用完整的解码器状态。

同样地，对于序列标注任务，编码器与解码器也是使用相同的输入。此时，解码器各个时刻的隐含层状态将作为该时刻单词的向量表示用于类别预测。

（2）文本生成。BART 模型可以直接用于条件式文本生成任务，例如抽象式问答（Abstractive question answering）以及文本摘要（Abstractive summarization）

等。在这些任务中，编码器的输入是作为条件的输入文本，解码器则以自回归的方式生成对应的目标文本。

（3）机器翻译。当用于机器翻译任务时，由于源语言与目标语言使用不同的词汇集合，无法直接精调 BART 模型。因此，研究人员提出将 BART 模型编码器的输入表示层（Embedding layer）替换为一个小型 Transformer 编码器，用来将源语言中的词汇映射至目标语言的输入表示空间，从而适配 BART 模型的预训练环境（见图 8-25）。由于新引入的源语言编码器参数是随机初始化的，而 BART 模型大部分的其他参数经过了预训练，使用同一个优化器对两者同时进行训练会出现"步调不一致"的情况，可能无法取得很好的效果。因此，研究人员将训练过程分为两步。首先，固定 BART 模型的大部分参数，只对源语言编码器、BART 模型位置向量和 BART 预训练编码器第一层的自注意力输入投射矩阵进行训练；然后，对所有的参数进行少量迭代训练。

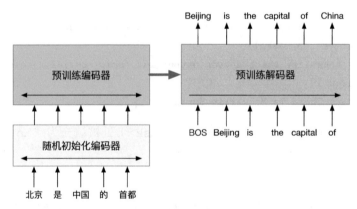

图 8-25　BART 模型用于机器翻译任务示例

值得注意的是，虽然 BART 模型是为生成任务设计的，但是它在判别任务上的表现也很优异，甚至可以与 RoBERTa 持平。关于 BART 模型的更多细节以及在相关任务上的表现，感兴趣的读者请自行参考文献 [60]。

8.4.2 UniLM

如果将基于 Transformer 的双向语言模型（如 BERT 模型中的掩码语言模型）与单向的自回归语言模型（如 BART 模型的解码器）进行对比，可以发现，两者的区别主要在于模型能够使用序列中的哪部分信息进行每一时刻隐含层表示的计算。对于双向 Transformer，每一时刻隐含层的计算可以利用序列中的任意单词；而对于单向 Transformer，只能使用当前时刻以及"历史"中的单词信息。基于这一思想，研究人员提出了单向 Transformer 结构的统一语言模型（Unified Language

Model，UniLM）。不同于 BART 模型的编码器–解码器结构，UniLM 只需要使用一个 Transformer 网络，便可以同时完成语言表示以及文本生成的预训练，进而通过模型精调应用于语言理解任务与文本生成任务。它的核心思想是通过使用不同的自注意力掩码矩阵控制每个词的注意力范围，从而实现不同语言模型对于信息流的控制。

1. 预训练任务

UniLM 模型提供了一个统一的框架，可以利用双向语言模型、单向语言模型和序列到序列语言模型进行预训练。其中，基于双向语言模型的预训练使模型具有语言表示的能力，适用于语言理解类下游任务；而基于单向语言模型以及序列到序列语言模型的预训练任务使模型具有文本生成的能力。

图 8-26 展示了不同的预训练任务对应的自注意力掩码模式。

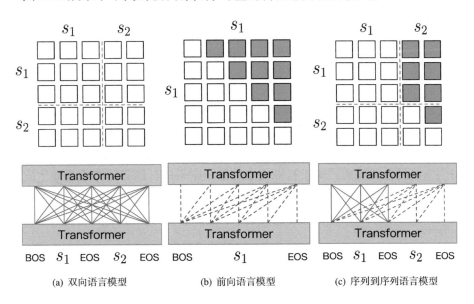

(a) 双向语言模型　　　　(b) 前向语言模型　　　　(c) 序列到序列语言模型

图 8-26　UniLM 模型中不同预训练任务对应的自注意力掩码矩阵

假设第 l 层 Transformer 的自注意力矩阵为 $\boldsymbol{A}_l$，在 UniLM 中，$\boldsymbol{A}_l$ 可由下式计算：

$$\boldsymbol{A}_l = \mathrm{Softmax}\left(\frac{\boldsymbol{Q}_l \boldsymbol{K}_l^\top}{\sqrt{d}} + \boldsymbol{M}\right)$$

式中，$\boldsymbol{Q}_l$、$\boldsymbol{K}_l$ 分别为第 l 层上下文表示经线性映射后得到的查询、键分别对应的向量；d 是向量的维度。UniLM 在原始自注意力计算公式的基础上增加了掩码矩阵 $\boldsymbol{M} \in \mathbb{R}^{n \times n}$，$n$ 是输入序列的长度，$\boldsymbol{M}$ 是一个常数矩阵，定义如下：

$$M_{i,j} = \begin{cases} 0 & \text{位置}i\text{对}j\text{可见} \\ -\infty & \text{否则} \end{cases}$$

通过控制 M，便可以实现不同的预训练任务。

（1）双向语言模型。输入序列由两个文本片段组成，由特殊标记 [EOS] 相隔。与 BERT 模型类似，在输入文本中随机采样部分单词，并以一定概率替换为 [MASK] 标记，最后在输出层的相应位置对正确词进行预测。在该任务中，序列中的任意两个词都是相互"可见"的，因此在前向传播过程中都能够被"注意"到。反映在 Transformer 模型中，则是一个全连接的自注意力计算过程，如图 8-26(a) 所示。此时，对原始自注意力掩码矩阵不作任何变化，即 $M = 0$。

（2）单向语言模型。包括前向（自左向右）与后向（自右向左）的自回归语言模型。以前向语言模型（图 8-26(b)）为例，对于某一时刻隐含层表示的计算，只能利用当前时刻及其左侧（前一层）的上下文表示。相应的自注意力分布是一个三角矩阵，灰色代表注意力值为 0。相应的，掩码矩阵 M 在灰色区域处的值为负无穷（$-\infty$）。

（3）序列到序列语言模型。利用掩码矩阵，还可以方便地实现序列到序列语言模型，进而应用于条件式生成任务。此时，输入序列由分别作为条件以及目标文本（待生成）的两个文本片段构成。条件文本片段内的词相互"可见"，因此使用全连接的自注意力；对于目标文本片段，则采用自回归的方式逐词生成，在每一时刻，可以利用条件文本中的所有上下文表示，以及部分已生成的左侧上下文表示，如图 8-26(c) 所示。在有关文献中，也将该结构称为前缀语言模型（Prefix LM）。

与 BART 模型的编码器–解码器框架不同，这里的编码与解码部分共享同一套参数，而且在自回归生成的过程中，与条件文本之间的跨越注意力机制也有所区别。

2. 模型精调

（1）分类任务。对于分类任务，UniLM 的精调方式与 BERT 类似。这里使用双向 Transformer 编码器（$M = 0$），并以输入序列的第一个标记 [BOS] 处的最后一层隐含层表示作为文本的表示，输入至目标分类器，再利用目标任务的标注数据精调模型参数。

（2）生成任务。对于生成任务，随机采样目标文本片段中的单词并替换为 [MASK] 标记，精调过程的学习目标是恢复这些被替换的词。值得注意的是，输入序列尾部的 [EOS] 标记也会被随机替换，从而让模型学习什么时候停止生成。

8.4.3 T5

谷歌公司的研究人员提出的 T5（Text-to-Text Transfer Transformer）模型采用了一种与前述模型截然不同的策略：将不同形式的任务统一转化为条件式生成任务。这样一来，只需要一个统一的"文本到文本"生成模型，就可以使用同样的训练方法与解码过程完成不同的自然语言处理任务，而无须针对不同任务设计不同的模型结构与训练方法。与此同时，这种"大一统"模型还能够极大地降低不同任务之间迁移学习与多任务学习的难度。

使用同一套模型参数完成多项不同的条件式生成任务有两个很关键的要素。首先，需要给模型注入任务信息，使其能够按照特定任务生成目标文本。为模型注入任务信息是迁移学习中常用的技术，尤其是多任务学习以及元学习（Meta-learning）。任务信息的表示也有很多种方法，比如向量表示、自然语言描述和少量代表性样本等。T5 模型使用的是自然语言描述或简短提示（Prompt）作为输入文本的前缀表示目标任务。例如，对于由英语到德语的机器翻译，可以在输入文本的头部加上"translate English to German: "的前缀；对于文本摘要任务，则在输入文本前加上"summarize:"；除此之外，对于语言理解类任务，如情感分类，可以加上"sentiment: "，并输出单词"positive"或者"negative"。表 8-11 列举了不同任务下的输入–输出定义方式。

表 8-11　不同任务下的输入–输出定义方式

任务	示例	
机器翻译	输入：	translate English to German: That is good
	目标：	Das ist gut
语言可接受性判定	输入：	cola sentence: The course is jumping well
	目标：	not acceptable
文本摘要	输入：	summarize:　state authorities dispatched emergency crews tuesday to survey the damage after an onslaught of severe weather in mississippi
	目标：	six people hospitalized after a storm in attala county

另一个要素是模型的容量。为了使模型具备完成不同任务的能力，模型需要比单任务学习大得多的容量。影响模型容量的因素有很多，如 Transformer 层数、自注意力头的数目和隐含层向量的维度等。文献 [61] 对比分析了不同容量的模型在不同任务上的表现，发现模型的性能随着模型容量的增加而稳定提升，表现最好的模型达到了约 110 亿个参数的规模。

由于不同的任务已经被统一成文本生成的形式，所以 T5 模型可以使用任意序列到序列的生成模型结构。例如，BART 模型使用的编码器–解码器结构、单向语言模型和 UniLM 中的序列到序列模型。文献 [61] 的实验表明，编码器–解码器结构表现相对更好。

（1）自监督预训练。通过对预训练任务的细致搜索，最终 T5 模型采用了类似于 BART 模型的文本填充任务进行预训练，如表 8-12 所示。与 BART 模型稍有不同，这里对不同位置的文本片段使用不同的掩码标记；同时，在目标端不对原始句子进行完全重构，而是重构丢弃的文本片段，并通过掩码标记指示恢复片段的位置信息。

表 8-12　T5 模型预训练任务示例

原文本	Thank you for inviting me to your party last week .
输入序列（随机丢弃 15% 的标记）	Thank you **<X>** me to your party **<Y>** week .
目标序列（重构丢弃的标记片段）	**<X>** for inviting **<Y>** last **<Z>**

（2）多任务预训练。除了使用大规模数据进行无监督预训练，T5 模型还可以利用不同任务的标注数据进行有监督的多任务预训练，例如 GLUE 基准中的语言理解、SQuAD 问答和机器翻译等任务。与通常的多任务训练不同之处在于，这里可以在训练过程中为每个任务保存一个独立的检查点（Checkpoint），分别对应该任务开发集上的最好性能。预训练完成后，可以分别对各个任务进行少量迭代的模型精调。文献 [61] 的实验表明，在各个任务混合比例合适的条件下，多任务预训练与无监督预训练表现相近。

关于 T5 模型，原文献提供了大量的实验细节，感兴趣的读者请自行参考。T5 模型带来的主要启发是：一方面，对自然语言处理任务的形式化可以不拘泥于传统的分类、序列标注和生成等，通过统一任务的定义方式，可以获得更加通用化的模型；另一方面，参数规模和数据集质量对预训练模型具有显著的影响。

8.4.4　GPT-3

与 T5 模型相似，OpenAI 提出的 GPT-3 模型[62]（第三代 GPT）也是通过将不同形式的自然语言处理任务重定义为文本生成实现模型的通用化。两者的区别在于，GPT-3 主要展示的是超大规模语言模型的小样本学习（Few-shot learning）能力。GPT-3 模型的输入不仅以自然语言描述或者指令作为前缀表征目标任务，还使用少量的目标任务标注样本作为条件上下文。例如，对于机器翻译任务，在小样本的情况下，为了获得 "cheese" 的法语翻译，可以构建以下输入：

```
Translate English to French:
sea otter => loutre de mer
plush girafe => girafe peluche
cheese =>
```

实验表明，GPT-3 模型不需要任何额外的精调，就能够在只有少量目标任务标注样本的情况下进行很好的泛化。

GPT-3 延续了 GPT-2（第二代 GPT）[63] 的单向 Transformer 自回归语言模型结构，但是将规模扩大到了 1750 亿个参数。自回归语言模型为什么会具有小样本学习的能力呢？其关键在于数据本身的有序性，使得连续出现的序列数据往往会蕴含着同一任务的输入输出模式。因此，语言模型的学习过程实际上可以看作从很多不同任务中进行元学习的过程。图 8-27 演示了这一过程。

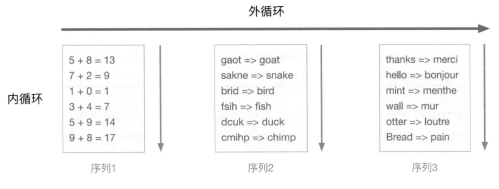

图 8-27　语言模型元学习过程

图 8-27 中的每个序列都包含一个具体任务的多个连续样本，语言模型在该序列上的训练则为一次"内循环"（Inner loop），也称为"In-Context Learning"。模型在不同序列上的训练则对应元学习的"外循环"（Outer loop），起到了在不同任务之间泛化的作用，以避免模型过拟合至某一个特定的任务。由此可见，数据的规模与质量对于 GPT-3 的小样本学习能力起到了关键的作用。

由于需要以少量标注样本作为条件，因此，GPT-3 模型的输入序列可能较长。GPT-3 使用了大小为 2,048 的输入，相较于其他模型，其对于内存、计算量的要求都要更高。由于 GPT-3 庞大的参数量，目前在将 GPT-3 用于下游任务时，主要是在小样本学习的设定下直接进行推理，而不对模型本身作进一步的精调。

关于 GPT-3 模型的更多模型以及训练上的细节，感兴趣的读者可以参考文献 [62]。

8.4.5　可控文本生成

除了作为预训练模型用于语言表示、条件式生成等下游任务，语言模型的另一个重要的功能是"写作"，或定向文本生成。单纯的语言模型（如 GPT-2、GPT-3 等）可以根据文章的开头，逐渐生成后续内容。但是，其缺点在于无法控制生成文章的具体内容，或者"方向"，因此实用性较弱。如何更好地控制文章的内容

（如风格、主题、领域）以生成更有价值的文章，是一个充满挑战的问题。

（1）**CTRL**。CTRL（Conditional Transformer Language Model）模型[64] 则是为了这一目的而设计的。CTRL 模型可以根据指定的领域、风格、主题、实体和实体关系等属性生成相应的文本。例如，需要生成一段关于"刀"（Knife）且具有"恐怖"（Horror）色彩的文本，只需要以"Horror A knife"作为前缀（Prompt），便可以生成以下文本。

Horror *A knife* handle pulled through the open hole in the front. I jumped when the knife hit.\n\nEyes widened in horror. Her scream was the only sound I heard besides her sobs.\n\nThe spider touched her feet as it started to dig into the top of her arch. The creature's tears began to flow.\n\nThe spider looked up to her and looked back at me with eyes filled with burning tears. My heart started to race …

CTRL 模型从结构上仍然是一个基于 Transformer 的自回归语言模型。它之所以能够实现可控文本生成，其核心思想是从海量无标注数据中定位文章所在的领域或其他属性，并作为控制代码（Control codes）放在输入文本的头部，以指导后续文本的生成。原文作者发现，CTRL 模型还可以根据不同控制代码的组合生成更具针对性的文本，尽管这种组合没有出现在训练中。上面的例子即为"Horror"与"Knife"两种属性的组合。

如果将每种风格、领域或主题等属性下的生成任务看成一个个独立的任务，那么 CTRL 模型的训练过程实际上也是一个多任务学习的过程。与 T5、GPT-3 模型类似，为了使用一套模型参数完成多项任务，模型需要具备较大的容量或规模。CTRL 也是一个体量巨大的模型，它具有约 16 亿个参数，48 层 Transformer 编码层，16 个自注意力头。

从头训练这样一个大体量的条件语言模型无疑代价很高。那么，能否直接利用已有的通用预训练生成模型，如 GPT-2，直接生成属性可控的文本呢？

（2）**PPLM**。PPLM（Plug-and-Play Language Model）模型[65] 提供了一种无须重新训练，且即插即用的方法实现可控的文本生成。其核心思想是，对于预训练语言模型（GPT-2）以及目标属性 a（例如情感、主题等），利用当前的生成结果是否满足属性 a（即条件概率 $P(a|x)$）对生成进行修正，使其朝着满足该属性的方向变化。这里 x 表示当前生成的文本，$P(a|x)$ 可由已训练好的属性分类器计算得到。具体修正过程可分为以下三个步骤：

- 前向过程：包括语言模型以及属性判别（即 $P(a|x)$ 的计算）；
- 反向过程：利用属性判别模型回传的梯度，更新语言模型内部的历史状态，使得实际预测更接近目标属性；

• 重采样：根据新的概率分布，重新采样下一个生成的词。

这样一来，就能够使文本朝着属性判别器满意的方向生成。同时，为了保证生成文本的流利性，还需要控制修正后的语言模型尽量与原预训练语言模型接近。因此，PPLM 模型在更新语言模型内部状态时，加入了一项 KL 散度损失，以最小化修正前语言模型与修正后语言模型预测概率分布之间的 KL 散度。

8.5 小结

本章主要围绕预训练语言模型中的几个研究热点：模型优化、长文本建模的优化、模型蒸馏与压缩和生成式模型，介绍了相关模型的设计思路和建模方法。在模型结构优化中，首先介绍了基于自回归语言模型的 XLNet、对 BERT 进行深度优化的 RoBERTa、采用了轻量级框架的 ALBERT、使用了生成器–判别器结构的 ELECTRA 和基于纠错型 MLM 的 MacBERT。然后，介绍了面向长文本建模优化的相关模型，包括 Transformer-XL、Reformer、Longformer 和 BigBird。接着，介绍了如何通过知识蒸馏方法压缩预训练语言模型，其中典型的工作包括 DistilBERT、TinyBERT 和 MobileBERT。为了快速实现知识蒸馏，还介绍了知识蒸馏工具包 TextBrewer，并结合实际蒸馏示例介绍了相关流程。在本章的最后介绍了生成式模型，用于文本生成或者序列到序列的建模，其中包括 BART、UniLM、T5 和 GPT-3，并且对可控文本生成方面的 CTRL 和 PMLM 两种模型进行了简要的介绍。

习题

8.1 阐述自回归语言模型和自编码语言模型的优缺点。

8.2 阐述词向量因式分解与跨层参数共享对 ALBERT 模型解码时间的影响。

8.3 相比传统通过文本切分的方式处理长文本，阐述长文本处理模型处理阅读理解和命名实体识别任务的优势。

8.4 仿照 8.4.4 节中的介绍，尝试构造 GPT-3 在问答任务上的输入形式。

8.5 仿照 7.4.2 节中的介绍，在 SST-2 数据集上，使用 RoBERTa-base 和 ELECTRA-base 模型训练单句文本分类模型，并对比两者的实验效果。

8.6 在 MNLI 数据集上，利用 TextBrewer 工具包实现 12 层 BERT-base-cased 模型蒸馏至 3 层的 BERT 模型，要求准确率不低于 81%。

第 9 章

CHAPTER 9

多模态融合的预训练模型

分布式向量表示提供了一种通用性的语义表示方法，预训练语言模型为学习语言的分布式向量表示提供了一种有效的手段。除此之外，还可以将不同语言、不同形式的媒体或多种知识源融入预训练模型的学习过程中，将这些不同模态的数据表示在相同的向量空间内，从而在不同模态之间建立一座信息交互、知识迁移的桥梁。本章首先介绍融合多种语言的预训练模型，然后介绍如何将图像或视频等多种类型的媒体数据与语言融合并预训练，最后介绍如何在预训练语言模型中融入知识图谱以及其他多种任务等异构知识源。

9.1 多语言融合

融合多语言的预训练模型将不同语言符号统一表示在相同的语义向量空间内，从而达到跨语言处理的目的。一种应用场景是使得在一种语言上训练的模型，可以直接应用于另一种语言，从而达到降低对目标语言标注数据依赖的目的，这对于自然语言处理模型在小语种，尤其是在资源稀缺语言（Low-resource Languages）上的快速部署具有重要的意义。另一种应用场景是同时利用多种语言的标注数据，使其能够互相帮助，从而提升这些语言的处理能力。

对于静态词向量，若要将不同语言的词语表示在同一个向量空间之内，最简单的做法就是使互为翻译的词在该向量空间内距离接近。于是可以先独立学习各个语言的词汇分布表示，然后再将它们对齐。由于不同语言的词向量表示之间存在一定程度的线性映射关系，于是可以通过学习一个"翻译矩阵"，将一种语言的词向量表示"翻译"（映射）到另一种语言。可以将双语词典等互译词对集合作为训练数据完成矩阵参数的学习。

对于动态词向量或预训练语言模型而言，由于每个词的向量表示是随着上下文动态变化的，因此无法单纯地使用词典学习这种映射关系，需要使用一定规模的双语平行句对才能学习[66]。那么，是否有更好的解决方案呢？下面介绍两种效果较好且应用广泛的多语言预训练模型。

9.1.1 多语言 BERT

谷歌公司在发布单语言 BERT 模型的同时，还发布了一个直接在维基百科中数据量最多的前 104 种语言上训练的多语言 BERT 模型（Multilingual BERT，mBERT），其能够将多种语言表示在相同的语义空间中。下面通过 HuggingFace 提供的 transformers 库，演示一个多语言 BERT 的例子。其中，使用的是区分大小写的多语言 BERT-base 模型（bert-base-multilingual-cased），任务为掩码填充，即将输入中的 [MASK] 填充为具体的标记。

```
>>> from pprint import pprint
>>> from transformers import pipeline
>>> unmasker = pipeline('fill-mask', model='bert-base-multilingual-cased')
>>> output = unmasker('我like[MASK]')
>>> pprint(output)
[{'sequence': '[CLS] 我 like 你 [SEP]',
  'score': 0.10890847444534302,
  'token': 2262,
  'token_str': '你'},
 {'sequence': '[CLS] 我 like 我 [SEP]',
```

```
 'score': 0.062090761959552765,
 'token': 3976,
 'token_str': '我'},
{'sequence': '[CLS] 我 like 歌 [SEP]',
 'score': 0.056943025439977646,
 'token': 4784,
 'token_str': '歌'},
{'sequence': '[CLS] 我 like 的 [SEP]',
 'score': 0.03233294188976288,
 'token': 5718,
 'token_str': '的'},
{'sequence': '[CLS] 我 like Love [SEP]',
 'score': 0.0315188392996788,
 'token': 11248,
 'token_str': 'Love'}]
```

　　此处输入为一个中英文混杂的句子："我 like[MASK]"，概率最高的前五个输出分别为："你、我、歌、的、Love"。可见，输出结果基本符合直觉，并且同时包含了中英文两种语言的结果，说明该模型确实能够同时处理多种语言。

　　多语言 BERT 模型采用与单语言 BERT 相同的预训练任务和模型结构，并且所有语言共享相同的模型。由于使用的是多语言数据，因此多语言 BERT 中的掩码语言模型也被称作**多语言掩码语言模型**（Multilingual Masked Language Modeling，MMLM）。另外，无须使用双语平行句对，只需要对每种语言的数据单独采样即可，不过由于各种语言数据量不均衡，如果平均采样会造成小语种语言训练不足的问题，因此采用幂指数加权平滑方法对不同语言进行采样。最后，因为不同语言的词汇不同，所以多语言 BERT 的词表包含了所有的语言。

　　为什么简单地在多语言混合数据上预训练，就能同时处理多种语言，即将多种语言表示在相同的语义空间内呢？这主要是因为语言自身存在混合使用、共享子词等特点。所谓混合使用，即在一种语言的文本中，经常混有其他语言，尤其是一些同语族语言，它们甚至共享了一些词汇。即使是不同语族的语言，在使用时也经常会有意无意地直接使用其他语言的词汇，这种情况又被称作 Code-switch，如本书的文字中就含有大量的英文术语。BERT 使用的子词策略进一步提高了共享词汇（标记）的可能性，如一些同族的语言，虽然使用的词汇有一些差异，但是词根有可能是一样的，因此经过子词切分后，就产生了大量的共享子词。这些共享的词汇或者子词作为桥梁，打通了不同语言之间的壁垒，从而将多种语言都表示在相同的语义空间内。

　　然而，如果语言之间共享的词汇过少，会导致这种只利用多种语言各自的单语语料库的预训练方法失效。那么如何解决该问题呢？

9.1.2 跨语言预训练语言模型

为了解决单语语料库共享词汇过少的问题，Facebook 提出了跨语言预训练语言模型（Cross-lingual Language Model Pretraining，XLM）[67]。在 BERT 的预训练策略基础上，XLM 采用基于双语句对的翻译语言模型（Translation Language Modeling，TLM）预训练目标，即将互为翻译的两种语言的句子拼接起来，然后在两种语言中随机遮盖若干子词，并通过模型预测，翻译语言模型示例如图 9-1所示。当一种语言对预测提供的信息不足时，另一种语言可以提供额外的补充信息，从而实现跨语言的目标。

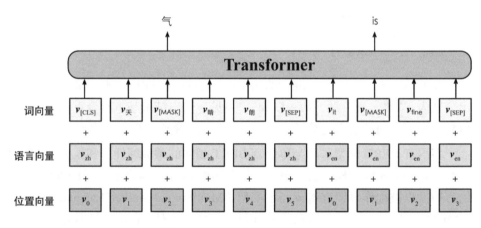

图 9-1　翻译语言模型示例

XLM 虽然取得了比 mBERT 更好的效果，但是依赖双语平行句对，然而很多语言较难获得大规模的句对数据。另外，双语平行数据一般是句子级别的，这导致无法使用超越句子的、更大范围的上下文信息，从而对模型的性能造成了一定的损失。为了解决该问题，Facebook 又对 XLM 进行了改进，提出了 XLM-R（XLM-RoBERTa）模型[68]。顾名思义，XLM-R 的模型结构与 RoBERTa 一致，而与 XLM 最大的区别在于取消了翻译语言模型的预训练任务，从而不再依赖双语平行语料库。为了进一步提高模型在小语种上的效果，XLM-R 还使用了规模更大的 Common Crawl 多语言语料库（前 100 种语言）。下面演示使用 XLM-R Large模型进行掩码填充任务的效果：

```
>>> from transformers import pipeline
>>> unmasker = pipeline('fill-mask', model='xlm-roberta-large')
>>> output = unmasker('我like<mask>')  # 注意此处mask标记的符号与mBERT中的不同
>>> pprint(output)
```

```
[{'sequence': '<s> 我like this</s>',
  'score': 0.36575689911842346,
  'token': 903,
  'token_str': '_this'},
 {'sequence': '<s> 我like you</s>',
  'score': 0.051715511828660965,
  'token': 398,
  'token_str': '_you'},
 {'sequence': '<s> 我like This</s>',
  'score': 0.025328654795885086,
  'token': 3293,
  'token_str': '_This'},
 {'sequence': '<s> 我likeyou</s>',
  'score': 0.017862726002931595,
  'token': 53927,
  'token_str': 'you'},
 {'sequence': '<s> 我like這個</s>',
  'score': 0.01675223931670189,
  'token': 7566,
  'token_str': '這個'}]
```

此处仍输入中英文混杂的句子："我 like<mask>"，概率最高的前五个输出分别为："_this、_you、_This、you、這個"，其中下画线"_"表示空格。虽然 XLM-R 与 mBERT 的输出结果相比很难说孰优孰劣，但是在更多实际下游任务上测试会发现，XLM-R 的效果要明显优于 mBERT。为了进一步提升 XLM-R 对于不同语族语言的迁移能力，同时还不受双语平行句对的限制，还可以人为地通过词汇 Code-switch 替换操作，增加语言之间的关联性。

9.1.3 多语言预训练语言模型的应用

多语言预训练语言模型最直接的应用方式是零样本迁移（Zero-shot transfer），即首先在资源丰富的源语言（如英语）上，针对下游任务进行多语言预训练语言模型的精调，然后将精调后的模型直接应用于目标语言，进行下游任务的预测。之所以被称为零样本迁移，指的是对于目标语言，无须针对下游任务人工标注任何数据，这对于将自然语言处理系统快速迁移到新的语言上具有明显的应用价值。

为了验证各种多语言预训练语言模型的优劣，已有多种跨语言任务数据集被相继标注出来。CMU、谷歌等机构或公司将多个数据集汇总起来，发布了跨语言预训练语言模型基准测试集——XTREME（Cross-lingual TRansfer Evaluation of Multilingual Encoders）[69]，共包括 4 大类任务的 9 个数据集，涉及的目标语言有

40 种（源语言统一为英语）。表 9-1 列出了 XTREME 数据集的相关信息。

表 9-1　XTREME 数据集的相关信息

任务类型	语料库	数据集规模（训练/开发/测试）	测试集来源	语言数	任务描述
分类	XNLI	392,702/2,490/5,010	翻译	15	文本蕴含
	PAWS-X	49,401/2,000/2,000	翻译	7	复述识别
结构预测	POS	21,253/3,974/47-20,436	独立标注	33	词性标注
	NER	20,000/10,000/1,000-10,000	独立标注	40	命名实体识别
问答	XQuAD	87,599/34,726/1,190	翻译	11	片段抽取
	MLQA	87,599/34,726/4,517-11,590	翻译	7	片段抽取
	TyDiQA-GoldP	3,696/634/323-2,719	独立标注	9	片段抽取
检索	BUCC	–/–/1,896-14,330	–	5	句子检索
	Tatoeba	–/–/1,000	–	33	句子检索

　　虽然应用简单直接，但是零样本迁移并没有考虑目标语言下游任务的特殊性，如在句法分析中，不同语言的句法结构可能是不一样的，如果将在英语（主谓宾结构）上训练的句法分析器直接应用于日语（主宾谓结构）时，显然得到的句法分析结果是不符合日语语法特性的。为了解决该问题，需要在源语言的下游任务上精调模型后，再在目标语言的下游任务上继续精调模型，才能更好地适应目标语言。与直接在目标语言上训练一个下游任务模型相比，该迁移方法需要的数据量要小得多，这也体现了多语言预训练语言模型的优势。

9.2　多媒体融合

　　与融合多语言类似，在预训练模型中还可以融合多种媒体的数据，从而打通语言与图像、视频等其他媒体之间的界限。下面介绍几种典型的多媒体预训练模型。

9.2.1　VideoBERT

　　VideoBERT[70] 是第一个多媒体预训练模型，其预训练数据来自视频及对应的文本字幕。首先将视频切分成每段 30 帧的片段，然后使用 3 维 CNN 将每个片段转换成特征向量，接着使用 K-Means 算法对这些特征向量进行聚类，共聚成 $12^4 = 20,736$ 个簇，每一个簇看作一小段视频的标记，这样一大段视频就可以和文本一样表示成一个标记序列。接下来，类似 BERT 模型，将带有掩码的"视频–字幕"对输入给 Transformer 模型，并让模型预测相应的标记，如图 9-2 所示。

　　预训练好的 VideoBERT 可以直接用于视频检索等任务，如输入一段文本，返回该文本对应的视频。另外，也可以将 VideoBERT 迁移到下游任务，如生成更好的视频字幕等。

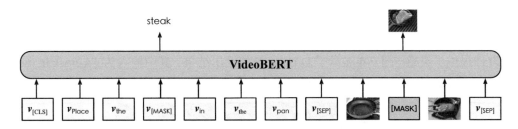

图 9-2　VideoBERT 模型预训练示意图

9.2.2　VL-BERT

VL-BERT[71] 是一种用于图像和文本的预训练模型，使用图像及其对应的描述文本预训练。如图 9-3 所示，其中图像中的标记是使用 Fast R-CNN 模型[72] 自动识别出的兴趣区域（Region-of-Interest, RoI），其不但标定了相应区域的矩形范围，还有相应的物体类别标签（如"猫"等）。然后就可以采用与 BERT 类似的预训练策略，构造自监督学习任务预训练模型了。

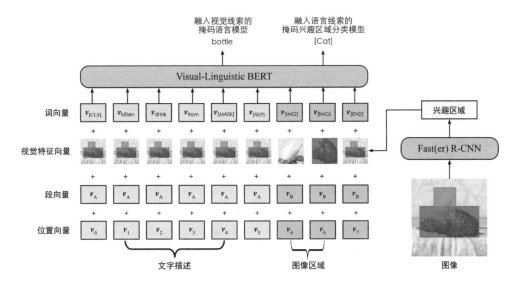

图 9-3　VL-BERT 模型预训练示意图

9.2.3　DALL·E

2021 年初，OpenAI 发布了一个被称为 DALL·E 的跨媒体预训练生成模型。与 VL-BERT 类似，也是使用图像及其对应的描述文本预训练。模型结构采用与 GPT 一样的自回归语言模型，只是生成的不是语言标记，而是图像标记[①]。最终，

[①] 使用 Discrete VAE 算法将图像的子区域表示成离散的标记。

DALL·E 能够根据输入的自然语言文本生成相应的图像。即便输入的语言表达了一个现在世界上可能不存在的物体，也能够生成一个结果，这为艺术创造或工业设计提供了灵感。图 9-4 展示了 DALL·E 的输出结果，其中输入为 "a clock in the shape of a peacock.（一个孔雀形的时钟）"。

图 9-4　DALL·E 的输出结果

9.2.4 ALIGN

上面介绍的三种多媒体预训练模型都需要使用额外的技术，将图像表示成类似文本的离散标记，这在一定程度上降低了图像的表示能力。为了解决该问题，以 ALIGN（A Large-scale ImaGe and Noisy-text embedding）[73] 为代表的多媒体预训练模型直接采用 "图像–文本" 对作为预训练数据，并采用对比学习（Contrastive Learning）技术，即将数据中存在的 "图像–文本" 对作为正例，并通过随机采样的图像或文本对作为负例学习模型的参数。其中，图像和文本分别使用各自的编码器编码。预训练好的模型可以直接应用于检索类任务，包括以文搜图、以图搜文或者以 "图 + 文" 搜图等；另外，通过在下游任务上精调，还可以大幅提高图像分类等任务的性能。图 9-5 展示了 ALIGN 模型结构及其应用。

9.3　异构知识融合

根据第 7 章对 BERT 模型解释性的分析，预训练语言模型自身蕴含了丰富的知识，包括语言学知识，如词法（词性、词义）、句法（依存）等；以及事实型知识，如实体关系等。这是由模型规模、预训练任务以及用于预训练的语料库等多方面因素共同决定的。根据目前的研究趋势可以预见，随着模型规模的进一步扩大，预训练语言模型的潜力将得到进一步的挖掘。但是，除了这种 "规模 + 资源" 的 "暴力美学"，是否存在其他获取智能的捷径？

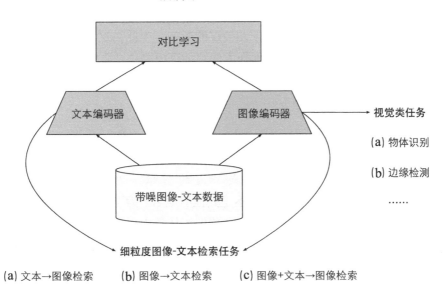

图 9-5　**ALIGN** 模型结构及其应用

从人类的角度来看，人类不仅仅通过阅读学习并获取智能，也善于"站在巨人的肩膀上"，吸纳已有的知识库和概念系统；并且可以从不同任务中学习、相互启发。因此，如果能够找到有效的方式，将这些知识融入预训练模型，一方面将提升模型学习的效率（只需更少的文本数据），另一方面也能够减少由于文本数据中的偏置与噪声所带来的知识噪声，并提升在下游任务中的表现。幸运的是，经过自然语言处理、数据挖掘等相关领域研究人员几十年的耕耘，目前已经构建了很多宝贵的知识库，而且大部分知识库可以开放使用。这些知识库通常是结构化或半结构化的，易于操作与存储，例如词典、实体库和知识图谱等。同时，还有来自不同自然语言处理任务的由人工构建的标注数据，它们也可以被认为是另一种形态的"知识"。这里统一将这些知识称为"异构知识"。本节将讨论如何有效地利用这些异构知识，进一步提升预训练模型的能力。

9.3.1　融入知识的预训练

为了构建知识增强的预训练模型，需要解决两个问题：一是使用什么类型的知识？二是如何在预训练模型中有效地融入异构知识？知识的类型多种多样，既有词法和句法等语言学知识，也有语义词典、实体和知识图谱等结构化的外部世界知识。前者可以通过对文本进行基础的语言分析来获得，包括词法分析、句法分析和语义分析等。通常需要用到相应的工具或模型，如词性标注工具、句法分析器等。然而，根据目前对于预训练模型的分析，模型通过自监督学习已经学到了丰富的语言学知识，进一步引入额外词法或句法模型的分析结果能取得的效果非常有限，同时还可能受到模型预测错误的影响。因此，这里主要关注的是如何融入外部世界知识，从而构建更加强大的预训练模型。

1. 命名实体

命名实体是连接自然语言与现实世界的一个重要的信息纽带。例如，对于句子"北京 是 中国 的 首都"，如果将"北京"替换为"哈尔滨"，句子在语法层面依然成立，但是在事实层面却是错误的。从预训练模型常用的掩码语言模型（MLM）训练目标来看，对于掩码输入"[M] 是 中国 的 首都"，在理想情况下，模型对掩码标记处的预测应该是"北京"，而不是其他的地名。为了使预训练模型学习到这种归纳偏置（Inductive bias），有必要在预训练任务中引入相应的实体信息。

基于这一思想，百度的研究人员提出了**ERNIE 模型**[74]。该模型在 BERT 模型的基础上，通过改进掩码策略融入短语和实体知识。具体的，ERNIE 模型采用三种掩码策略：

- 子词级别掩码语言模型。与 BERT 模型一致，在子词级别掩码，对于中文则为字级别；
- 实体掩码语言模型。利用命名实体识别工具或模型识别出输入文本中的所有实体指称（Mention），然后在实体层面随机采样并掩码；
- 短语掩码语言模型。短语是由一组连续的单词或字组成的语义单元。为了获得短语，首先利用相应工具或模型对输入文本进行词法分析、组块分析（Chunking）或者其他语言相关的短语结构分析，识别出文本中的短语，然后在短语层面随机采样并替换为同样长度的掩码标记。

表 9-2 中的示例展示了三种不同掩码策略之间的区别。在这个例子中，通过对完整的"J. K. Rowling"实体掩码并预测，预训练模型可以学习到其与"Harry Potter"之间的实体关系。而在普通的词级别掩码中，模型只需要根据"J."与"Rowling"就可以做出正确的预测，因而无法学习到更高层次的语义。

表 9-2　ERNIE 模型的不同掩码策略之间的区别（[M]表示掩码标记）

原始句子	Harry Potter is a series of fantasy novels written by J. K. Rowling
子词级别掩码	[M] Potter is a series [M] fantasy novels [M] by J. [M] Rowling
实体级别掩码	Harry Potter is a series of fantasy novels written by [M] [M] [M]
短语级别掩码	Harry Potter is [M] [M] [M] fantasy novels [M] by [M] [M] [M]

为了更好地理解对话（Dialogue），ERNIE 模型还考虑了额外的对话语言模型（Dialogue Language Model，DLM）预训练目标，这里不再赘述，感兴趣的读者可

自行参考文献 [74]。

为了适应改进后的预训练任务，还需要选择合适的、含有丰富实体信息的文本语料。ERNIE 模型主要是为了中文而设计，因此使用了来自中文维基百科、百度百科、百度新闻和百度贴吧等数据，这些数据包含了大量实体知识。在多项中文语言理解类任务上的实验结果表明，ERNIE 模型相比于 BERT 模型普遍取得了更为出色的表现。特别的，在知识型完形填空任务上，ERNIE 模型能够准确地预测出更符合事实的答案。例如，对于完形填空任务："戊戌变法，又称百日维新，是 ___、梁启超等维新派人士通过光绪帝进行的一场资产阶级改良。"，ERNIE 能够准确地预测出正确的答案—"康有为"，而 BERT 模型的预测结果则是其他的错误人名。

ERNIE 模型主要利用了输入文本中较为浅层的实体指称信息，方法简单且直接。为了进一步提升预训练模型的表示学习能力，研究人员试图显式地将关于实体的外部知识库融入预训练模型，通过将实体语义与真实世界中的概念关联（Grounding），获取增强的文本表示。其中比较具有代表性的是**KnowBERT** 模型[75]。

KnowBERT 模型试图融合的是一种通用的实体知识，任何能够用于获取实体向量表示的知识形式都被囊括在其框架之内。例如，英语中著名的语义词典 Word-Net[1] 包含了大量实体及其上下位关系，以及同义词集合（Synset）等信息。这些信息都可以用来计算实体的表示；常用的维基百科数据中含有大量的实体以及相应的文本描述，这些关于实体的描述也可以用来计算相应实体的表示。因此，符合这一条件的知识库都适用于 KnowBERT 模型。

为了建立输入文本与实体知识库之间的联系，KnowBERT 首先对输入文本进行实体识别。对于识别出的实体指称，抽取出它在实体知识库中的相应条目集合以及相应的实体表示，然后利用实体链指器（Entity linker）对该实体指称消歧。例如，在句子"《花木兰》根据迪士尼同名动画片改编，讲述了花木兰女扮男装、代父从军的故事。"中，实体指称"花木兰"出现了 2 次，前者表示电影，后者表示人物。通过检索实体库，可以获取有关的实体条目。图 9-6 展示了"花木兰"百度百科中对应的实体。

实体链指器根据实体指称（即"花木兰"）的表示以及知识库中实体的表示，同时结合先验概率为知识库中的实体条目打分、排序，并选取分数在预设阈值以上的条目作为候选实体集合。随后，利用候选实体及相应分值，对句子中实体指称的表示进行更新，从而完成外部知识的融合。更新之后的实体指称表示接着被用于重新计算句子中其他子词（Wordpiece）的表示（Recontextualization），并作为模型下一层 Transformer 的输入。从模型结构上来看，KnowBERT 模型实际上是在 BERT 模型的相邻两层 Transformer 之间增加了一个轻量的知识融合模块，并将融合实体知识后的隐含层表示作为下一层 Transformer 的输入，如图 9-7 所示。

图 9-6 "花木兰" 在百度百科中对应的实体

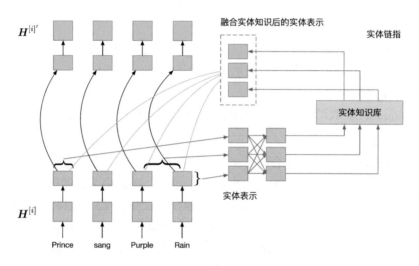

图 9-7 KnowBERT 模型的知识融合框架

KnowBERT 模型的训练目标仍然使用掩码语言模型，但是由于实体知识的引入以及与实体链指模型的结合，KnowBERT 模型在词义消歧以及信息抽取类任务上相比原始的 BERT 模型具有显著的优势。关于 KnowBERT 的更多建模细节与实验结果，感兴趣的读者可参考文献 [75]。

2. 知识图谱

另一类重要的结构化知识库是知识图谱（Knowledge Graph）。知识图谱是一种由实体以及实体关系构成的语义网络，通常可以表示为一系列由（实体 1, 关系, 实体 2）以及（实体, 属性, 属性值）等事实型三元组构成的集合，例如：（中国, 首都, 北京）、（霍金, 作者, 时间简史）、（水, 沸点, 100 摄氏度）等。目前，知识图谱已经被广泛应用于智能搜索、自动问答和个性化推荐等领域。

为了将知识图谱融入预训练模型，清华大学与华为诺亚方舟实验室的研究人员提出了 **ERNIE**[THU] **模型**[76]（此处增加标记以便和前文介绍的 ERNIE 模型区分）。

ERNIE^{THU} 模型在 BERT 模型文本编码器（T-Encoder）的基础之上增加了一个知识编码器（K-Encoder），如图 9-8 所示。K-Encoder 通过知识图谱中的实体表示与输入文本中的实体指称表示之间的交互来实现知识的融合。与 KnowBERT 模型类似，这里同样假设外部知识库中实体的向量表示容易根据已有方法计算得到，且在模型预训练过程中保持不变。对于知识图谱中实体以及关系的表示学习有很多种方法，ERNIE^{THU} 使用了比较经典的 TransE 模型[77] 获取知识图谱中的实体表示。

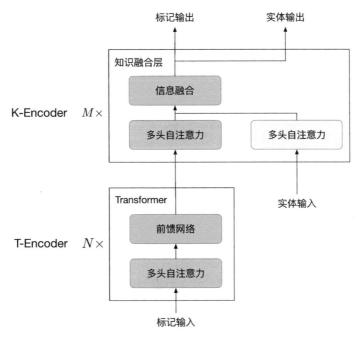

图 9-8　ERNIE^{THU} 模型框架

　　K-Encoder 由多个知识融合层（Aggregator）堆叠而成。每一个知识融合层根据当前的输入文本表示及知识图谱中相应的实体表示，通过简单的全连接层融合。融合后的单词与实体向量表示将作为下一个知识融合层的输入。在预训练阶段，除了使用 BERT 模型的掩码语言模型（MLM）以及下一句预测（NSP）作为训练任务，ERNIE^{THU} 还提出对单词–实体之间的对齐关系进行掩码（相当于对实体进行掩码），并要求模型在输出层根据与掩码实体对齐的单词表示预测出正确的实体。

　　对于知识图谱，除了在预训练阶段融入模型，还可以直接在推理阶段对文本表示进行增强。例如，**K-BERT** 模型[78] 利用知识图谱对输入句子中的实体指称进行扩展，从而得到树状结构的输入，如图 9-9 左下部分所示。为了不影响原句子单词的位置向量表示，模型对分支上单词的位置索引进行复用。在图 9-9 的例子中，"CEO"与"Apple"的位置索引与"is""visiting"都是 3 和 4，从而避免原模型受到位置向量与训练阶段不一致的影响。另外，**K-BERT** 模型利用自注意力掩码矩阵对树状结构输入的自注意力分布加以约束，以尽可能减少变化后的输入结构对预训练模型的文本表示带来错误的改变。例如，分支上的单词只对相应实体可见，且不同分支上的单词相互不可见（图 9-9 右下矩阵）。

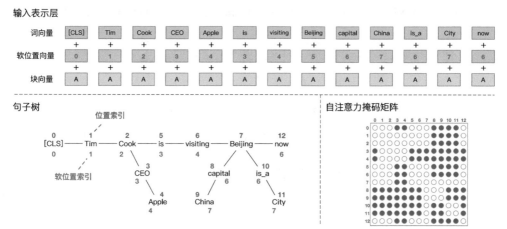

图 9-9　K-BERT 模型结构

9.3.2 多任务学习

　　除了人工构建的结构化知识库，另一类重要的异构知识是来自其他 NLP 任务的标注数据，如面向单句文本分类的情感分类任务、面向回归问题的句子相似度预测任务以及面向句对文本分类的文本蕴含任务等。来自这些任务的标注数据通常是由人工标注者基于一定的标注规范构建的，是很宝贵的知识来源。相比于从无标注数据中学习的预训练模型，多任务学习也是一种常用的用于提升模型能力的迁移学习技术。在 8.4.3 节介绍的 T5 预训练模型，通过将不同形式的任务转换为文本生成的问题，从而在一套统一的框架内实现多任务学习。针对 T5 模型的实验结果也充分表明，基于多任务学习的预训练可以取得与从海量无标注数据中进行自监督预训练相媲美的效果。作为两种互补的技术或者知识来源，两者的有效融合将为模型的能力带来进一步的提升。

　　1. MT-DNN

　　微软提出的**MT-DNN 模型**（Multi-task Deep Neural Network）是一个简单有效的尝试[79]。MT-DNN 的模型结构如图 9-10 所示，模型主要包含两个部分，分别是多任务的共享编码层（与 BERT 一致）以及任务相关的输出层。MT-DNN 模型考虑了四种不同类型的语言理解类任务，分别是单句文本分类（如 CoLA、SST-2）、句对文本分类（如 RTE、MNLI、MRPC）、文本相似度（回归问题）以及相关性排序（排序问题）。不同类型的任务对应不同的输出层结构与参数。模型输入的构造方式与 BERT 基本一致，即"[CLS] 文本 1 [SEP] 文本 2 [SEP]"的形式。

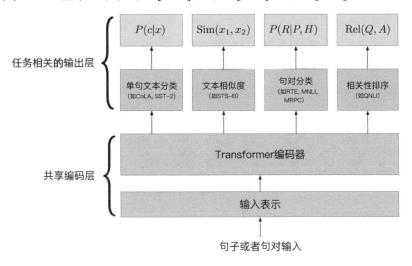

图 9-10　MT-DNN 的模型结构

模型的训练过程分为两个阶段，首先对多任务共享的编码层进行预训练，方法与 BERT 模型一致；然后利用各个任务的标注数据以及相应的损失函数进行有监督的多任务学习。与 T5 模型类似，经过多任务学习的 MT-DNN 模型可以在特定任务上进一步精调，通常能够取得更好的效果。

2. ERNIE 2.0

除了利用相关 NLP 任务的有限标注数据，还可以从无标注以及弱标注数据中抽象出一系列任务联合学习，以进一步提升预训练模型的能力。百度的研究人员在 ERNIE 模型的基础之上做了改进，分别从词法、句法及语义层面构造了更加丰富的预训练任务，并通过连续多任务学习（Continual Multi-task Learning）的方式进行增量式预训练，从而得到了 **ERNIE 2.0** 模型[80]。ERNIE 2.0 模型框架如图 9-11 所示。

在模型的输入层，除了常用的词向量、块向量和位置向量，ERNIE 2.0 使用了一个额外的任务向量（Task embedding）。每一个预训练任务对应一个独立的任务编码（$1, 2, \cdots$）并被转化为连续向量表示，在训练过程中更新。使用任务向量是多任务学习中的常用手段，尤其是在任务较多的情况下。这与 T5、GPT-3 等生成模型（8.4 节）中使用的任务提示（Prompt）思想是类似的。模型的输出层分别对应以下预训练任务。

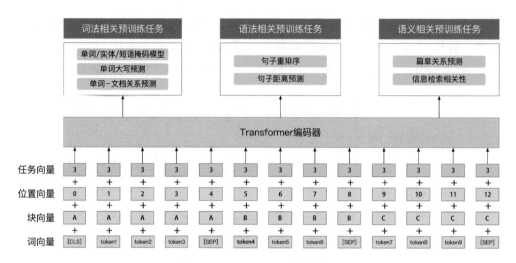

图 9-11　ERNIE 2.0 模型框架

（1）词法相关预训练任务

- ERNIE 模型原有的单词、实体、短语掩码模型；
- 单词的大写（Capitalization）预测；
- 单词–文档关系预测（预测输入文本块中的词是否出现在同一文档的其他文本块）。

（2）语法相关预训练任务

- 句子重排序：对于随机打乱的文本块，恢复其原始顺序；
- 句子距离预测：判断输入的两个句子是来自同一文档的两个相邻句子，或是同一文档的两个不相邻句子，或来自不同文档。因此是一个多分类问题。

（3）语义相关预训练任务

- 篇章关系（Discourse relation）预测：对句对间的修辞关系分类。这里用到了由无监督方法构建的篇章关系数据集[81]；
- 信息检索相关性 (IR Relevance)。这里需要用到搜索引擎的查询日志：取搜索引擎的查询与文档的标题作为模型的输入句对，如果该文档没有出现在搜索结果中，则认为两者不相关。否则，根据用户是否点击进一步分为强相关与弱相关。

　　关于模型的训练过程，ERNIE 2.0 采用了连续多任务学习的方式，在训练过程中逐渐增加任务数量并进行多任务学习。在维持整体迭代次数不变的条件下，自动为每个任务分配其在各个阶段多任务学习中的迭代次数。实验结果表明，这种训练方式既可以避免连续学习（Continual learning）的知识遗忘问题，也能够使各个任务得到更有效的训练。ERNIE 2.0 在中、英文各项任务上都取得了出色的表现，同时为预训练任务的设计及多任务学习的机制带来了很多启发。

9.4 更多模态的预训练模型

除了多语言、多媒体和异构数据，还有很多数据来自其他的模态，如页面的布局信息和表格信息等。例如，要理解经过扫描的收银条上的内容，除了利用光学字符识别（Optical Character Recognition，OCR）技术得到的文本，收银条中的格式布局信息也非常重要。LayoutLM[82] 等模型正是在预训练阶段利用了富文档中的页面布局信息，有效提高了富文档内容的理解能力。LayoutLMv2[83] 更是在 LayoutLM 的基础上，引入了原始的图像信息，在文档视觉问答、文档图像分类和文档内文字序列标注等多种文档理解相关任务上取得了很好的效果。

另外，还有很多的信息和知识存储在表格中，如维基百科上有奥运会相关的表格，记录了历届奥运会的举办时间、举办地信息等，这些表格可以回答诸如"哪个国家举办的奥运会次数最多？"等问题。为了更好地理解这些表格，也需要对其进行预训练。然而，如果将表格中的文字仅作为文本预训练的话，则会失去其准确的语义信息。为此，在预训练阶段 TaBERT[84]、TAPAS[85] 等针对表格的预训练模型，将表格周围的文字以及表格中一行的信息（由多个〈列名, 类型, 单元格的值〉形式的三元组组成）构成一个输入，其中文字部分使用掩码语言模型作为预训练目标，而表格部分则通过遮盖掉其中的〈列名, 类型〉或〈单元格的值〉作为预训练目标，从而达到预训练文本以及表格对应信息的目的。最终，表格预训练模型在 Text2SQL（将自然语言转换为 SQL 语句）等任务中取得了较好的效果。

9.5 小结

从多模态知识源中学习的能力是获取通用智能（General Intelligence）的必经之路。本章主要围绕预训练模型中的多模态知识融合技术，分别从多语言、多媒体及异构知识三个角度，结合最新的代表性模型与方法进行了介绍。首先介绍了多语言预训练模型，包括 mBERT 与 XLM 模型。然后介绍了以 VideoBERT、VL-BERT、DALL·E 及 ALIGN 为代表的融合多媒体数据的预训练模型。最后，介绍了 ERNIE、KnowBERT、K-BERT 等融入实体、知识图谱等结构化知识库的模型，以及 MT-DNN、ERNIE 2.0 等利用多任务学习融入其他有监督或弱监督任务的模型。除以上类型的模态外，还简要介绍了如何融入富文档、表格等更多模态的技术思路。

习题

9.1 阐述多语言预训练模型研究的主要意义与应用场景。

9.2 使用 HuggingFace 提供的 `transformers` 库，分别实现基于 mBERT 模型与 XLM-R 模型的跨语言自然语言推理，并在相应的基准数据集 XNLI 上进行实验。

9.3 试分析多媒体融合的预训练模型目前存在哪些主要的挑战或瓶颈？结合最新的相关文献说明。

9.4 融合了知识库的预训练模型（如 ERNIE、KnowBERT）存在哪些潜在的缺点？

9.5 除了实体、关系等结构化知识，目前还有哪些知识是预训练模型缺少的或者难以从文本中直接学习到的？

9.6 在多任务或多语言学习的过程中，考虑到不同任务（语言）的数据量、难度往往不一致，在训练时应当注意哪些问题，以及采用哪些策略？结合 MT-DNN、ERNIE 2.0 模型，以及第 8 章介绍的 T5 等模型进行分析。

参考文献
REFERENCE

[1] MILLER G A. Wordnet: a lexical database for english[J]. Communications of the ACM, 1995, 38(11): 39-41.

[2] CHE W, LI Z, LIU T. LTP: A Chinese language technology platform[C]//Coling 2010: Demonstrations. 2010: 13-16.

[3] WENZEK G, LACHAUX M A, CONNEAU A, et al. Ccnet: Extracting high quality monolingual datasets from web crawl data[C]//Proceedings of The 12th Language Resources and Evaluation Conference. 2020: 4003-4012.

[4] BENGIO Y, DUCHARME R, VINCENT P, et al. A neural probabilistic language model[J]. Journal of Machine Learning Research, 2003, 3: 1137-1155.

[5] MIKOLOV T, KARAFIÁT M, BURGET L, et al. Recurrent neural network based language model[C]//INTERSPEECH 2010, 11th Annual Conference of the International Speech Communication Association. 2010: 1045-1048.

[6] MIKOLOV T, SUTSKEVER I, CHEN K, et al. Distributed representations of words and phrases and their compositionality[C]//Advances in neural information processing systems. 2013: 3111-3119.

[7] LING W, DYER C, BLACK A W, et al. Two/too simple adaptations of word2vec for syntax problems[C]//Proceedings of the 2015 Conference of the North American Chapter of the Association for Computational Linguistics: Human Language Technologies. 2015: 1299-1304.

[8] PENNINGTON J, SOCHER R, MANNING C D. Glove: Global vectors for word representation[C]//Proceedings of the 2014 conference on empirical methods in

natural language processing (EMNLP). 2014: 1532-1543.

[9] PETERS M, AMMAR W, BHAGAVATULA C, et al. Semi-supervised sequence tagging with bidirectional language models[C]//Proceedings of the 55th Annual Meeting of the Association for Computational Linguistics (Volume 1: Long Papers). 2017: 1756-1765.

[10] PETERS M E, NEUMANN M, IYYER M, et al. Deep contextualized word representations[C]//Proceedings of NAACL-HLT. 2018: 2227-2237.

[11] CHE W, LIU Y, WANG Y, et al. Towards better ud parsing: Deep contextualized word embeddings, ensemble, and treebank concatenation[J]. CoNLL 2018, 2018: 55.

[12] MCCANN B, BRADBURY J, XIONG C, et al. Learned in translation: Contextualized word vectors[C]//Advances in neural information processing systems. 2017: 6294-6305.

[13] GARDNER M, GRUS J, NEUMANN M, et al. Allennlp: A deep semantic natural language processing platform[C]//Proceedings of Workshop for NLP Open Source Software (NLP-OSS). 2018: 1-6.

[14] DENG J, DONG W, SOCHER R, et al. Imagenet: A large-scale hierarchical image database[C]//2009 IEEE conference on computer vision and pattern recognition. IEEE, 2009: 248-255.

[15] VASWANI A, SHAZEER N, PARMAR N, et al. Attention is all you need[J]. arXiv preprint arXiv:1706.03762, 2017.

[16] JOUPPI N P, YOUNG C, PATIL N, et al. In-datacenter performance analysis of a tensor processing unit[J]. SIGARCH Comput. Archit. News, 2017, 45(2): 1-12.

[17] RADFORD A, NARASIMHAN K, SALIMANS T, et al. Improving language understanding by generative pre-training[J]. 2018.

[18] DEVLIN J, CHANG M W, LEE K, et al. BERT: Pre-training of deep bidirectional transformers for language understanding[C]//Proceedings of the 2019 Conference of the North American Chapter of the Association for Computational Linguistics: Human Language Technologies, Volume 1 (Long and Short Papers). 2019: 4171-4186.

[19] CUI Y, CHE W, LIU T, et al. Revisiting pre-trained models for Chinese natural language processing[C]//Proceedings of the 2020 Conference on Empirical Methods in Natural Language Processing: Findings. 2020: 657-668.

[20] SOCHER R, PERELYGIN A, WU J, et al. Recursive deep models for semantic compositionality over a sentiment treebank[C]//Proceedings of EMNLP. 2013: 1631-1642.

[21] BENTIVOGLI L, DAGAN I, DANG H T, et al. The fifth PASCAL recognizing textual entailment challenge[J]. 2009.

[22] RAJPURKAR P, ZHANG J, LOPYREV K, et al. Squad: 100,000+ questions for machine comprehension of text[C]//Proceedings of the 2016 Conference on Empirical Methods in Natural Language Processing. 2016: 2383-2392.

[23] CUI Y, LIU T, CHE W, et al. A span-extraction dataset for Chinese machine reading comprehension[C]//Proceedings of the 2019 Conference on Empirical Methods in Natural Language Processing and the 9th International Joint Conference on Natural Language Processing (EMNLP-IJCNLP). 2019: 5886-5891.

[24] TJONG KIM SANG E F, DE MEULDER F. Introduction to the CoNLL-2003 shared task: Language-independent named entity recognition[C]//Proceedings of the Seventh Conference on Natural Language Learning at HLT-NAACL 2003. 2003: 142-147.

[25] CLARK K, KHANDELWAL U, LEVY O, et al. What does bert look at? an analysis of bert's attention[C]//Proceedings of the 2019 ACL Workshop BlackboxNLP: Analyzing and Interpreting Neural Networks for NLP. 2019: 276-286.

[26] HEWITT J, MANNING C D. A structural probe for finding syntax in word representations[C]//Proceedings of the 2019 Conference of the North American Chapter of the Association for Computational Linguistics: Human Language Technologies, Volume 1 (Long and Short Papers). 2019: 4129-4138.

[27] YANG Z, DAI Z, YANG Y, et al. XLNet: Generalized autoregressive pretraining for language understanding[C]//Advances in Neural Information Processing Systems: volume 32. 2019: 5753-5763.

[28] DAI Z, YANG Z, YANG Y, et al. Transformer-XL: Attentive language models beyond a fixed-length context[J]. arXiv preprint arXiv:1901.02860, 2019.

[29] LIU Y, OTT M, GOYAL N, et al. Roberta: A robustly optimized bert pretraining approach[J]. arXiv preprint arXiv:1907.11692, 2019.

[30] RAJPURKAR P, JIA R, LIANG P. Know what you don't know: Unanswerable questions for SQuAD[C]//Proceedings of the 56th Annual Meeting of the Association for Computational Linguistics (Volume 2: Short Papers). 2018: 784-789.

[31] WILLIAMS A, NANGIA N, BOWMAN S R. A broad-coverage challenge corpus for sentence understanding through inference[C]//Proceedings of NAACL-HLT. 2018.

[32] WANG A, SINGH A, MICHAEL J, et al. GLUE: A multi-task benchmark and analysis platform for natural language understanding[C]//ICLR 2019. 2019.

[33] LAI G, XIE Q, LIU H, et al. Race: Large-scale reading comprehension dataset from examinations[C]//Proceedings of the 2017 Conference on Empirical Methods in Natural Language Processing. 2017: 796-805.

[34] WU Y, SCHUSTER M, CHEN Z, et al. Google's neural machine translation system: Bridging the gap between human and machine translation[J]. arXiv preprint arXiv: 1609.08144, 2016.

[35] SENNRICH R, HADDOW B, BIRCH A. Neural machine translation of rare words with subword units[C]//Proceedings of the 54th Annual Meeting of the Association for Computational Linguistics (Volume 1: Long Papers). 2016: 1715-1725.

[36] LAN Z, CHEN M, GOODMAN S, et al. Albert: A lite bert for self-supervised learning of language representations[J]. ICLR, 2020.

[37] CLARK K, LUONG M T, LE Q V, et al. ELECTRA: Pre-training text encoders as discriminators rather than generators[J]. ICLR, 2020.

[38] GOODFELLOW I, POUGET-ABADIE J, MIRZA M, et al. Generative adversarial nets[M]//Advances in Neural Information Processing Systems 27. 2014: 2672-2680.

[39] MIKOLOV T, KARAFIÁT M, BURGET L, et al. Recurrent neural network based language model[C]//Eleventh annual conference of the international speech communication association. 2010.

[40] KITAEV N, KAISER L, LEVSKAYA A. Reformer: The efficient transformer[C]// International Conference on Learning Representations. 2020.

[41] ANDONI A, INDYK P, LAARHOVEN T, et al. Practical and optimal lsh for angular distance[J]. arXiv preprint arXiv:1509.02897, 2015.

[42] GOMEZ A N, REN M, URTASUN R, et al. The reversible residual network: back-propagation without storing activations[C]//Proceedings of the 31st International Conference on Neural Information Processing Systems. 2017: 2211-2221.

[43] BA J L, KIROS J R, HINTON G E. Layer normalization[J]. arXiv preprint arXiv: 1607.06450, 2016.

[44] BELTAGY I, PETERS M E, COHAN A. Longformer: The long-document transformer[J]. arXiv preprint arXiv:2004.05150, 2020.

[45] ZAHEER M, GURUGANESH G, DUBEY A, et al. Big bird: Transformers for longer sequences[J]. arXiv preprint arXiv:2007.14062, 2020.

[46] TAY Y, DEHGHANI M, BAHRI D, et al. Efficient transformers: A survey[J]. arXiv preprint arXiv:2009.06732, 2020.

[47] LEE J, LEE Y, KIM J, et al. Set transformer: A framework for attention-based permutation-invariant neural networks[C]//International Conference on Machine Learning. 2019: 3744-3753.

[48] CHILD R, GRAY S, RADFORD A, et al. Generating long sequences with sparse transformers[J]. arXiv preprint arXiv:1904.10509, 2019.

[49] AINSLIE J, ONTANON S, ALBERTI C, et al. Etc: Encoding long and structured data in transformers[J]. arXiv preprint arXiv:2004.08483, 2020.

[50] TAY Y, BAHRI D, METZLER D, et al. Synthesizer: Rethinking self-attention in transformer models[J]. arXiv preprint arXiv:2005.00743, 2020.

[51] CHOROMANSKI K, LIKHOSHERSTOV V, DOHAN D, et al. Masked language modeling for proteins via linearly scalable long-context transformers[J]. arXiv preprint arXiv:2006.03555, 2020.

[52] WANG S, LI B, KHABSA M, et al. Linformer: Self-attention with linear complexity[J]. arXiv preprint arXiv:2006.04768, 2020.

[53] KATHAROPOULOS A, VYAS A, PAPPAS N, et al. Transformers are rnns: Fast autoregressive transformers with linear attention[J]. arXiv preprint arXiv:2006.16236, 2020.

[54] SANH V, DEBUT L, CHAUMOND J, et al. Distilbert, a distilled version of bert: smaller, faster, cheaper and lighter[J]. arXiv preprint arXiv:1910.01108, 2019.

[55] JIAO X, YIN Y, SHANG L, et al. TinyBERT: Distilling BERT for natural language understanding[C]//Findings of the Association for Computational Linguistics: EMNLP 2020. 2020: 4163-4174.

[56] SUN Z, YU H, SONG X, et al. MobileBERT: a compact task-agnostic BERT for resource-limited devices[C]//Proceedings of the 58th Annual Meeting of the Association for Computational Linguistics. 2020: 2158-2170.

[57] YANG Z, CUI Y, CHEN Z, et al. TextBrewer: An Open-Source Knowledge Distillation Toolkit for Natural Language Processing[C]//Proceedings of the 58th Annual

Meeting of the Association for Computational Linguistics: System Demonstrations. 2020: 9-16.

[58] YIM J, JOO D, BAE J, et al. A gift from knowledge distillation: Fast optimization, network minimization and transfer learning[C]//Proceedings of the IEEE Conference on Computer Vision and Pattern Recognition. 2017: 4133-4141.

[59] HUANG Z, WANG N. Like what you like: Knowledge distill via neuron selectivity transfer[J]. arXiv preprint arXiv:1707.01219, 2017.

[60] LEWIS M, LIU Y, GOYAL N, et al. Bart: Denoising sequence-to-sequence pretraining for natural language generation, translation, and comprehension[C]//Proceedings of the 58th Annual Meeting of the Association for Computational Linguistics. 2020: 7871-7880.

[61] RAFFEL C, SHAZEER N, ROBERTS A, et al. Exploring the limits of transfer learning with a unified text-to-text transformer[J]. Journal of Machine Learning Research, 2020, 21: 1-67.

[62] BROWN T B, MANN B, RYDER N, et al. Language models are few-shot learners[J]. arXiv preprint arXiv:2005.14165, 2020.

[63] RADFORD A, WU J, CHILD R, et al. Language models are unsupervised multitask learners[J]. OpenAI blog, 2019, 1(8): 9.

[64] KESKAR N S, MCCANN B, VARSHNEY L R, et al. Ctrl: A conditional transformer language model for controllable generation[J]. arXiv preprint arXiv:1909.05858, 2019.

[65] DATHATHRI S, MADOTTO A, LAN J, et al. Plug and play language models: A simple approach to controlled text generation[J]. arXiv preprint arXiv:1912.02164, 2019.

[66] WANG Y, CHE W, GUO J, et al. Cross-lingual BERT transformation for zero-shot dependency parsing[C]//Proceedings of the 2019 Conference on Empirical Methods in Natural Language Processing and the 9th International Joint Conference on Natural Language Processing (EMNLP-IJCNLP). 2019: 5721-5727.

[67] CONNEAU A, LAMPLE G. Cross-lingual language model pretraining[C]// Advances in Neural Information Processing Systems. 2019: 7059-7069.

[68] CONNEAU A, KHANDELWAL K, GOYAL N, et al. Unsupervised cross-lingual representation learning at scale[C]//Proceedings of the 58th Annual Meeting of the Association for Computational Linguistics. 2020: 8440-8451.

[69] HU J, RUDER S, SIDDHANT A, et al. XTREME: A massively multilingual multi-task benchmark for evaluating cross-lingual generalisation[C]//Proceedings of the 37th International Conference on Machine Learning. 2020: 4411-4421.

[70] SUN C, MYERS A, VONDRICK C, et al. Videobert: A joint model for video and language representation learning[C]//Proceedings of the IEEE/CVF International Conference on Computer Vision (ICCV). 2019.

[71] SU W, ZHU X, CAO Y, et al. Vl-bert: Pre-training of generic visual-linguistic representations[C]//International Conference on Learning Representations. 2020.

[72] GIRSHICK R. Fast r-cnn[C]//Proceedings of the 2015 IEEE International Conference on Computer Vision (ICCV). 2015: 1440-1448.

[73] JIA C, YANG Y, XIA Y, et al. Scaling up visual and vision-language representation learning with noisy text supervision[J]. arXiv preprint arXiv:2102.05918, 2021.

[74] SUN Y, WANG S, LI Y, et al. Ernie: Enhanced representation through knowledge integration[J]. arXiv preprint arXiv:1904.09223, 2019.

[75] PETERS M E, NEUMANN M, LOGAN R, et al. Knowledge enhanced contextual word representations[C]//Proceedings of the 2019 Conference on Empirical Methods in Natural Language Processing and the 9th International Joint Conference on Natural Language Processing (EMNLP-IJCNLP). 2019: 43-54.

[76] ZHANG Z, HAN X, LIU Z, et al. Ernie: Enhanced language representation with informative entities[C]//Proceedings of the 57th Annual Meeting of the Association for Computational Linguistics. 2019: 1441-1451.

[77] BORDES A, USUNIER N, GARCIA-DURAN A, et al. Translating embeddings for modeling multi-relational data[C]//Neural Information Processing Systems (NIPS). 2013: 1-9.

[78] LIU W, ZHOU P, ZHAO Z, et al. K-bert: Enabling language representation with knowledge graph[C]//Proceedings of the AAAI Conference on Artificial Intelligence: volume 34. 2020: 2901-2908.

[79] LIU X, HE P, CHEN W, et al. Multi-task deep neural networks for natural language understanding[C]//Proceedings of the 57th Annual Meeting of the Association for Computational Linguistics. 2019: 4487-4496.

[80] SUN Y, WANG S, LI Y, et al. Ernie 2.0: A continual pre-training framework for language understanding[C]//Proceedings of the AAAI Conference on Artificial Intelligence: volume 34. 2020: 8968-8975.

[81] SILEO D, VAN DE CRUYS T, PRADEL C, et al. Mining discourse markers for unsupervised sentence representation learning[C]//Proceedings of the 2019 Conference of the North American Chapter of the Association for Computational Linguistics: Human Language Technologies, Volume 1 (Long and Short Papers). 2019: 3477-3486.

[82] XU Y, LI M, CUI L, et al. Layoutlm: Pre-training of text and layout for document image understanding[C]//Proceedings of the 26th ACM SIGKDD International Conference on Knowledge Discovery and Data Mining. 2020: 1192-1200.

[83] XU Y, XU Y, LV T, et al. Layoutlmv2: Multi-modal pre-training for visually-rich document understanding[J]. arXiv preprint 2012.14740, 2020.

[84] YIN P, NEUBIG G, YIH W T, et al. TaBERT: Pretraining for joint understanding of textual and tabular data[C]//Proceedings of the 58th Annual Meeting of the Association for Computational Linguistics. 2020: 8413-8426.

[85] HERZIG J, NOWAK P K, MÜLLER T, et al. TaPas: Weakly supervised table parsing via pre-training[C]//Proceedings of the 58th Annual Meeting of the Association for Computational Linguistics. 2020: 4320-4333.

[86] LIU N F, GARDNER M, BELINKOV Y, et al. Linguistic knowledge and transferability of contextual representations[C]//Proceedings of NAACL-HLT. 2019: 1073-1094.

[87] SHAO C C, LIU T, LAI Y, et al. Drcd: a chinese machine reading comprehension dataset[J]. arXiv preprint arXiv:1806.00920, 2018.

[88] LIU X, CHEN Q, DENG C, et al. Lcqmc: A large-scale chinese question matching corpus[C]//Proceedings of the 27th International Conference on Computational Linguistics. 2018: 1952-1962.

[89] CONNEAU A, RINOTT R, LAMPLE G, et al. Xnli: Evaluating cross-lingual sentence representations[C]//Proceedings of the 2018 Conference on Empirical Methods in Natural Language Processing. 2018.

[90] WANG X, GAO T, ZHU Z, et al. Kepler: A unified model for knowledge embedding and pre-trained language representation[J]. arXiv preprint arXiv:1911.06136, 2019.

术语表

英文表述	英文缩写	中文表述	首次出现章节
adaptor	–	适配器	第 8 章
ALBERT	–	–	第 8 章
Application Specific Integrated Circuit	ASIC	专用集成电路	第 7 章
Attention Mask	–	注意力掩码	第 8 章
Auto-Encoding Language Model	AELM	自编码语言模型	第 7 章
Auto-Regressive Language Model	ARLM	自回归语言模型	第 7 章
Back Propogation	BP	反向传播算法	第 3 章
BART	–	–	第 8 章
Batch	–	批次	第 4 章
Bias	–	偏差项	第 4 章
Bidirectional Encoder Representation from Transformers	BERT	–	第 7 章
Bottleneck Structure	–	瓶颈结构	第 8 章
Broadcasting Mechanism	–	广播机制	第 3 章
Byte-level	–	字节级别	第 8 章
callback	–	回调函数	第 8 章
Catastrophic Forgetting	–	灾难性遗忘	第 7 章
Char-level	–	字符级别	第 8 章
checkpoint	–	检查点	第 8 章
Chinese Word Segmentation	CWS	中文分词	第 7 章
Chromatin Profile Prediction	–	染色质轮廓预测	第 8 章
Chunking	–	组块分析	第 3 章
Cloze	–	完形填空	第 7 章
Common Crawl	–	–	第 7 章

英文表述	英文缩写	中文表述	首次出现章节
Compute Unified Device Architecture	CUDA	统一计算设备架构	第 7 章
Content Representation	–	内容表示	第 8 章
Continuous Bag-of-Words	CBOW	–	第 5 章
Coreference	–	共指	第 7 章
CoreNLP	–	–	第 3 章
Corpora	–	语料库	第 3 章
Cross-Entropy	CE	交叉熵	第 7 章
Cross-layer Parameter Sharing	–	跨层参数共享	第 8 章
Cross-lingual Language Model Pretraining	XLM	跨语言预训练语言模型	第 9 章
Dilated Convolution	–	扩张卷积	第 8 章
Dilation Rate	–	扩张率	第 8 章
Discriminator	–	判别器	第 8 章
DistilBERT	–	–	第 8 章
Downstream task	–	下游任务	第 7 章
Dynamic Masking	–	动态掩码	第 8 章
ELECTRA	–	–	第 8 章
External Transformer Construction	ETC	外部 Transformer 组建	第 8 章
Extrinsic Evaluation	–	外部任务评价方法	第 5 章
Feed-Forward Neural Network Language Model	FFNNLM	前馈神经网络语言模型	第 5 章
Fine-tuning	–	精调	第 7 章
Generative Adversarial Net	GAN	生成式对抗网络	第 8 章
Generative Pre-training	GPT	生成式预训练	第 7 章
Generator	–	生成器	第 8 章
Global Vectors for Word Representation	GloVe	–	第 5 章
Gloss	–	释义	第 3 章
Graphics Processing Unit	GPU	图形处理单元；显卡	第 3 章
Hard Label	–	硬标签	第 8 章
High Performance Computing	HPC	高性能计算	第 7 章
Hypothesis	–	假设	第 7 章
Input Representation	–	输入表示	第 7 章
Internal Transformer Construction	ITC	内部 Transformer 组建	第 8 章
Intrinsic Evaluation	–	内部任务评价方法	第 5 章
Knowledge Distillation	KD	知识蒸馏	第 8 章
Language Technology Platform	LTP	语言技术平台	第 3 章
Latent Semantic Analysis	LSA	潜在语义分析	第 5 章

英文表述	英文缩写	中文表述	首次出现章节
Layer Normalization	LN	层归一化	第 8 章
Learning rate scheduler	–	学习率调节器	第 8 章
Lexicon	–	词典	第 3 章
Locality-Sensitive Hashing	LSH	局部敏感哈希	第 8 章
Long Short-Term Memory	LSTM	长短时记忆	第 4 章
Longformer	–	–	第 8 章
MacBERT	–	–	第 8 章
Markov Assumption	–	马尔可夫假设	第 5 章
Mask	–	掩码	第 7 章
Masked Language Model	MLM	掩码语言模型	第 7 章
Matrix	–	矩阵	第 3 章
Memory	–	记忆	第 4 章
MLM as correction	Mac	基于文本纠错的掩码语言模型	第 8 章
MobileBERT	–	–	第 8 章
Module	–	模块	第 4 章
Multi-head Self-attention	–	多头自注意力	第 7 章
Multi-round LSH	–	多轮局部敏感哈希	第 8 章
Multilayer Perceptron	MLP	多层感知器	第 4 章
Multilingual BERT	mBERT	多语言 BERT 模型	第 8 章
Multilingual Masked Language Modeling	MMLM	多语言掩码语言模型	第 9 章
N-gram Language Model	N-gram LM	N 元语言模型	第 5 章
N-gram Masking	NM	N 元掩码	第 7 章
Named Entity Recognition	NER	命名实体识别	第 3 章
Natural Language Toolkit	NLTK	–	第 3 章
Next Sentence Prediction	NSP	下一个句子预测	第 7 章
NVIDIA	–	英伟达	第 3 章
One-Hot Encoding	–	独热编码	第 5 章
Out-Of-Vocabulary	OOV	未登录词	第 2 章
Padding token	–	补齐标记	第 7 章
Parsing	–	句法分析	第 3 章
Partial Prediction	–	部分预测	第 8 章
Pearson	–	–	第 5 章
Penn Treebank	–	宾州树库	第 3 章
Perceptron	–	感知器	第 4 章
Permutation Language Model	–	排列语言模型	第 8 章
Phrase Table Extraction	–	短语表抽取	第 7 章
Pointwise Mutual Information	PMI	点互信息	第 2 章
Pooler	–	池化	第 8 章

英文表述	英文缩写	中文表述	首次出现章节
POS Tagger	–	词性标注器	第 3 章
POS Tagging	–	词性标注	第 3 章
Position Embeddings	–	位置向量	第 7 章
Position Encoding	–	位置编码	第 7 章
Post-hoc explanation	–	事后解释	第 7 章
Premise	–	前提	第 7 章
Probe	–	探针	第 7 章
Progressive Knowledge Transfer	–	渐进式知识迁移	第 8 章
Promoter Region Prediction	–	启动子区域预测	第 8 章
PyTorch	–	–	第 3 章
Query Representation	–	查询表示	第 8 章
raw text	–	原始文本；生文本	第 3 章
Reading Comprehension	–	阅读理解	第 7 章
Receptive Field	–	感受野	第 8 章
Recurrent Neural Network	RNN	循环神经网络	第 4 章
Recurrent Neural Network Language Model	RNNLM	循环神经网络语言模型	第 5 章
Reformer	–	–	第 8 章
Relative Positional Encodings	–	相对位置编码	第 8 章
Relative Segment Encodings	–	相对块编码	第 8 章
Replaced Token Detection	RTD	替换词检测	第 8 章
Reversible Residual Network	RRN	可逆残差网络	第 8 章
RoBERTa	–	–	第 8 章
Scalar	–	标量	第 3 章
Segment	–	块	第 7 章
Segment Embeddings	–	块向量	第 7 章
Segment Encoding	–	块编码	第 7 章
Segment-level Recurrence with State Reuse	–	状态复用的块级别循环	第 8 章
Self-explainable	–	自解释	第 7 章
Sentence Order Prediction	SOP	句子顺序预测	第 8 章
Sentence Pair Classification	–	句对文本分类	第 7 章
Single Sentence Classification	–	单句文本分类	第 7 章
Singular Value Decomposition	SVD	奇异值分解	第 5 章
Skip-gram	–	–	第 5 章
Soft Label	–	软标签	第 8 章
spaCy	–	–	第 3 章
Span	–	片段	第 7 章

英文表述	英文缩写	中文表述	首次出现章节
Span-Extraction Reading Comprehension	–	抽取式阅读理解	第 7 章
Sparse Attention Pattern	–	稀疏注意力模式	第 8 章
Spearman	–	–	第 5 章
Statistical Machine Translation	SMT	统计机器翻译	第 7 章
Stemming	–	词干提取	第 3 章
Stop words	–	停用词	第 3 章
Synset	–	同义词集合	第 3 章
Syntactic Parsing	–	句法分析	第 3 章
T5	–	–	第 8 章
Tensor	–	张量	第 3 章
Tensor Processing Unit	TPU	张量处理单元	第 7 章
TensorFlow	–	–	第 3 章
TextBrewer	–	–	第 8 章
TinyBERT	–	–	第 8 章
Token	–	标记	第 3 章
Token Embeddings	–	词向量	第 7 章
Token-type Embedding	–	标记类型向量	第 8 章
Tokenization	–	标记解析	第 3 章
Transformer	–	–	第 4 章
Transformer-XL	–	–	第 8 章
Triple Loss	–	三重损失	第 8 章
Turing Complete	–	图灵完备	第 8 章
Two-stream Self-attention	–	双流自注意力	第 8 章
UniLM	–	–	第 8 章
Vector	–	向量	第 3 章
VideoBERT	–	–	第 8 章
ViLBERT	–	–	第 8 章
VL-BERT	–	–	第 8 章
Vocabulary	–	词表	第 4 章
Whole Word Masking	WWM	整词掩码	第 7 章
Wikipedia	–	维基百科	第 7 章
Word Segmentation	–	分词	第 3 章
Word2vec	–	–	第 5 章
WordNet	–	–	第 3 章
WordPiece	–	–	第 7 章
WordSim353	–	–	第 5 章
XLM	–	–	第 8 章
XLNet	–	–	第 8 章